海岸带蓝碳纳入我国碳市场的模式与路径

谢素美　严金辉　黄华梅　潘新春　等 著

海洋出版社

2025年·北京

内容简介

在全球气候变化和我国"双碳"目标背景下，海岸带蓝碳生态系统作为重要碳汇，在减缓气候变化和实现绿色发展方面潜力巨大。本书聚焦如何将海岸带蓝碳有效纳入我国碳排放权交易市场（碳市场），分析了海岸带蓝碳的定义、分类、分布、功能和价值，并结合国际经验，阐述了构建蓝碳交易市场的必要性和可行性。在此基础上，本书梳理了我国海岸带蓝碳发展的政策体系、资源禀赋和面临的挑战，并借鉴国内外典型案例，构建了符合我国国情的海岸带蓝碳纳入碳市场的模式。最后，本书还从政策、市场、技术、社会等多个维度，提出了推动海岸带蓝碳纳入我国碳市场的具体路径。

本书内容丰富、案例多样、分析深入，可为政府部门、科研机构、企业、高校等相关人员提供决策参考和实践指导，也适合对海岸带蓝碳和碳交易感兴趣的读者阅读。

图书在版编目（CIP）数据

海岸带蓝碳纳入我国碳市场的模式与路径 / 谢素美等著 . -- 北京：海洋出版社，2025. 2. -- ISBN 978-7-5210-1498-3

Ⅰ . P737.11

中国国家版本馆 CIP 数据核字第 20256WH525 号

策划编辑： 任　玲
责任编辑： 肖　炜
责任印制： 安　森

海洋出版社　出版发行
http：//www.oceanpress.com.cn
北京市海淀区大慧寺路 8 号　邮编：100081
三河市人民印务有限公司印刷　新华书店经销
2025 年 2 月第 1 版　2025 年 2 月第 1 次印刷
开本：787mm×1092mm　1/16　印张：17.25
字数：298 千字　定价：198.00 元
发行部：010-62100090　总编室 010-62100034

《海岸带蓝碳纳入我国碳市场的模式与路径》编委会

编制单位及资助项目

编制单位 自然资源部南海发展研究院

支持单位 自然资源部南海局、中国海洋发展基金会、自然资源部深圳海洋中心、浙江海洋大学、澳门国际碳排放权交易所有限公司、广东埃文低碳科技股份有限公司、南京师范大学

资助项目 中国海洋发展基金会项目——海岸带蓝碳生态系统监测评估与碳汇能力巩固提升机制研究（CODF-002-ZX-2021）

支持项目

- 国家社科基金重大项目——新发展格局下拓展我国海洋经济发展空间的动力机制及实现路径研究（22&ZD126）
- 国家社科基金项目——我国海洋碳汇量测度及其对“双碳”目标的贡献研究（23BJY197）
- 2024年广东省促进经济高质量发展专项海洋经济发展项目——典型“蓝碳”生态系统关键修复区域识别与模型预测（GDNRC〔2024〕36）
- 自然资源部海洋环境探测技术与应用重点实验室自主设立研究课题——南沙红树林沉积物中磷的迁移研究
- 深圳市科技重大专项（可持续发展专项）——海洋动力灾害智能预报预警与风险防控技术研究与应用示范（重202410032）
- 广东省林业局项目——典型滨海湿地碳储量核查增汇潜力评估及碳汇交易机制研究

主要编撰者简介

潘新春 博士，博士生导师，教授级高级工程师，中国海洋发展基金会副理事长兼秘书长、海上丝路海洋发展研究院院长兼学术委员会主任、国家核安全专家委员会委员、生态环境部海洋环境影响报告书评审专家、澳门海域管理及发展统筹委员会顾问、福建海洋可持续发展研究院学术委员会副主任、福建省海岛资源生态监测与保护利用重点实验室学术委员会副主任、厦门大学兼职教授。曾任原国家海洋局海域综合管理司司长、海域勘界办公室主任、海洋咨询中心主任及原海南省海洋与渔业厅副厅长，并历任中国海洋工程咨询协会秘书长、海洋工程科学技术奖评审委员会秘书长、全国海洋功能区划编制组组长等职，长期从事海洋行政管理工作和政策、法律、规划、区划、标准等的研究。参与起草《中华人民共和国海域使用管理法》并主持制定了配套的法规、政策、制度和技术标准，2001—2010 年主持编制全国海洋功能区划，指导 11 个沿海省（自治区、直辖市）制定海域使用管理法规、编制海洋功能区划。主持起草《围填海管控办法》《海岸线保护与利用管理办法》《海域、无居民海岛有偿使用的意见》，经中央全面深化改革委员会会议审议通过并印发实施。主持的“推行海洋空间规划，助推蓝色经济发展”海上丝路项目在 19 个国家实施，推动“海丝国家海岸带可持续发展能力指数研究”项目与 49 个国家开展合作。

严金辉 自然资源部南海发展研究院院长、南海遥感测绘协同应用技术创新中心主任，正高级工程师，中国海洋工程咨询协会海洋资源保护与利用分会会长，广东省海洋协会海洋生态健康与蓝碳发展分会会长，国家级海域使用论证评审专家、广东省自然资源厅咨询专家、自然资源部北海局海底电缆管道路由评审专家库专家、自然资源部东海局海底电缆管道路由评审专家库专家、自然资源部南海局海底电缆管道路由评审专家库专家。长期从事海洋调查、监测、勘察和管理研究工作。主持并完成广东省908专项调查、全国第二次海岛资源调查、海洋公益性行业科研专项、国家高分专项、广东省促进经济专项、广东省海岸线修测、广东省近岸地形地貌基础数据调查等国家/省部级项目100余项。发表论文30余篇，出版专著20余部，指导博士后2名，硕士生4名。获国家海洋局海洋创新成果奖二等奖2次和科学技术进步奖二等奖1次、海洋工程科学技术奖二等奖2次、全国优秀测绘工程奖金奖和银奖各1次，另获国家海洋局优秀海洋工程勘察铜奖，以及中国海洋工程咨询协会第二届“十佳标兵”等荣誉称号。

黄华梅 自然资源部南海发展研究院副院长、正高级工程师，生态学博士，主要研究方向为海洋生态修复、海洋生态规划、海洋保护地研究等。作为技术骨干全程参与国家海岸带整治修复体制、修复标准研究、省级海岸带保护修复规划、地方生态修复项目实施方案等全链条式工作，先后承担和负责南海区海洋生态损害核查、南海区海岸带重要生态系统保护和修复重大工程研究，统筹负责广东省海洋生态红线划定及评估调整等相关工作。

谢素美 自然资源部南海发展研究院海洋政策经济研究室主任，正高级工程师，主要从事海洋政策与经济、海洋自然资源综合管理、海洋碳汇、海洋规划、港澳海洋发展等方面的研究和实践工作。主持、参与及指导编制的研究报告200余份，主持及参与的科研课题20余项，发表论文20余篇，出版专著8部，获海洋科学技术奖、海洋工程科学技术奖、全国优秀测绘工程奖各1项。现为中国知网（CNKI）评审专家库专家、广东省发展和改革委员会课题评审专家、海南省海域使用论证评审专家、深圳市海洋专业高级职称评委会专家、自然资源部东海局和南海局海底电缆管道路由评审专家库专家。

魏巍 自然资源部深圳海洋中心副主任，环境工程博士，高级工程师，主要从事海洋调查观测监测、海洋灾害预警预报研究、检验检测质量控制与管理、海域海岛开发保护利用研究、海洋生态保护修复研究等工作，主持及参与国家级、省部级项目数十项，发表论文数十篇，出版专著3部，获海洋科学技术奖、广东省优秀测绘地理信息工程奖、全国优秀测绘工程奖等多项。

贺义雄 浙江海洋大学教授，博士，兼任国家社科基金同行评议专家、自然资源部海洋咨询专家。主要从事海洋资源环境价值核算与管理、海洋经济运行评价与政策分析等研究，先后主持国家社科基金一般项目等课题近40项，出版专著2部，在SCI、SSCI、CSSCI、CSCD等期刊发表论文80余篇，撰写的多项资政建议获省部等各级主要领导批示。

陈浩　澳门国际碳排放权交易所研发总监，广州市海洋双碳研究会理事、广东省土地学会生态产品与资源经济专业委员会专家。历任广州碳排放权交易所交易运营部副总经理、战略发展部负责人，长期从事气候变化、碳交易、绿色金融领域机制设计和市场研究，承担参与的清洁发展机制（CDM）基金、英国繁荣基金、广东省低碳发展专项资金等国内外委托研究项目超过15项，发表论文12篇，获国家、省部级论文奖项2项。

高国辉　广州市番禺区政协委员、广东埃文低碳科技股份有限公司副总经理、总工程师，广东省低碳技术创新应用工程技术研究中心主任，广州市科协第十一次代表大会代表，广东财经大学金融硕士校外导师。曾任广州碳排放权交易所研究规划部总监。承担多个省部级委托研究项目和重大平台建设专项，牵头研发的产品入选《国家重点推广的低碳技术目录（第五批）》，获授权发明专利9项。

前　言

1. 研究缘起和科学问题

20世纪80年代，科学家就发出警告，人类活动导致大气中包括二氧化碳在内的温室气体含量增加，导致全球变暖超出自然变异的范围，进而带来极端天气频发、自然灾害增多等问题，成为人类文明可持续发展的严峻挑战。为了应对日益凸显的全球气候变化，1992年6月，在巴西里约热内卢地球峰会上，150余个国家（含中国）和欧洲经济共同体签署了第一个全面控制二氧化碳等温室气体排放的国际公约——《联合国气候变化框架公约》（*United Nations Framework Convention on Climate Change*，UNFCCC）。该公约要求所有缔约方提供温室气体排放国家清单，制定、执行、公布国家应对气候变化相关计划等。2015年，在联合国气候峰会上，包含中国在内的195个国家共同签署《巴黎协定》（*Paris Agreement*），提出到21世纪下半叶实现温室气体“净零排放”，要求各缔约方每五年通报一次国家自主贡献，并强调各缔约方核算温室气体，包括人为排放量和清除量。

2020年9月22日，习近平主席在第七十五届联合国大会一般性辩论上提出中国碳达峰、碳中和目标（简称“双碳”战略），在国内和国际社会引发强烈关注。2022年，中国共产党第二十次全国代表大会对“双碳”工作作出全面部署，并要求积极稳妥推进碳达峰碳中和。

习近平总书记在党的二十大报告中指出："实现碳达峰碳中和是一场广泛而深刻的经济社会系统性变革。""双碳"战略的实施，彰显了大国责任担当，是破解资源环境约束、实现高质量可持续发展的必由之路，更是应对世界大变局、构建人类命运共同体、促进人与自然和谐共生的必然选择。

"双碳"战略是一项多维、立体、复杂的系统工程，将引发广泛而深刻的经济社会发展变革。"双碳"战略在最大化发展和最小化排放两个临界点之间实现各要素全方位平衡和协调；需要处理好发展和减排、整体和局部、长远目标和短期目标的关系。减排势必会对社会经济发展产生影响，增汇则是更为有效应对气候变化的重要途径。增汇必须走好生态环境优化的路径，摸清生态系统碳汇巩固和提升的科学原理，提出适应能源和产业结构变化的生态环境优化措施，重塑自然–社会–经济系统的相互关系，进而提高"双碳"目标与经济社会发展目标的协调优化能力。

海洋是地球上最大的活跃碳库，其碳储量大约是陆地碳库的20倍，大气碳库的50倍，而且其增汇潜力巨大[1]。国际上通常用"海洋碳汇"或蓝碳来表述海洋固碳作用。《中共中央 国务院关于完整准确全面贯彻新发展理念做好碳达峰碳中和工作的意见》指出"持续巩固提升碳汇能力"和"稳定现有森林、草原、湿地、海洋、土壤、冻土、岩溶等固碳作用"。海岸带蓝碳生态系统由红树林、盐沼（本书中特指"滨海盐沼"）和海草床等滨海湿地生态系统组成，仅占全球海洋面积的2%，却提供了每年海洋碳封存量的50%[2]，每年的碳封存量将近1亿吨[3–5]。海岸带蓝碳生态系统在碳汇贡献和公共服务上具有重要作用，但由于其存在复杂性和脆弱性，仍旧是地球上受威胁最严重的生态系统之一，估计每年有34万～98万公顷的生态系统遭到破坏[6]。据估算，全球历史上高达67%的红树林范围、35%的滨海盐沼和29%的海草床已经消失。如果这样的趋势以目前的速度继续下去，在未来 100 年内，30%～40% 的滨海盐沼和海草床以及几乎所有未受保护的红树林都有可能消失[6]。更严峻的是，海岸带蓝碳生态系统退化时不仅会失去碳汇能力，还可能成为碳排放源。

实现“双碳”战略需要行之有效的政策工具。为处理好政府和市场的基本关系，很多国家都把“碳定价”设置为落实“双碳”战略的重要政策工具。现今，全球“碳定价”政策工具包主要由“碳排放权交易市场”（简称“碳市场”）和“碳税”两种工具组成。两种政策工具各有特点，碳税操作简便，碳市场则使减排更加有效、促进生产要素流动更加合理、创新优势更明显。我国的碳市场分为强制碳市场（全国碳排放权交易市场）和自愿碳市场（全国温室气体自愿减排交易市场）。两个市场既各有侧重、独立运行，又互补衔接、互联互通。全国碳排放权交易市场的参与主体目前主要是承担控制温室气体排放法律义务的排放企业。由政府向这些排放企业分配碳排放配额，并规定企业向政府清缴与其实际排放等量的配额，清缴完之后，配额盈余的企业可以在市场上通过交易出售获益。配额不足的企业，就需要从市场上购买，从而实现激励先进、约束落后的政策导向，降低整个行业乃至全社会的降碳成本。而全国温室气体自愿减排交易市场的目的是鼓励各类主体自主自愿地采取额外的温室气体减排行动，产生的减排效果经过科学方法量化核证后，通过市场来出售，从而获取相应的减排贡献收益。

2021 年 7 月，全国碳排放权交易市场以发电行业为突破口，正式上线交易。全国碳排放权交易市场的健康运行，为碳定价活动提供了基准价格参考、落实了企业的减碳责任、降低了行业和全社会的减碳成本、探索建立了符合我国实际的重点行业碳排放统计核算体系，为“双碳”目标实现、推动全社会绿色低碳发展发挥了重要作用。但当前碳排放权交易市场仍处于初级阶段，其覆盖范围、覆盖主体、交易产品还比较有限。

海岸带蓝碳作为新兴的交易产品，纳入碳排放权交易市场意义重大。2021 年，广东省湛江红树林造林项目成功注册为我国首个符合核证碳标准（Verified Carbon Standard，VCS）以及气候、社区和生物多样性（Climate，Community and Biodiversity，CCB）标准的碳汇项目，并成为我国开发的首个蓝碳交易项目。2021 年 9 月 12 日，厦门产权交易中心（厦门市碳和排污权交易中心）海洋碳汇交易平台完成了福建首宗海洋碳汇交易，泉州洛阳江红树林生态修复项目 2 000 吨海洋碳汇在该中心顺利成交。2023 年 2 月 28 日，在浙江宁波象山西沪港一年约 2 340.1 吨碳汇量以 106 元 / 吨的价格成交，这是全国首次以拍卖形式进行的蓝碳交易。2023 年 9 月，深圳以拍卖方式完成了全国首单全民所有的红树林保护碳汇交易，溢价率达 165%。在 2023 全球滨海论坛会议上，腾讯 SSV 碳中和实验室与江苏盐城湿地珍禽国家级自然保护区举行了蓝碳生态系统碳汇交易签约仪式，这标志着我国首笔盐沼蓝碳交易项目正式签约。这些蓝碳交易案例主要由政府主导，企业和社会各界参与，以市场化方式运作，为探索生态产品价值实现机制、推动自然资源管理向自然资产管理延伸，提供了试点经验。

开发将海岸带蓝碳纳入我国碳排放权交易市场的模式与路径，应关注以下科学问题：

①建立既适合我国国情又易被国际相关组织接受的海岸带蓝碳监测和评估体系，摸清我国的海岸带蓝碳生态系统分布格局；建立符合国情的海岸带蓝碳价值评估体系；通过产权确权将海岸带碳汇资源转化为产权明晰的蓝碳资产。

②探索海岸带蓝碳生态系统碳汇的稳定性及维持机制、碳循环动态过程与驱动机制、生物多样性保护与碳汇巩固协同的理论与技术原理，确保海岸带蓝碳生态系统碳汇稳固。

③开展海岸带蓝碳生态工程增汇原理与效应研究，发展海洋污染防治与蓝碳增汇原理与技术，实施生态工程增汇效益区域应用示范，服务海岸带蓝碳生态系统碳汇提升。

④构建海岸带蓝碳纳入我国碳市场的模式，明确相关参与者职责与合作模式，预估相关风险；开展海岸带蓝碳市场交易调控机制的实施过程和效果评估，提出相关政策和法规的制定与完善建议；厘清海岸带蓝碳纳入我国碳市场的政策路径与操作流程；探索构建海岸带蓝碳市场交易机制，设计交易流程和实施路径。

2. 我国碳市场建设回顾及蓝碳市场交易研究述评

过去20多年间，我国的碳市场建设取得了显著进展。中国自2011年起，先后建立北京、天津、上海、重庆、广东、湖北、深圳和福建共8个试点碳市场，并于2021年7月16日启动全国碳市场上线交易。截至2023年12月31日，全国碳市场碳排放配额累计成交量4.42亿吨，累计成交额249.19亿元[7]，第二个履约周期配额交易均价达到68.15元/吨。通过碳交易配额原则，2022年全国单位发电量二氧化碳排放约541克/千瓦时，较2005年降低36.9%，电力减排取得显著成效。

2012年，中国逐步构建形成了国家温室气体自愿减排管理和交易体系框架，实现在国家层面统一的国家核证自愿减排量（China Certified Emission Reduction，CCER）项目管理、备案签发和权属登记。由于项目不规范、减排备案远大于抵消速度、交易空转过多等问题[7]，自2017年3月起，中国暂停CCER项目备案审批。2023年10月19日，由生态环境部和国家市场监督管理总局联合发布《温室气体自愿减排交易管理办法（试行）》，系统地规范了CCER交易的总体框架和实施流程，随后出台了造林碳汇、并网海上风力发电和红树林营造等首批4项CCER项目方法学[8]，标志着CCER交易迎来重启。通过配额清缴抵消机制为189个CCER项目的项目业主或相关市场主体带来收益约9.8亿元[7]，为推动我国能源结构调整、完善生态补偿机制发挥了积极作用。

经过10余年的建设，中国已建立起全球覆盖二氧化碳排放量最大的碳市场，8个试点碳市场不断优化制度体系，发展形成要素不同及涉及产业不同的各具特色的地方碳市场，为所在区域控制温室气体排放、加速低碳转型发挥了关键作用。

蓝碳交易的基本机制与传统碳交易类似，主要包括碳计量、碳认证、碳交易市场的建立等[9]。要有效地推动蓝碳交易，需要建立有效可靠的蓝碳项目与高效科学的碳计量方法，包括对碳储量和碳汇变化的精确测量，还需要国际和国家层面的政策支持和认证体系。

国际上的两个蓝碳项目在海洋碳汇项目可行性方面发挥了示范作用。肯尼亚的Mikoko Pamoja（意为“红树林共同体”）是世界上第一个红树林复育项目，涉及面积约117公顷，由当地社区、政府和研究机构进行合作，于2014年发放碳信用。自项目启动以来，通过减少1.85万吨二氧化碳排放，已为社区带来了21万美元的收入[10]，主要用于继续实施该项目。除了碳储存，该项目还促进了近海渔业、生态多样性保护和海岸保护，使当地社区受益，并发展替代生计[11]。巴基斯坦的三角洲蓝碳项目（Delta Blue Carbon）是目前最大的红树林复育项目，项目区域面积约为35万公顷[12]，由信德省政府和印度河三角洲资本共同管理，此前已在新加坡碳交易行以29.72美元/吨的价格拍卖成交共计5万吨的碳信用[13]。该项目所获资金目前用来维持项目的可持续发展与社区的建设，为当地居民引入饮用水、教育与医疗资源[13]。

广东省湛江红树林造林项目在2021年4月通过核证碳标准开发和管理组织Verra的评审，成为我国第一个红树林碳汇项目[14]。2021年6

月，北京市企业家环保基金会与该项目开发方合作，以66元/吨的价格购买了5 880吨二氧化碳减排量[14]，并从基金会获得融资用于红树林继续保护与修复。2022年7月，海南国际碳排放权交易中心成立，并于2022年12月30日完成第一次跨境碳交易。

蓝碳项目通常涉及高昂的前期成本，包括劳动密集型的碳监测与废弃土地水文修复，成本必须通过出售碳信用额来抵消。结合不确定的碳预测与滞后的碳融资，意味着蓝碳项目目前可能只有较低的投资回报[9]，从而面临资金缺口。与其他自然气候解决方案相比，蓝碳项目潜在的更高风险和更大的不确定性可能会降低投资者的信心。

相较于目前世界上成功的蓝碳项目，我国的海岸带蓝碳项目主要集中于经济较发达的沿海地区。海岸带生态系统退化的原因，前期主要是大规模的围海造田与围塘养殖[15]，后期为城市化、港口码头与开发区的建设[16]。即使随着环保意识的觉醒，大部分沿海植被被纳入保护区，但污水排放、海滩垃圾以及外来生物入侵等问题仍然存在，沿海生态系统依然遭受不同程度的威胁，建立完善的海岸带生态环境修复链体系迫在眉睫。近年来，我国关于海洋碳汇及其交易的研究与实践得到进一步深化与发展，优秀成果频出，为现代海洋资源可持续发展起到了指导作用。

在蓝碳市场交易与蓝碳经济发展方面，赵云等[17]认为，应当分阶段推进海洋碳汇交易，在以生态补偿为主的启动阶段紧跟科学前沿，在以海洋碳汇交易为补充的成长阶段应聚焦市场体系建设。白洋等[18]认为，蓝碳项目的开发应当以海洋生态系统整体的“环境承载力”为底线，合理限制蓝碳交易总量在整个碳排放权交易制度中所占的比例。沈金生等[19]认为，海洋牧场经营者的私人边际成本大于社会边际成本，抑制了其生产积极性，需要开展蓝碳碳汇交易补偿工作，建设蓝碳碳汇补偿基金。

碳排放的量化与数值质量保证的过程被称作 MRV 体系，包括监测（Monitoring）、报告（Reporting）以及核查（Verification）。科学完善的 MRV 体系是碳交易机制建设运营的基本要素。2021 年，深圳市发布了中国首份《海洋碳汇核算指南》，建立了衡量海洋生物与滨海湿地碳汇总量的核算系统。2022 年年末，生态环境部出台新的碳排放核算指南，在保留原有排放计划计算方法框架和保证数据精度的基础上，针对核算方法复杂、技术链条过长、数据来源多样等问题 [7]，对报告核查所涉及的公式进行了简化，大幅度优化了核算方法与工作流程，提高了数据精细化管理水平，统一了行业理解，有力地确保了碳市场交易的准确性与公平性。

2023 年 1 月 1 日，《海洋碳汇核算方法》（HY/T 0349—2022）行业标准正式实施，成为中国首个综合性海洋碳汇核算标准。2023 年 2 月 28 日，全国首单海洋碳汇拍卖在浙江宁波顺利达成 [20]，由浙江易锻精密机械有限公司以 106 元 / 吨的价格成功拍得宁波象山西沪港一年共 2 340.1 吨的碳汇量。该企业负责人表示，此次购买的碳汇量将作为储备，用于将来碳抵消，是企业积极应对气候变化的务实行动。2023 年 4 月，广东印发我国首个蓝碳碳普惠方法学——《广东省红树林碳普惠方法学（2023 年版）》。2023 年 9 月 26 日，全国首单红树林保护碳汇拍卖在深圳以 485 元 / 吨成交，总碳汇量为 38 745.44 吨 [21]，所得上缴深圳市财政部门，反哺红树林保护与修复。

目前，蓝碳交易在我国仍是一个新领域，尚处于初步研究阶段，蓝碳市场总体活跃度不高，企业开发意愿不强，交易凭证市场认可度不高，且整体缺乏项目开发经验 [22]。未来，中国将持续推进碳汇交易常态化，一方面引导社会资本参与海洋自然资源生态产品价值实现，并通过红树林等生态系统等保护，进一步提升海洋生态系统固碳能力，促进蓝碳项目高质量、可持续发展 [23]。

3. 本书的研究视点与研究框架

（1）本书的研究视点

基于国家“双碳”战略目标，本书特别关注海岸带蓝碳资源的开发与价值化，以促进我国碳市场发展为最终目标，采用多学科交叉的研究视角，力求为推动海岸带蓝碳纳入我国碳市场提供理论依据和实践路径。本研究不仅限于理论探讨，更致力于将海岸带蓝碳资源有效地整合进现有的碳市场体系中，以期达到促进碳市场发展的长远目标。具体而言，本书的研究视点体现了如下四个方面的导向：

①问题导向。本研究以缓解我国在碳减排方面的紧迫压力和解决海岸带蓝碳资源未充分利用的问题为切入点，深入分析将海岸带蓝碳纳入碳市场的实际可行性。

②目标导向。以实现我国“双碳”目标和推动海洋生态文明建设为落脚点，明确海岸带蓝碳在碳市场中的战略地位及其对环境可持续发展的贡献，以此作为研究的核心目标。

③系统导向。把将海岸带蓝碳纳入碳市场作为一个系统工程，从政策、市场、技术、社会等多个维度进行综合分析，确保研究的全面性和深入性。

④可操作性导向。注重研究成果的实用性和可操作性，提出切实可行的政策建议和技术路径，为政府决策和企业实践提供参考，以确保研究成果能够转化为实际的行动和成效。

通过这一系列深入且系统的研究，本书不仅可为海岸带蓝碳资源的开发和利用提供新的视角，而且可为我国碳市场的健康发展注入新的活力。

（2）本书的研究框架

本书的研究框架采用了“现状—问题—模式—路径—展望”的逻辑结构，除前言和后记外，主体内容共9章。

第1章和第2章回顾了海岸带蓝碳的概念及我国海岸带蓝碳资源的现状。蓝碳作为海洋生态系统的重要碳汇，具有显著的减排效益与生态价值。我国蓝碳资源丰富，但在开发与管理方面面临多重挑战。第3章和第4章概述了国内外碳市场的现状与法律框架，分析了海岸带蓝碳在全球碳市场的现状，探讨了绿碳和蓝碳市场的发展历程。国际社会希望通过市场机制推动碳减排，进而实现生态环境保护与经济增长的协调发展。但碳市场在构建过程中，其法律框架与对接机制呈现高度的复杂性与系统性失调，这一现状不仅反映了全球碳交易体系在制度设计上的多重挑战，同时也凸显了蓝碳资源市场化进程中亟待解决的理论与实践难题。当前，蓝碳市场的开发与运作仍处于初步探索阶段，其市场化路径、政策配套及监管机制尚需在理论与实践层面进一步深化与完善。

针对上述问题，第5章至第8章以推动海岸带蓝碳纳入我国碳市场为主旨，探讨了“蓝碳如何进入碳市场”“蓝碳如何交易”“如何监管市场交易”以及“如何提升市场运行效率”等四个方面问题的解决模式与路径。简而言之，第5章建立市场框架，第6章制定交易规则，第7章确保公平交易，第8章提供支持服务，这四个方面的系统设计共同构成了海岸带蓝碳纳入我国碳市场的完整体系。

考虑到蓝碳项目开发的要点以及注意事项，第9章探究了各类方法学的优缺点，给出了海岸带蓝碳碳汇交易项目开发的机制和海岸带蓝碳碳汇项目开发的典型案例，为推动海岸带蓝碳碳汇开发提供了重要的参考路径。

后记部分基于海岸带蓝碳对实现碳中和的贡献预期，以及促进海岸带蓝碳市场化的长远规划，对海岸带蓝碳纳入我国碳市场的模式与路径进行了发展展望。

本书的名誉主编雷波（自然资源部南海局分党组书记、南海局局长）为本书的总体方向和学术定位提供了重要指导；金翔龙（中国工程院院士）、谢健（自然资源部南海局分党组成员、南海局副局长）等18名顾问结合各自的专业知识从不同角度为本书的学术方向、内容框架和关键问题论述提供了学术性和权威性意见；主编谢素美、严金辉、黄华梅、潘新春等结合资助项目和支持项目的研究基础，规划了全书的编纂安排和实施方案，设计了总体框架、章节安排和编制方向，并结合专著研究主题对全书内容进行了多轮次讨论、审核、修改和完善。潘新春等4名编委会主任和魏巍等4名编委会副主任对各自负责的章节内容进行了审核，并参与了全书的讨论和决策。

本书的编写分工如下：前言由谢素美、魏巍、刘怡婷编写，杨振雄校核；第1章由魏巍、吴燕华、王梓斌、罗涛编写，刘玉新校核；第2章和第5章由贺义雄、陈紫翎、张风轩编写，王玉燕校核；第3章由谢凡、钟卓君、刘雅莹编写，赵一飞校核；第4章由杨晓蓥编写，高国辉校核；第6章由黄芝凤、陈浩、郑淑娴编写，谢正磊校核；第7章由杨颖、高国辉、韩业钜、齐登位编写，陈浩校核；第8章由陈翔宇、罗伍丽编写，魏巍校核；第9章由陈浩、李阳阳、王斐编写，谢素美校核；后记由魏巍和刘怡婷编写，王在峰校核。全书由刘怡婷协助汇稿。

参考文献

[1] 焦念志．研发海洋“负排放”技术支撑国家“碳中和”需求[J]. 中国学术期刊文摘，2021，27（8）：21–24.

[2] DUARTE C M，MIDDELBURG J J，CARACO N.Major role of marine vegetation on the oceanic carbon cycle [J].Biogeosciences，2005，2（1）：1–8.

[3] 唐剑武，叶属峰，陈雪初，等 . 海岸带蓝碳的科学概念、研究方法以及在生态恢复中的应用 [J]. 中国科学：地球科学，2018，48（6）：661–670.

[4] MCLEOD E，CHMURA G L，BOUILLON S，et al. A blueprint for blue carbon：Toward an improved understanding of the role of vegetated coastal habitats in sequestering CO_2 [J]. Frontiers in Ecology and the Environment，2011，9（10）：552–560.

[5] HOWARD J，SUTTON–GRIER A，HERR D，et al. Clarifying the role of coastal and marine systems in climate mitigation [J]. Frontiers in Ecology and the Environment，2017，15（1）：42–50.

[6] HOWARD J，HOYT S，ISENSEE K，et al. Coastal blue carbon：methode for assessing carbon stocks and emissioms factors in mangroves，tidal salt marshes，and seagrasses[M]. Conservation. International，Intergovermental Oceanographic. Commission of UNESCO，International Union for Conservation of Nature. Arlington，Virginia，USA. 2014.

[7] 北京理工大学能源与环境政策研究中心 . 中国碳市场建设成效与展望（2024）[R]. 北京：北京理工大学能源与环境研究中心，2024.

[8] 中华人民共和国生态环境部 . 关于印发《温室气体自愿减排项目方法学 造林碳汇（CCER–14–001–V01）》等 4 项方法学的通知 [EB/OL].（2023–10–24）[2024–06–03]. https：//www.mee.gov.cn/xxgk2018/xxgk/xxgk06/202310/t20231024_1043877.html.

[9] 杨越，陈玲，薛澜 . 中国蓝碳市场建设的顶层设计与策略选择 [J]. 中国人口 · 资源与环境，2021，31（9）：92–103.

[10] United Nations Information Service. Mikoko Pamoja Awarded United Nations in Kenya Person of the Year [EB/OL].（2023–10–24）[2024–06–03]. https：//www.un.org/sites/un2.un.org/files/final_press_release_mikoko_pamoja_awarded_un_person_of_the_year_–_rev_24_oct.pdf.

[11] WYLIE L，SUTTON–GRIER A E，MOORE A. Keys to successful blue carbon projects：Lessons learned from global case studies [J]. Marine Policy，2016，65：76–84.

[12] Verra. Delta Blue Carbon–1：The Indus Delta Mangrove Restoration Project Phase 1 [EB/OL].（2024–02–16）[2024–06–03]. https：//verra.org/programs/ccbs/delta–blue–carbon–1–indus–delta–mangrove–restoration–project–phase–1/.

[13] SHAIKH H. Market–based solutions for sustainable development：Lessons from the Delta Blue Carbon project in Pakistan [EB/OL].（2023–06–05）[2024–06–03]. https：//www.theigc.org/blogs/climate–priorities–developing–countries/market–based–solutions–sustainable–development.

[14] 广东省发展和改革委员会资源节约与环境保护处 . 绿色低碳发展案例 | 湛江打造全国首个蓝碳交易项目 [EB/OL].（2021–12–28）[2024–06–03]. http：//drc.gd.gov.cn/gzyw5618/content/post_3736777.html.

[15] 朱德洲，李耀如，温国义，等．基于生态文明思想的围填海历史遗留问题处理理论与实践——以大连港太平湾港区和中新天津生态城为例 [J]. 海洋开发与管理，2022（01）：31–37.

[16] 田海燕，李杨帆，薛雄志．填海造地的社会经济效益与生态环境影响及对策建议 [J]. 海洋开发与管理，2016（10）：21–25.

[17] 赵云，乔岳，张立伟．海洋碳汇发展机制与交易模式的探索 [J]. 中国科学院院刊，2021，36（3）：288–295.

[18] 白洋，胡锋．我国海洋蓝碳交易机制及其制度创新研究 [J]. 科技管理研究，2021，41（03）：187–193.

[19] 沈金生，吕金诺，刘荣建．我国海洋牧场蓝色碳汇补偿方案设计探讨 [J]. 中国海洋大学学报（社会科学版），2020（3）：68–75.

[20] 汪文正．全国首单蓝碳拍卖在浙江宁波成交——蓝碳经济成为新“蓝海”[N]. 人民日报海外版，2023–04–05（11）.

[21] 深圳市规划和自然资源局．创纪录！全国首单红树林保护碳汇以 485 元 / 吨成功拍卖 [R/OL].（2023–09–26）[2024–06–03]. http：//pnr.sz.gov.cn/xxgk/ztzl/rdzt/hsl/content/post_10948020.html.

[22] 林水静．蓝碳经济持续升温 [N]. 中国能源报，2023–10–16（09）.

[23] LI P，LIU D，LIU C，et al. Blue carbon development in China：Realistic foundation，internal demands，and the construction of blue carbon market trading mode [J]. Frontiers. Marine Sciience，2024，10：1310261.

目　录

第 1 章　海岸带蓝碳概述

1.1　海岸带蓝碳的概念与分类

海洋是地球上最大的活跃碳库，不仅长期存储碳，也对“碳”进行重新分配。“蓝碳（Blue Carbon）”是国际上用来表述海洋碳汇（固碳）作用的常用词汇，该词最早出自联合国环境规划署（UNEP）、联合国粮农组织（FAO）和联合国教科文组织政府间海洋学委员会（IOC/UNESCO）于 2009 年共同发布的《蓝碳：健康海洋固碳作用评估报告》（*Blue carbon：the role of healthy oceans in binding carbon*）。该报告将蓝碳作为“绿碳”的一部分，定义蓝碳为海洋所捕获的碳，同时指出蓝碳占绿碳总量的 55% 以上 [1]。该报告中的蓝碳特指红树林（mangrove）、盐沼 ①（salt marsh）和海草床（seagrass bed）三大海岸带蓝碳生态系统中固定的碳。2013 年，《对 2006 IPCC 国家温室气体清单指南的 2013 增补：湿地》（*2013 Supplement to the 2006 IPCC Guidelines for National Greenhouse Gas Inventories：Wetlands*）中对“滨海湿地”类型进行了单列，这意味着海岸带蓝碳被正式纳入全球气候规制体系。

近年来的科学研究表明，海洋碳汇在应对全球气候变化中发挥着重要作用。从固碳机理来看，分为非生物机制和生物机制。非生物机制主要指二氧化碳（CO_2）通过海气交换作用进入海洋，并以二氧化碳 – 碳酸盐平衡体系的形式存在，形成了物理溶解碳泵和海洋碳酸盐泵 [2]。物理溶解碳泵的机理主要是：CO_2 溶解度与海水温度和盐度密切相关，温度越低，溶解度越高；盐度越高，溶解度越高。溶解了更多 CO_2 的低温高盐海水的密度也更大，在重力作用下，这些海水携带着通

① 本书中特指滨海盐沼。——编者注

过海气交换所吸收的CO_2被输送到深海，使其得到一定程度的“封存”，从而进入千年尺度的碳循环，构成了海洋储碳。海洋碳酸盐泵的机理与物理溶解碳泵息息相关。CO_2溶于水非常不稳定，达到溶解平衡后主要以碳酸根和碳酸氢根的形式存在。这两种阴离子遇到钠、镁、钙等阳离子，在一定条件下将析出不溶解的碳酸盐并沉降。在碳酸盐析出过程中又会放出等当量的CO_2，因此，只有在碳酸盐沉积后才构成稳定的沉积物碳（Sedimentary Carbon）[2]。生物机制则是由海洋生物活动所驱动的CO_2吸收，主要包括生物碳泵和微生物碳泵。生物碳泵是指海洋中有机物生产、消费、传递等一系列生物学过程，以及由此导致的颗粒有机碳（Particulate Organic Carbon，POC）由海洋表面向深层乃至海底的转移过程。除颗粒有机碳（POC）外，海洋还存在大量的溶解有机碳（Dissolved Organic Carbon，DOC），海洋中的微型生物可将溶解有机碳（DOC）中的活性溶解有机碳（Labile DOC，LDOC）和半活性溶解有机碳（Semi-labile，DOC，SLDOC）有效地吸收利用，除了提供生长代谢所需的碳源和能源，还将一部分碳转化为惰性溶解有机碳（Recalcitrant DOC，RDOC），并逐渐积累了巨大的惰性溶解有机碳（RDOC）碳库，该过程便是微型生物碳泵（Microbial Carbon Pump，MCP）。

根据联合国政府间气候变化专门委员会（Intergovernmental Panel on Climate Change，IPCC）发布的《气候变化中的海洋与冰冻圈特别报告》（*Special Report on the Ocean and Cryosphere in a Changing Climate*，SROCC），红树林、海草床、滨海盐沼和大型海藻等生态系统所捕获和储存的碳为相对易于管理的碳通量和存量[3]。《2016 IPCC 国家温室气体清单指南》仅纳入了红树林、滨海盐沼和海草床三个涉海生态系统的碳汇，非生物机制的固碳未被计入。因此，狭义上的“海岸带蓝碳（Coastal Blue Carbon）”仅是指红树林、滨海盐沼、海草床生态系统通过光合作用和碳循环过程，将大气中的CO_2固定下来的过程、活动或机制[4]。狭义的海岸带蓝碳和泥炭地（泥炭沼泽、埋藏泥炭）共同组成了“湿地碳库”。广义上的海岸带蓝碳不仅包含红树林、滨海盐沼和海草床生态系统，也涵盖淤泥质海岸生态系统（未被植被覆盖）、砂质海岸、河口生态系统、海湾生态系统和海岸带区域内贝类、大型海藻和微生物从空气或海水中吸收并储存大气中的CO_2的过程、活动和机制。同时应注意，我国学者提出的“微生物碳泵（MCP）”理论仍处于研究阶段，贝类和大型海藻的固碳作用和钙化作用尚存在一定的争议。

作为国际公认的“海岸带蓝碳”，红树林、滨海盐沼和海草床生态系统固碳效率高、碳存储周期长，同时可促进海岸带生态功能的恢复。自 2021 年起，自然资源部海洋预警监测司以联合国政府间气候变化专门委员会（IPCC）推荐的方法学等国际标准为基础，组织编制红树林、滨海盐沼和海草床三类蓝碳生态系统碳储量调查与评估技术规程。2023 年 5 月 13 日，自然资源部办公厅印发实施《红树林生态系统碳储量调查与评估技术规程》《滨海盐沼生态系统碳储量调查与评估技术规程》《海草床生态系统碳储量调查与评估技术规程》《红树林生态系统碳汇计量监测技术规程（试行）》《滨海盐沼生态系统碳汇计量监测技术规程（试行）》《海草床生态系统碳汇计量监测技术规程（试行）》6 项蓝碳系列技术规程。2024 年 1 月 11 日，自然资源部办公厅印发实施《蓝碳生态系统保护修复项目增汇成效评估技术规程（试行）》，对红树林、滨海盐沼和海草床三类蓝碳生态系统保护修复项目增汇成效评估方法作出规范，用于指导项目尺度的全国蓝碳生态系统修复增汇成效评估工作，量化评价海洋生态保护修复项目对巩固提升海洋碳汇能力的贡献。因此，本书将红树林、滨海盐沼和海草床生态系统作为“海岸带蓝碳”生态系统的主要分类。

1.1.1　红树林生态系统

红树林生态系统是在热带和亚热带潮间带，受周期性潮水浸淹，以红树植物为主体的各种耐盐的乔木和灌木组成的潮滩湿地木本生物群落，及周围环境相互作用构成的自然系统[5]。红树林生态系统不仅在固碳储碳方面有极其重要的贡献，在维持生物多样性、环境保护（净化水质）、防灾减灾（防风消浪、岸滩促淤）等方面也发挥着重要的作用（如图 1–1 所示）。我国红树林生态系统主要分布在海南、广东、广西、福建和浙江五省区的海岸带，其中，广东省红树林面积位居全国首位，总计逾万公顷。我国始终高度重视红树林保护修复，特别是近 20 年来，我国不断加强红树林保护和生态修复工作，建立了国家级自然保护区、国家湿地公园、国家海洋公园等多种形式的红树林保护区，红树林总面积稳步增加，红树林生态系统质量和稳定性也不断提升。2023 年 4 月 10 日，习近平总书记考察广东湛江红树林国家级自然保护区金牛岛红树林片区时强调：“这片红树林是‘国宝’，要像爱护眼睛一样守护好。”

图 1-1　红树林生态系统及其生态服务功能

1.1.2　滨海盐沼生态系统

滨海盐沼生态系统是处于海岸带潮汐淹没区域、具有草本或灌木植物分布的湿地生物群落及与周围环境相互作用构成的自然生态系统。与红树林生态系统主要分布在热带—亚热带区域不同，滨海盐沼生态系统一般分布在温带区域，在我国的长江口、黄河口、辽河口及江苏沿海等地均有分布。盐沼型植被以盐地碱蓬群系、海三棱藨草群系和互花米草群系为主，芦苇群系次之，其中，互花米草群系虽在固碳储碳方面具有较高效率，但其作为外来入侵物种，繁殖力强且根系密集，易导致原生盐沼植被退化、底栖生物多样性下降，甚至改变沉积物结构和潮汐水文条件，对局部生态平衡造成扰动。这一生态系统整体上仍通过植被固碳、沉积物封存等方式发挥着显著的碳汇功能，同时兼具维持生物多样性、防风消浪、净化水体和固沙促淤等综合生态服务价值（如图 1-2 所示）。自 20 世纪 50 年代以来，在全球气候变化、海平面上升和人类活动等多种因素的影响下，我国的滨海盐沼生态系统分布面积减少过半。2023 年 9 月，在全球滨海论坛会议“公众参与的活力滨海”主题论坛上，国内首单盐沼生态系统碳汇交易——江苏盐城滨海盐沼生态修复碳汇项目顺利签约。该碳汇项目落地，是我国海洋领域市场化生态产品价值实现路径的有效探索。

图 1–2　滨海盐沼生态系统及其生态服务功能

我国盐沼生态系统中的植被初级生产力总体上不高，年平均不到 1 000 克 / 平方米，但生态系统 CO_2 净吸收量（Net Ecosystem Exchange，NEE）相对偏高 [6]。盐沼生态系统中，植物的根冠比可以达到 1.4 ~ 5.0，使其能够将大量碳固定在地下生物量中，并通过根系进入沉积物碳库。研究表明，盐沼湿地中的稳定碳库主要由木质素组成，这种物质来源于植物组织中的木质素成分 [7]。盐沼生态系统每平方米年均净固碳量为 218 克，高于红树林的平均净固碳量。其碳积累速率，是陆地森林生态系统的 40 倍以上。此外，作为陆地和海洋生态系统之间的过渡带，滨海盐沼生态系统的沉积物有机碳在海洋潮汐和地表径流的作用下，以溶解有机碳的形式进入周边区域。溶解有机碳的迁移和输出是盐沼生态系统通过水文动力过程实现沉积物碳输出的一个主要途径 [8]。

1.1.3　海草床生态系统

海草床生态系统是在中、低纬度海域潮间带中、下区和低潮线以下数米至数十米浅水区的海生显花植物（海草）和草栖动物群落，及周围环境相互作用构成的自然生态系统。海草床生态系统素有“海底草原”和“海底森林”之称。海草是构成“海底草原”的关键，是世界上唯一一类可完全生活在海水中的高等被子植物。海草的种类极其稀少，目前，全世界共发现 6 科 13 属 74 种，中国有 4 科 9 属 16 种。海草作为高等植物，具有根、茎、叶的分化，结构复杂的根系是其固定在海底底质的关键。同时，海草可通过开花、传粉和结种进行有性繁殖，也可通过根和茎进行无性繁殖。海草床生态系统是众多鱼类、贝类和大型海洋生物如绿海龟、儒艮的觅食地和庇护所，也是重要的渔业育苗生境，同时其极高的生产力、强大的悬浮物捕获能力以及海底沉积物中有机碳较高的稳定性，使其成为海岸带蓝碳的重要组成部分（图 1–3）。

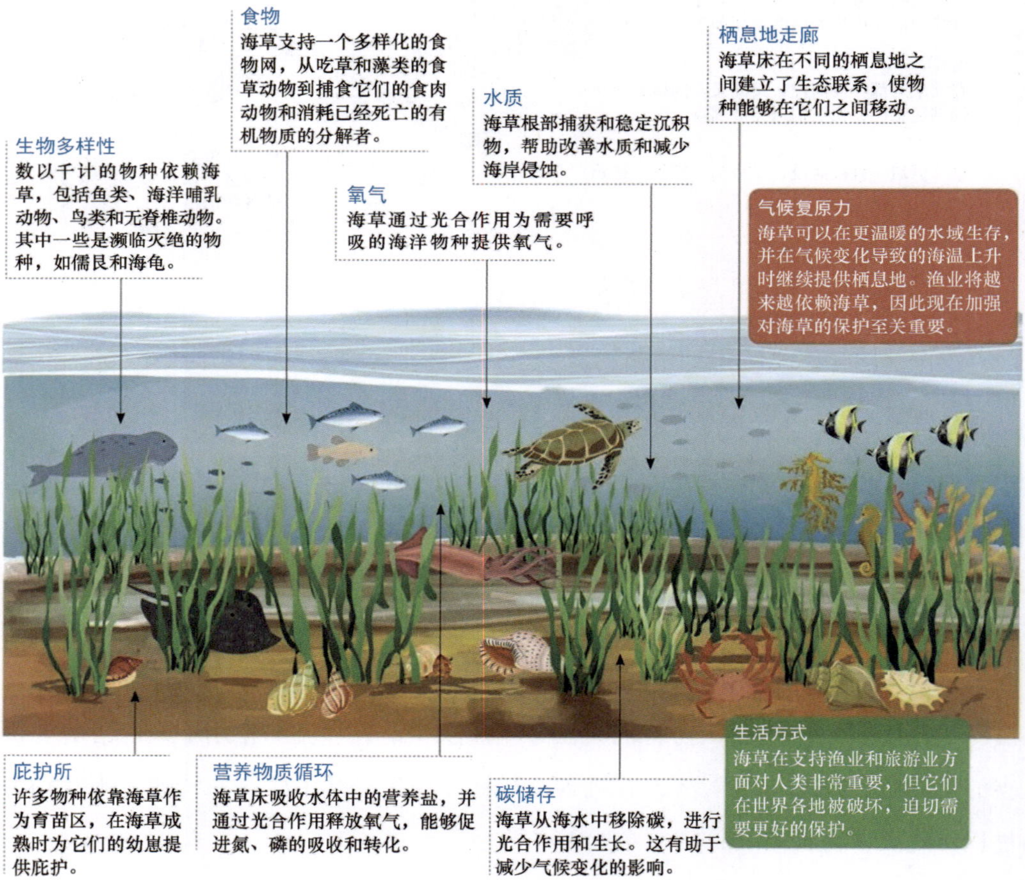

图 1–3 海草床生态系统及其生态服务功能

虽然海草床的固碳能力低于红树林和盐沼，但全球每平方米海草床年均固碳量为（138 ± 38）克，仍然高于几乎所有其他类型的海洋生态系统。研究表明，海草床是底栖藻类固着和繁衍的重要生境，已发现的附生微藻种类多达 150 种，其中大部分是硅藻。附生生物群落产生的初级生产力甚至可以占到整个海草床的 20% ~ 60%[9]。海草床生态系统的固碳和储碳过程主要体现在以下几个方面。首先，海草叶片上常常附着大量能够进行光合作用的生物群落，具有较高的初级生产力。海草通过光合作用固定的碳，有一部分会被运输到地下的根状茎和根部进行储存。据估算，在海草每年固定的碳中，有 15% ~ 28% 会长期埋存在海底，对海草床表层沉积物的有机碳库贡献率约为 50%[10]。其次，海草还能截获大量有机悬浮颗粒物，促使这些颗粒物沉积到海底并长期埋存在沉积物中，这是海草固碳的另一条重要途径。封存在海草床沉积物中的有机碳长期处于厌氧状态，其分解率低于存储在陆地土壤中的有机碳，因此更为稳定。在我国，海草床主要分布在南海和黄渤海，现有的海草床总面积约为 8 765 公顷 [11]。

1.2 海岸带蓝碳的功能及特点

海岸带蓝碳的吸收、转化和保存涉及海陆交换，植物、动物和微生物的相互作用，以及碳通量和库存量的动态时空变换等一系列复杂的生物、物理和化学过程 [4]。海岸带蓝碳的固碳机理主要包括三个部分：一是植物在生长过程中，通过光合作用吸收大气中的 CO_2，将其转化为有机质。二是植物死亡后，微生物分解，释放出一部分生物量和养分，剩余的凋落物经腐殖化和泥炭化作用形成腐殖质和泥炭，经年累积而逐渐形成富含有机质的底质，其中有一部分可能形成惰性碳，长期封存在土壤中。尽管碳吸收和碳排放总是处于动态变化中，但是沉积物厌氧环境抑制了有机质的分解过程，从而使大量的植物残体能够较长期地保存于沉积环境中 [7]。三是径流和潮流等动力携带来的周边输入含碳沉积物。依据《第三次全国国土调查主要数据公报》《全国滨海盐沼、海草床生态现状报告》《国家蓝色碳汇研究报告》，可初步估算，红树林生态系统、滨海盐沼生态系统和海草床生态系统的碳储量约为 1.31 亿吨 CO_2、年碳汇量约为 125.75 万吨 CO_2。在通过光合作用形成内源性碳的同时，海岸带蓝碳系统还通过潮流、径流和地下水，形成输入 - 输出平衡下的横向沉积碳储存，即外源性碳。与内源性碳（通过光合作用形成）不同，外源性碳来自横向碳储存过程，其产生和沉积位置是不同的 [12]，但也是海岸带蓝碳的一部分。此外，在特殊情况（如低盐度）下，海岸带蓝碳生态系统也会产生非常低的甲烷排放量。

1.2.1 海岸带蓝碳的功能

海岸带蓝碳具有自身碳汇和影响适应气候变化两大功能。海岸带蓝碳的高生产力、高捕获力、良好的封存条件、低甲烷（CH_4）排放以及长时间尺度不饱和的特征，是其形成自身碳汇功能的条件（图 1–4）。

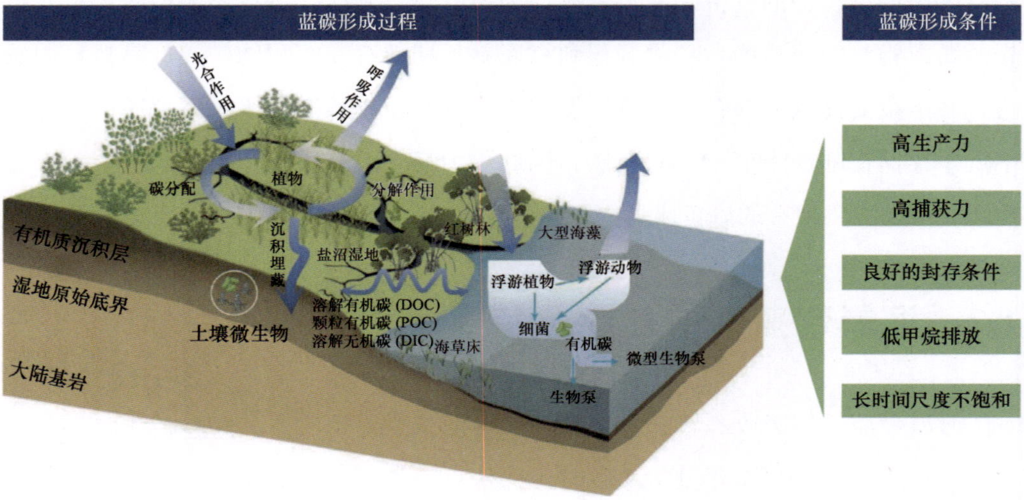

图 1–4 海岸带蓝碳生态系统的碳汇功能

海岸带蓝碳生态系统除了具有显著的碳汇功能，同时具有气候调节和多重生态系统服务功能，不仅有助于改善当地的自然环境，也为人类社会带来了诸多福祉。

（1）气候调节功能

在 2009 年，全球红树林、滨海盐沼和海草床生态系统的面积估计为 5.2×10^5 平方千米，尽管这些生态系统的覆盖面积不到海床的 0.5%，植物生物量仅占陆地植物生物量的 0.05%，但它们的碳储量却超过海洋碳储量的 50%，甚至可能高达 71%[13]。据估算，海岸带蓝碳的碳储量高达 11 500 亿吨。然而，由于此估算主要考虑了表层碳，实际的碳储量可能被大大低估[14]。因此，海岸带蓝碳通过减缓温室气体增加对气候的影响，发挥关键的缓解气候变化的作用。

（2）生态防灾减灾

海岸带蓝碳生态系统独特的水文、土壤和生物特征使其具有很强的韧性，在保护滨海生态系统方面发挥着重要作用。例如，红树林和滨海盐沼生态系统发达的根系能够很好地适应海浪和风暴潮的冲击，具有防风固堤、保护农田和降低海平面上升影响等重要的海岸保护功能，这对保护沿海居民生命财产安全大有裨益。

（3）生态支持服务

海岸带蓝碳提供了重要生态支持服务，如涵养水源和栖息地、服务粮食及渔业生产等[15]。红树林、滨海盐沼和海草床生态系统能有效地吸收和分解水体中的营养盐和污染物，改善沿海水质，同时为众多海洋生物提供食物和栖息地，为沿海地区的渔业资源提供了关键的生境。这对维护海洋环境，保护海洋生物多样性至关重要。

（4）文化支持服务

海岸带蓝碳生态系统拥有独特的海岸带景观，为人类提供了美丽的自然环境，增添了沿海地区的景观魅力；为人类提供了良好的观光、游憩、徒步等休闲娱乐场所，促进了沿海地区的旅游业发展；很多沿海民众长期以来就与海岸带蓝碳生态系统有着深厚的文化依恋和认同感，这些系统蕴含着重要的文化价值。

这些丰富的生态功能，使海岸带蓝碳系统成为极其宝贵的自然资源，值得我们高度重视和保护。

1.2.2　海岸带蓝碳的特点

海岸带独特的环境体系决定了其独特的生物地球化学循环过程。海岸带蓝碳拥有丰富的物种植被和复杂的元素循环过程，主要体现出以下特点。

（1）固碳效率高

海岸带拥有丰富的湿地物种，包括盐沼草、海草、红树植物等高等植物以及浮游植物、藻类和贝类生物等，是地球上最大的活性碳汇。海岸带蓝碳生态系统面积仅占全球海洋面积的 2%，却提供了每年海洋碳封存量的 50%[16]。海岸带植被，尤其是红树林，通常具有较高的初级生产力，可以通过光合作用捕获二氧化碳，并将其转化为植物组织中的各种有机质。而营养盐的输入也使近海区域具有高于大洋的初级生产力。植被的凋落物和根系在厌氧的沉积环境中缓慢分解，形成储存在沉积物中的碳[2]。研究表明，全球蓝色碳汇和河口每年捕获和封存的有机碳达到 2.35 亿 ~ 4.5 亿吨[17]。与森林生态系统相比，海岸带蓝碳的单位面积固碳效率高数十倍至数百倍。若将沿海湿地恢复至 1990 年的水平，年固碳量可能增加至 4.4 亿吨，这一固碳量相当于抵消了燃烧 7 740 万吨煤炭所排放的二氧化碳[2]。此外，海岸带植被的地上结构有助于促进潮水中有机颗粒物的沉降，进而增强海岸带对碳的吸收、储存；海水中大量的硫酸根离子也会限制微生物排放甲烷，这些因素都有助于进一步提高海岸带的固碳效率[18]。

（2）固碳周期长

与陆地生态系统碳储量有限且碳封存不稳定不同，海岸带上潮汐的往复作用极大地减缓了海岸带蓝碳的分解。一方面，潮水淹没后，海岸带土壤中形成厌氧环境，氧化还原电位较低，微生物的呼吸和降解作用减弱[19]。另一方面，潮汐改变了不同梯度下的环境因子，形成环境梯度差异，从而影响海岸带蓝碳植被的二氧化碳通量[20]。此外，随着海平面上升和极端气候事件频发，大量滨海湿地被海水淹没，使海岸带土壤的碳储量不会出现碳饱和现象，而是不断地垂直累积。因此，海岸带地区的植物碳可以储存数年至数十年，土壤碳甚至可以封存数千年之久[2]。

（3）“双向”过程强

在垂直方向上，海岸带的固碳过程包括生物 – 大气系统和土壤 – 大气界面：前者是指海岸带的蓝碳植被通过光合作用吸收空气中的二氧化碳进行生物固碳；后者是指海岸带区域的土壤自养微生物同化大气中二氧化碳的过程。在陆 – 海水平方向上，河流会向近海地区输送大量陆源有机碳（含溶解有机碳、溶解无机碳和颗粒有机碳）[21]；而受到海浪、潮汐等扰动，海岸带的蓝碳植被也会从邻近生态系统中捕获悬浮物质，并利用茎和密集的气孔减少湍流能量，从而影响这些物质的沉降[22]。其中，颗粒有机碳由于粒径较大，会就近沉积到海底沉积物中；溶解有机碳则会随海水运动被输送到近海区域，并在微生物碳泵的作用下，从可被利用的活性态转化为不可利用的惰性溶解有机碳，从而被长期封存[18]。

（4）人工可调控

海岸带地区通常是经济发达、人口密集的地区。人类活动对海岸带蓝碳生态系统的影响是双重的，既可以破坏这些系统，也可以通过保护和恢复措施增加其碳储量。填海造陆、海岸工程及海岸城市化会直接导致红树林、盐沼和海草床湿地区域的生态系统功能丧失；工业、农业和生活废水的排放使海岸带生态系统受到富营养化、重金属污染等威胁，破坏生态平衡，降低固碳能力；不合理的捕捞和海水养殖活动也会破坏海草床等生境，减少生物多样性，影响生态系统的碳储存功能。然而，通过建立自然保护区，限制开发和捕捞活动，可以有效地保护现有的蓝碳生态系统，使其免受破坏并逐渐恢复；通过种植红树林、恢复盐沼和海草床湿地，可以恢复这些生态系统的结构和功能，提升其碳储存能力。通过合理的保护和恢复措施，人类不仅可以防止海岸带蓝碳生态系统遭受进一步破坏，还能够增强其碳储存能力。这样的双赢策略不仅有助于应对气候变化，还能促进生态系统健康和经济可持续发展。

1.3 海岸带蓝碳的发展潜力

海岸带是全球人口最聚集和经济最有活力的区域，海岸带是受海洋过程和陆地过程共同影响的区域，其形态万千、面貌各异，各国各行业对其定义和空间范围的判定尚不统一。我国的国家标准《海洋学术语　海洋地质学》（GB/T 18190—2017）对海岸带的定位为海洋与陆地相互作用的过渡地带，向陆上限为现代海水能够作用到陆地的最远边界，向海下限为波浪作用影响海底的最深界，或现代沿岸沉积可以到达的最远界限。同时，为便于管理操作，各国各部门对海岸带的定义更多是基于空间距离或深度、行政管理界限。中国的海岸线总长度为 32 000 余千米，其中陆地海岸线为 18 000 余千米，岛屿海岸线为 14 000 余千米，海岸带蓝碳面积为 670 万公顷，具有极大的海岸带碳汇潜力[23]。总体而言，陆海相互作用、动态变化、自然过程复杂和自然资源丰富是我国海岸带的典型特征。

然而，自 20 世纪 60 年代以来，随着工业化和城镇化的快速推进，海岸带和近海区域开发强度不断加大，我国的沿海各省市（不含香港特别行政区、澳门特别行政区和台湾地区）以不足 1/6 的国土面积承载了近一半的人口，贡献了一半以上的国内生产总值。在海岸带保护与发展的矛盾日益凸显的背景下，出现了重要河口、海湾等高生物多样性或高生产力区域的生态系统退化或丧失速度惊人的情况，约219万公顷的滩涂消失[24]。同时，近海水域受到了不同程度的富营养化威胁，严重损害了海岸带蓝碳的固碳潜力。

近年来，我国滨海湿地保护修复力度不断加大，促进了蓝碳面积的扩大和生态系统服务功能的提升。《中华人民共和国湿地保护法》的实施明确了管理和保护滨海湿地的责任主体；国务院发布的《关于加强滨海湿地保护严格管控围填海的通知》提出严格控制新增围填海造地，加强对滨海湿地的保护和整治修复，这一举措扭转了滨海湿地快速消失的趋势；《红树林保护修复专项行动计划（2020—2025年）》的实施以及“蓝色海湾”综合整治行动、海岸带保护修复工程等滨海湿地生态修复工程的实施，极大地提高了地方保护和修复滨海湿地的积极性，使红树林等海岸带生态系统面积得到了快速恢复。通过将天然红树林、海草床、滨海盐沼和海藻场等典型海洋生态系统纳入自然保护地体系和生态红线，实施各类滨海湿地保护修复工程，海岸带蓝碳生态系统的面积得到显著提升，结构和功能得到恢复，相应的生态系统服务也随之增加：发展蓝碳不仅有利于固碳增汇，缓解气候变化，还可以改善空气和水质，促进污染物的降解，消波减浪、应对海平面上升并为众多海洋生物提供繁育场和栖息地。

与陆地和淡水生态系统不同，蓝碳生态系统的碳储存不会达到饱和状态。在未来气候变暖和海平面上升的背景下，这些生态系统展示出独特的碳汇潜力。一方面，随着大气CO_2浓度的增加和气温的升高，植物的生产力显著提高，海岸带蓝碳生态系统通过沉积物的垂直堆积不断积累土壤碳，从而增强了海平面上升时植被的生存能力，增加了内源碳汇。另一方面，加速的海平面上升和气候变暖导致植物生产力的增长速度超过土壤有机质衰减速度，促进了土壤沉积物中有机质的积累，增加了外源碳汇[25]。因此，蓝碳生态系统在未来仍有望保持高效的碳汇功能和固碳潜力，这将成为缓解全球气候变化的长期解决方案之一。

另外，海岸带蓝碳生态系统具备一定的适应全球气候变化的能力。其自然湿地中的密集植被能有效减弱海浪的能量，稳定海岸线，并促进生物生长。天然湿地在基本不需要维护的情况下，甚至能够随着海平面的上升而继续生长。除了保护和修复狭义海岸带蓝碳生态系统，探究广义海岸带蓝碳碳库系统也成为未来发展的方向，如海岸带地区的海藻、贝壳、珊瑚以及固碳微生物生态系统等。贝类和珊瑚礁的钙化过程是一种无机碳的双向化学反应，其钙化过程可以影响海洋的碳循环[4]。已有估算的结果显示：全球贝壳碳固定年均含量达到 62.9 克 / 千克，珊瑚礁年均总碳封存速率可达到 148 克 / 平方米[16]，而中国贝壳固碳年均含量为 22.7 ~ 88.7 克 / 千克。如按目前中国贝类养殖规模初步计算，每年中国贝类固碳量可达 24 万 ~ 110 万吨[26]。微生物固碳也被认为是非常有潜力的海岸带蓝碳固碳方式之一。在复杂的作用下，微生物能将溶解有机碳转化为能长期保存在海洋中的惰性溶解有机碳[27]。在营养盐丰富的海岸带生态系统中，浮游植物和微型生物的丰度和多样性远高于远海，因此海洋微型生物碳泵的作用更适用于海岸带地区，具有较高的固碳潜力。

海岸带生态系统极高的碳汇能力也决定了其较高的经济价值，发展海岸带蓝碳将显著促进我国经济的可持续发展。海岸带蓝碳为经济发展提供了新的思路和模式，通过将碳汇价值纳入经济活动，构建以海洋资源环境可持续发展为核心的蓝碳经济和产业链，将传统经济副产品如二氧化碳和过剩营养盐转化为生态服务和产品，推动经济驱动力从化石能源向自然生产力转变[28]，不仅能实现增汇固碳，还将催生出海洋生态工程、生态旅游、生态养殖等相关产业，推动碳服务和碳交易等新业态的发展，提升地区竞争力，进一步促进我国海岸带生态系统从点状保护到全面保护的转变，形成良性循环。

随着碳交易市场的发展，蓝碳交易也受到了更多的关注。发展海岸带蓝碳，提高蓝碳价值，不仅能促进滨海湿地生态系统的保护和修复，增加碳汇，助力碳减排，还能推动国际蓝碳交易[29]。完善碳交易市场、提高碳价将是我国进一步展开蓝碳国际交易与合作的必要条件。作为“海岸带蓝色碳汇”的重要载体，海岸带蓝碳生态系统为蓝碳交易提供了来源保障，而蓝碳交易是实现“双碳”目标的重要举措。保护重要滨海生态系统，发展蓝碳经济，推动蓝碳市场发展，是中国实现碳达峰碳中和目标的重要手段。

1.4　海岸带蓝碳的价值

海岸带蓝碳具有碳储量大、固碳效率高、碳存储周期长的特点，是海洋通过自然过程缓解全球变暖的主要途径。除了吸收二氧化碳，海岸带蓝碳系统还能够提供生物栖息地，并具有固滩消浪、净化水质、维护渔业资源和供人休闲游憩等生态系统服务功能。从生态系统服务功能的整体性出发，对海岸带蓝碳生态系统进行保护与修复，协同实现气候变化、生物多样性和可持续发展等国际热点议题设定的目标，将有助于推动我国生态文明建设和可持续发展目标的实现。红树林、海草床和滨海盐沼等海岸带蓝碳生态系统的多种重要服务价值，主要体现在以下几个方面。

（1）供给服务价值

供给服务指的是生态系统为人类经济社会提供的实物和能量支持，包括生物、基因和水的供应等[30]。对于海岸带蓝碳而言，红树林、海草床和滨海盐沼等海岸带蓝碳生态系统分布广泛，且拥有广阔的适宜海水养殖区域。因此，发展海岸带蓝碳不仅能够有效改善高碳环境，还能带来生态与经济的双重收益。例如，海岸带蓝碳生态系统中的红树林等植物提供木材原料，适宜的养殖环境提高了鱼类、贝类和甲壳类等养殖水产品的产量。同时，通过研究和应用这些生物的遗传资源，进一步促进农业、医药和生物技术的发展。海岸带蓝碳的供给服务为经济发展提供了丰富的资源和能量支持，显著促进中国的蓝色经济发展，通过有效地利用这些供给服务，不仅可以提升经济效益，还能改善环境质量，保护生态系统，实现经济与生态的双赢局面。

（2）调节服务价值

调节服务指的是生态系统在调节气候、水文和生物化学循环、地表进程以及各种生物过程方面的能力，通常具有重要的空间特征[31]。对于海岸带蓝碳生态系统而言，通过高效固碳可以部分缓解温室气体急剧增加带来的负面效应，具体表现为：全球气候调节，红树林等高等植物吸收和储存大气中的二氧化碳，减少温室气体浓度；天气调节，植物通过蒸腾作用和水汽循环，影响局部天气条件，维持气候稳定；净化水体，根系和根系微生物吸收污染物净化空气和水体；降解固体废物，通过微生物和其他生物分解废物，减少污染；调节土壤质量，通过植物根系和落叶增加土壤有机质，改善土壤结构和肥力；控制土壤侵蚀，植被覆盖和根系网络稳定土壤，防止水土流失；调节水流，缓冲洪水和潮汐，减少洪涝灾害；消波防浪，吸收和削弱海浪冲击力，保护海岸线；避免海岸侵蚀，海岸带生物结构和物理屏障作用减少海岸线侵蚀；提供生物栖息地，为多种动植物提供栖息地和繁殖场所等。这些调节服务在保护环境、改善生态平衡和促进经济可持续发展方面发挥着至关重要的作用。有效利用和保护海岸带蓝碳生态系统，有助于应对气候变化、保护生物多样性。

（3）文化服务价值

文化服务指的是人们通过娱乐、知识开发、消遣以及精神思考从生态系统中获得的知识和非物质利益[31]。对于海岸带蓝碳而言，文化服务是其为人类社会提供的一种精神层面的价值和享受。这种服务不仅包括滨海和海洋旅游，还涵盖文化教育。此外，海岸带蓝碳生态系统还为科学研究提供了丰富的实验场所，吸引众多科学家进行生态学、环境科学和碳汇等方面的研究，推动了环境相关科学知识的不断进步。而海岸带蓝碳景观也为人们提供了视觉和艺术的享受，丰富了人们的文化生活。综合而言，海岸带蓝碳生态系统不仅是自然资源的宝库，也是文化遗产的重要组成部分，其提供的文化服务丰富了人们的生活，促进了人与自然的和谐共生。

第 2 章　我国海岸带蓝碳资源现状

2.1　我国海岸带蓝碳资源分布特征与储量

2.1.1　我国海岸带蓝碳资源分布特征

我国大陆海岸线曲折漫长，北起鸭绿江口，南至北仑河口，经辽宁、河北、天津、山东、江苏、上海、浙江、福建、台湾、广东、香港、澳门、广西、海南等省（自治区、直辖市）及地区。我国同时拥有红树林、盐沼和海草床三种蓝碳生态系统，其中红树林主要分布在南方的亚热带和热带沿海；盐沼分布在温带到亚热带海域；海草床分布在温带到热带海域。三种生态系统类型在潮间带的分布区和潮汐特征如图 2–1 所示[31]：红树林生长于平均海平面以上的潮间

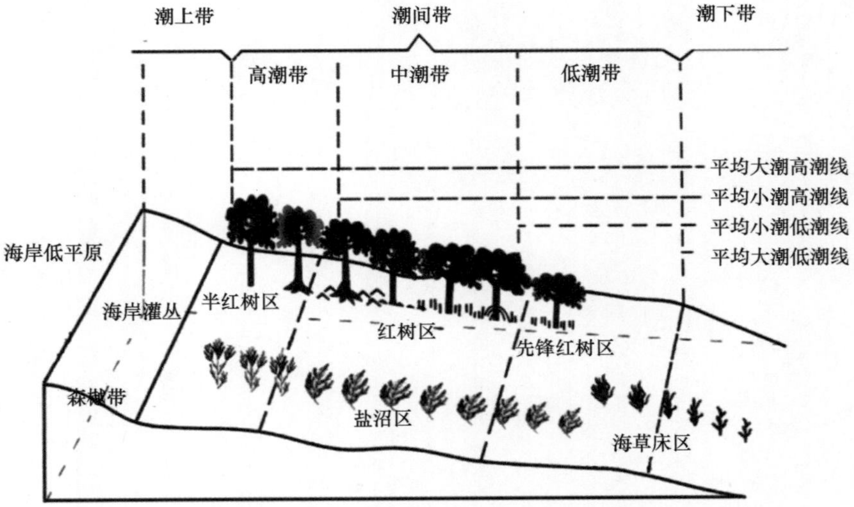

图 2–1　蓝碳生态系统植被沿潮位的分布

带上；海草床主要分布在低潮带和潮下带区域，分布的潮位相对于红树林和盐沼更低。

蓝碳生态系统的植被受气候和底质类型限制，分布显现出不同的特征，并且拥有各自的优势种群。

（1）红树林

红树林海岸地貌主要分为红树林潮滩、林外裸滩和潮沟系三种类型。潮滩通常为平均海平面以上的高滩，而裸滩则是平均海平面以下的低滩[32]。红树植物可以生长在各种潮滩中，以淤泥质潮滩中生长最为普遍。我国红树植物种类存在不同表述，普遍分为真红树植物和半红树植物，有 34 ~ 38 种。我国的红树林主要分布在南方沿海各省（海南、广东、福建和浙江）、自治区（广西）及港澳台地区。福建福鼎是我国红树林天然分布的北界，浙江乐清是人工引种的北界。群落类型包括秋茄（*Kandelia obovata*）群落、白骨壤（*Avicennia marina*）群落、秋茄 – 白骨壤混生群落、木榄（*Bruguiera gymnorrhiza*）群落、海莲（*Bruguiera sexangula*）群落、红海榄（*Rhizophora stylosa*）群落、海桑（*Sonneratia caseolaris*）群落、正红树（*Rhizophora apiculata*）群落等[33]。

（2）盐沼

盐沼通常分布于河流、陆地和海洋生态系统之间的界面，同时受到江河径流与海洋潮汐的影响，具咸淡水交替等特点[34]。我国的盐沼主要分布在沿海的辽宁到广西各省、自治区[35, 36]。我国的盐沼类型多样、覆盖面积大、分布广泛，包括灌丛和草丛盐沼［如柽柳（*Tamarix chinensis*）群系、碱蓬（*Suaeda* spp.）群系］，草丛沼泽［如藨草（*Scirpus* spp.）群系］，禾草沼泽［如芦苇（*Phragmites australis*）群系、互花米草（*Spartina alterniflora*）群系，以及灯芯草（*Juncus effusus*）群系、香蒲（*Typha orientalis*）群系］等[6]。其中，芦苇沼泽的分布最广，仅辽河三角洲的芦苇沼泽就达 6.06 万公顷，且最南可以分布到香港米埔湿地。碱蓬沼泽是我国北方典型的滨海湿地类型，在辽河三角洲面积达 2 000 公顷，被誉为"红地毯"。海三棱藨草沼泽广泛分布于江苏、浙江等地。外来入侵植物互花米草已全面入侵我国的红树林和滨海盐沼，形成单一优势群落，其植被面积已扩展到 5.52 万公顷[37]。

（3）海草床

海草是生长在海洋中的显花植物，分布多局限于较浅的海域，最大分布深度为水下 90 米，大多数种类分布在水深 20 米以内[38]。大面积的连片海草被称为海草床，与海岸潮下带、浅滩、潟湖以及河口等生境构成复杂的海草床生态系统[39]。海草的分布与生长主要受底质类型的限制，例如，范航清等在调查广西海草床时发现，喜盐草通常生长发育于沙质含量较高的沙质和泥质沙底潮间带的中、下部或潮流沙脊上，矮大叶藻（*Zostera japonica*）主要生长发育于淤泥质底的潮间带中、上部[32]。陈石泉等对海南岛东部海草床进行了长期监测，发现海菖蒲（*Enhalus acoroides*）、泰来藻（*Thalassia hemperichii*）、丝粉藻（*Cymodocea rotundata*）分布区域的底质为珊瑚碎屑、粗砂、中砂和细砂，喜盐草则分布在红树林海岸的泥沙底质区域[40]。我国主要有 6 个海草群系：鳗草（*Zostera marina*）群系、海菖蒲（*Enhalus acoroides*）群系、泰来草（*Thalassia hemprichii*）群系、卵叶喜盐草（*Halophila ovalis*）群系、日本鳗草（*Zostera japonica*）群系、贝克喜盐草（*Halophila beccarii*）群系。南海和黄渤海是我国海草的主要分布区[11]。在温带海域，如河北曹妃甸、山东黄河口、山东天鹅湖等地，主要的海草群系为鳗草群系和日本鳗草群系[7]。在热带海域，如海南沿岸及附属岛屿，常见的海草群系为海菖蒲群系、泰来草群系和卵叶喜盐草群系[11]。在亚热带海域，如广西、广东和福建沿岸的潮间带，常见的海草群系为卵叶喜盐草群系、贝克喜盐草群系和日本鳗草群系[11]。

2.1.2 我国海岸带蓝碳资源储量与固碳能力

（1）研究方法

对于蓝碳核算，本部分根据已有研究确定不同蓝碳生态系统的固碳系数，基于各生态系统面积数据，再分别核算沿海各省市（地区）蓝碳生态系统的固碳能力，并分析其时空格局。

对于蓝碳的空间自相关分析，采用莫兰指数评判其在空间上的聚集或离散情况。空间自相关可以分为全局空间自相关与局部空间自相关两大类，其中全局莫兰指数（Moran's I）描述属性值在区域内整体分布特征，是全局空间自相关的常用指标。其计算公式如下：

$$I = \frac{n\sum_{i=1}^{n}\sum_{j=1}^{n} w_{ij}(x_i - \bar{x})(x_j - \bar{x})}{\sum_{i=1}^{n}\sum_{j=1}^{n} w_{ij}\sum_{i=1}^{n}(x_i - \bar{x})^2}$$

式中，I 为全局莫兰指数，x_i 和 x_j 分别为第 i 个和第 j 个变量的值，$\bar{x}$ 为 x 的平均值，w_{ij} 为所构建的空间权重矩阵。

为了精确识别空间分布的集聚和离散特征的所在位置，并进一步评估局部区域的空间自相关程度，还需要使用局部莫兰指数（Local Moran's I）进行分析。局部莫兰指数计算公式如下：

$$I_i = z_i \sum_{j=1}^{n} w_{ij} z_{ij}$$

式中，I_i 为局部莫兰指数；z_i 和 z_{ij} 分别为空间单位 i 和空间单位 j 观测距离均差的标准化，w_{ij} 为所构建的空间权重矩阵。

（2）数据来源

红树林生态系统面积数据的获取，利用了 Google Earth Engine（GEE）云平台并采用了裁剪方式；盐沼生态系统面积数据的获取，是基于 landsat 卫星数据并采用随机森林算法提取得到结果；海草床生态系统面积数据的获取，是基于“哨兵 2 号”（Sentinel-2）卫星数据并采用随机森林算法提取得到结果。数据时间为 2010—2020 年，但由于“哨兵 2 号”卫星是在 2015 年发射，因此海草床生态系统面积数据的时间为 2015—2020 年。

固碳速率参考向爱、周晨昊、段晓男等研究结果确定[41-44]，其中红树林生态系统为年均 226 克 / 平方米，盐沼生态系统为年均 218 克 / 平方米，海草床生态系统为年均 138 克 / 平方米。

（3）海岸带蓝碳资源固碳能力与分布

分省统计我国沿海各省（自治区、直辖市）及地区的蓝碳生态系统的面积，并深入了解其历史演变过程，对于准确评估各地的蓝碳潜力，以及制定科学合理的蓝碳保护和利用策略至关重要。利用遥感等手段，得出了各省（自治区、直辖市）及地区的历年红树林、盐沼以及海草床的分布面积统计结果，以 5 年为一个周期，报告如表 2–1 所示。

表 2–1　不同时期我国蓝碳生态系统面积统计情况

单位：平方千米

	红树林			盐沼			海草床		
	2010 年	2015 年	2020 年	2010 年	2015 年	2020 年	2010 年	2015 年	2020 年
辽宁	—	—	—	57.03	33.91	22.34	—	33.08	33.21
天津	—	—	—	1.94	1.77	1.07	—	5.05	4.95
河北	—	—	—	5.59	8.84	2.56	—	93.16	92.86
山东	—	—	—	187.66	95.95	118.95	—	45.05	42.99
上海	—	—	—	164.56	225.27	243.50	—	—	—
江苏	—	—	—	310.72	267.63	250.03	—	0.67	0.67
浙江	0.16	0.10	0.08	128.01	103.80	95.49	—	0.19	0.19
福建	6.45	2.35	4.62	16.36	56.39	44.66	—	4.85	4.82
广东	71.42	71.57	75.70	39.24	74.36	73.11	—	16.76	16.40
广西	77.36	75.93	78.53	25.69	67.72	78.38	—	6.75	6.73
海南	44.39	44.84	46.34	15.36	37.18	25.98	—	69.43	68.45
台湾	2.11	2.09	1.56	1.19	5.79	2.40	—	6.57	6.43
香港	3.41	3.38	3.54	2.88	7.21	6.47	—	0.07	0.08
澳门 [1]	0.53	0.16	0.38	—	—	—	—	0.06	0.06

[1] 由于遥感精确度限制，澳门红树林数据来源于张忠华、Chen、国家地球系统科学数据中心、Zhao 等的文献资料 [16–19]。

进一步地，以 2010 年、2015 年和 2020 年作为典型时间节点，绘制出 2010—2020 年我国红树林和盐沼总面积的时序演化格局图（图 2–2）。图 2–2 中显示，无论是红树林还是盐沼，2020 年的总面积均大于 2010 年的总面积：红树林的面积在 2020 年达到峰值，为 210.75 平方千米；而盐沼的面积在 2015 年达到峰值，为 985.82 平方千米。

红树林、盐沼和海草床作为陆海碳循环的关键纽带，它们不仅具有相对分解作用，而且具有出色的光合作用效能。这种独特的生物特性使它们单位面积的生产力极高，并展现出卓越的固碳能力。因此，它们被视为应对自然气候问题的重要且有效的解决方案。根据我国三大蓝碳生态系统面积情况及其固碳速率可估算得出，2010—2020 年我国红树林年均固碳量为 4.5 万 ~ 4.7 万吨，盐沼年均固碳量为 20.8 万～21.5 万吨，海草床年均固碳量为 3.83 万～3.88 万吨。2020 年，我国三大蓝碳生态系统年固碳量如图 2-3 所示。其中，上海、江苏、广东、广西和山东的蓝碳生态系统年固碳量较大，均超过 3 万吨碳。同时，除河北、天津、广东、广西和海南外，其余省市（地区）以盐沼固碳为主。

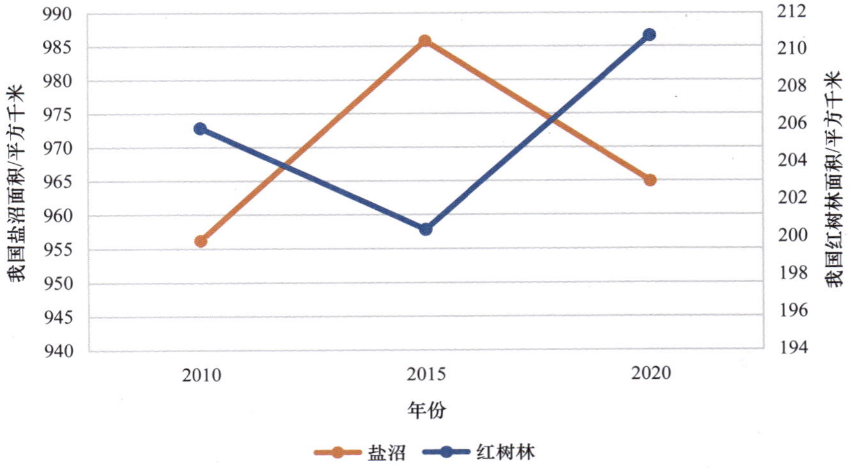

图 2-2　2010—2020 年我国红树林和盐沼总面积时序演变格局

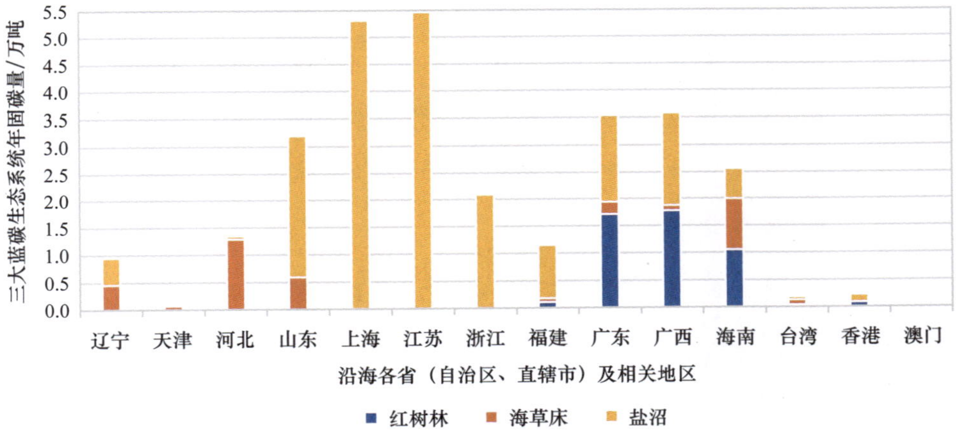

图 2-3　2020 年我国三大蓝碳生态系统固碳量

针对红树林固碳情况，绘制我国 2010—2020 年浙江、福建、广东、广西、海南、台湾、香港和澳门的红树林年固碳量折线图（图 2-4）。总体而言，首先，红树林年固碳量波动幅度较小。其次，同 2010—2020 年我国红树林总面积的时序演化变动态势基本相符，年固碳量总值在 2017 年达到峰值 4.92 万吨。再次，广西红树林面积长期居于第一位，2017 年红树林固碳量估算值达到 2.07 万吨；广东排在第二位，2020 年的固碳量达到 1.71 万吨；海南年均固碳量位于中间位置，固碳量常年稳定在 1 万 ~ 1.07 万吨；浙江是红树林面积最小的省份，2010 年以来红树林年均面积仅为 0.095 平方千米左右，年均固碳量也仅为 0.002 15 万吨。

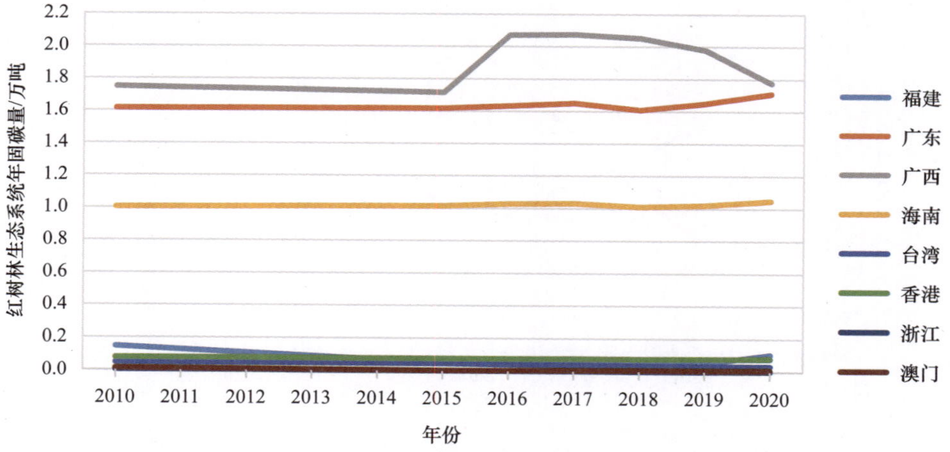

图 2-4　2010—2020 年我国部分沿海地区红树林生态系统年固碳量

（4）海岸带蓝碳资源固碳能力的空间关联

全局莫兰指数结果可明确反映出区域海岸带蓝碳资源固碳能力的空间关联，本部分首先通过全局莫兰指数测度全国海岸带蓝碳资源固碳能力，具体估计结果如表 2-2 所示。根据估计结果，我国海岸带蓝碳资源固碳能力总体上呈现正向空间自相关，具有显著空间关联特征。

表 2-2　海岸带蓝碳资源固碳能力全局莫兰指数测度结果

年份	莫兰指数
2010	0.485 396
2011	0.507 340
2012	0.419 888
2013	0.233 392
2014	0.368 124
2015	0.335 615
2016	0.323 744

续表

年份	莫兰指数
2017	0.304 027
2018	0.353 847
2019	0.366 908
2020	0.339 91

进一步地，借助局部莫兰指数的结果判断海岸带蓝碳资源固碳能力的空间分布，如表 2–3 所示。

表 2–3　2010—2020 年海岸带蓝碳资源固碳能力的集聚分布

年份	第一象限（HH）	第二象限（HL）	第三象限（LH）	第四象限（LL）
2010	江苏、上海	—	—	—
2011	江苏、浙江	—	—	辽宁
2012	江苏	—	—	辽宁
2013	江苏	海南	—	—
2014	江苏、上海、浙江	—	—	—
2015	江苏、浙江	海南	—	—
2016	江苏	广东、海南	—	—
2017	—	海南	—	—
2018	江苏、浙江	海南	—	—
2019	江苏、浙江	海南	—	—
2020	江苏	海南	浙江	—

在集聚类型中，第一象限（HH，高高聚集）代表某一省市（地区）与邻近省市（地区）的海岸带蓝碳资源固碳能力均较高，与邻近省市（地区）间差异较小；第二象限（HL，高低离散），代表某一省市（地区）海岸带蓝碳资源固碳能力较强，但邻近省市（地区）呈低值，与邻近省市（地区）间差异较大；第三象限（LH，低高离散），代表某一省市（地区）海岸带蓝碳资源固碳能力呈低值，但邻近省市（地区）呈高值，与邻近省市（地区）间差异较大；第四象限（LL，低低聚集），代表某一省市（地区）与邻近省市（地区）的海岸带蓝碳资源固碳能力均呈低值，与邻近省市（地区）间差异较小。

从集聚效果来看，第一象限省市（地区）最多，第二象限次之。第一象限涵盖上海、江苏、浙江3个省市，分布在东部沿海；第二象限包括广东、海南2个省，均位于南部沿海区域；第三象限仅有浙江1个省，并且其是在2020年由第一象限转为第三象限，原因是其蓝碳生态系统面积呈现下降态势，且与周边省市（地区）的差距逐渐加大。

从协同发展角度来看，处于第一象限的上海、江苏、浙江3个省市的海岸带蓝碳资源固碳能力与周边协同发展效应明显；处于第二象限的广东、海南和第四象限的辽宁3个省的海岸带蓝碳资源固碳能力与周边相邻区域协同发展效应明显偏低。

2.2 我国海岸带生态修复与蓝碳增汇能力

海岸带生态修复是在认为海岸带生态系统具有自我修复功能的前提下，辅以人工措施对其修复进行干预，使遭到破坏的海岸带生态系统恢复到原有状态的过程。根据我国沿海地区的现状，可以将海岸带生态修复概括为岸线、岸滩修复和“蓝色海湾”整治等主要内容[45]。这些重要生态修复项目和工程的确定，既是基于自然要素的研究，又是基于人文要素的考虑。

2.2.1 海岸带特征

海岸带是存在于海洋和陆地之间的相互作用的地带，兼有海陆双重属性的环境特征[46]，其特征主要包括自然和人文两大方面。自然特征主要涵盖海岸带地区丰富的资源与脆弱的生态环境，人文特征则包括优越的地理位置以及由此而产生的要素集聚和高速发展。相应地，自然要素和人文要素都是研究海岸带特征必须考虑的重要组成部分。

一是从自然特征角度考虑。海岸带是资源丰富的地带，蕴藏着丰富的生物资源、矿产资源、空间资源、水资源，以及潮汐能、盐差能、波浪能等海洋可再生能源。海岸带又是生态相对脆弱、自然灾害频发的地区，红树林退化[47]、近海富营养化[48]等生态环境问题长期威胁地区可持续发展。

二是从人文特征角度考虑。海岸带是区位优势最明显的地带。宜居的海岸带地区以仅占全国4.6%的国土面积承载着我国18.4%的人口，创造了约34%的生产总值[49]。海岸带的要素集聚带来了高速、领先的发展态势。我国海岸带地区的资本、人口和技术等生产要素的集中程度明显高于其他地区，经济贸易活动频繁、科学技术人员集聚等使海岸带区域的经济实力位于国内前列。

2.2.2　海岸带生态修复的特征

海岸带生态修复的特征可以概括为以下两个方面。

一是从海岸带的自然特征出发，在海岸带生态修复过程中需要自然因素的参与或干涉。从海岸带原生的环境本底来考虑，海岸带是自然生态系统的一部分，拥有红树林和海草床等丰富的生态系统类型。因此，对海岸带自然特征进行环境本底和受损状况评估，是指导人为干预修复的必要条件。从生态修复过程来考虑，人工修复措施可能给海岸带地区带来额外的生态环境影响，要科学评估生态修复产生的综合效果，立足环境本底的自然特征，使生态修复过程达到养护和提升生态系统自我修复能力的目的。

二是注重海岸带修复中所涉及的人文特征。海岸带生态系统虽具有自我修复能力，但当海岸带遭到严重破坏时，其自我修复能力不足以将其修复到原有的状态，人为干涉必不可少。部分海岸带由于人类活动遭受了短期或长期的破坏，因此约束和调整人类行为就成为必要手段。近年来，我国的工业化进程较快，对部分环节管理不善，一些工业污染物被排放到邻近海域，这导致我国一些沿海海域的水质受到污染，水质急剧恶化，同时也导致海岸带丧失了原有的自我修复能力。这种情况下，就需要对人类活动进行干涉，如关闭海岸带沿线的工厂或阻止污水直接排放入海等。

2.2.3　我国海岸带生态修复存在的问题

（1）海岸带生态修复的自然问题

一是对海岸带生态系统的相互作用和共生关系认知不足。生态是统一的自然系统，是环环相扣、不可分割的有机链条。各种生态系统的要素之间是紧密联系且相互依存的，既有不同的内在结构和变化规律，又与其他要素相互影响。因此，在海岸带的生态修复当中，应明确山水林田湖草沙是生命共同体的系统思想[50]。

二是对海岸带生态修复缺乏全局性和系统性的科学认知。海岸带生态修复需要做到陆海统筹并进，但目前陆海之间仍存在许多隔阂。其中，最主要的是陆地和海洋的相关法律制度之间缺乏协同性，陆地有适用陆地的规划和制度，而海洋则有适用海洋的规章制度。但是，海岸带是介于海陆之间的区域，因此陆海的统筹协调是海岸带生态修复中的关键一环[51]。

（2）海岸带生态修复的社会问题

一是在人口增长与城市化背景下，应当怎样平衡生态修复与经济发展的关系问题。近年来，沿海地区作为我国自然条件优越、经济发展迅速、人口和社会财富密集的地区，对社会发展的重要性不言而喻。在高速的城市化进程中，沿海地区大规模的经济和工程活动以及大量人口的涌入等，在为城市发展提供动力的同时，也导致海岸带原生生态环境受到损害。如何统筹开展海岸带生态养护和修复，怎样平衡经济发展与自然生态环境本底绿色健康的关系，成为海岸带生态修复需要重点关注的问题。

二是在海岸带生态修复目标导向和工程思维的现实中，如何优化提升基于自然的解决方案问题。虽然海洋生态修复在理论上提倡以自然恢复为主、人工修复为辅的原则，但在实际实施的过程中，人为工程措施干预却多于自然恢复[52]。当前，部分生态保护和修复项目的考核指标只关注当下，缺乏时间尺度的考虑。这造成个别工程为了满足考核要求，而采用生长速度较快的植物或外来物种以达到指标要求等现象。此外，“工程思维”较重的现象也不同程度存在，即简单地将生态修复看作一项工程，滥用人工辅助措施进行生态修复，而忽视生态系统本身的自我调节能力，这也给海岸带生态系统养护与修复带来一系列问题。

2.2.4 海岸带生态修复的增汇作用

海岸带生态修复的增汇作用主要体现在三个方面。

第一，生态修复能增加湿地面积，重建蓝碳生态系统，从而实现蓝碳增汇。由于受到海水周期性潮汐淹没的影响，滨海湿地的碳汇功能强大，是降低大气二氧化碳浓度、减缓全球气候变化的重要途径。当前，受滩涂围垦、鱼虾养殖、城市化及工业化等土地开发活动的影响，滨海湿地面积急剧减少，其固碳功能和碳汇潜力下降。因此，推进滨海湿地的生态恢复工作，重建和新建滨海湿地生态系统，恢复并增强其蓝碳功能，在保护自然的同时受惠于碳汇增益，可以让滨海湿地为碳中和目标的实现做出更大的贡献。

第二，生态修复能提高海岸带植被碳库水平，主要途径包括：改善湿地植被的生长环境、演替过程、群落种类等环境因子及碳代谢过程，进而影响湿地植被的初级生产力和碳汇潜力；不同植物群落的固碳能力差异较大，如芦苇具有高生产力和快速生长的特点，能够较快地固定和储存碳，通过生态修复，丰富植被结构、提升植被多样性，有助于提高湿地生物量和有机物质的累积，进而提高植被碳汇水平。

第三，生态修复能提高海岸带土壤碳库水平。土壤微生物同化合成产物是土壤稳定有机碳库的重要贡献者，水文修复会影响海岸带微生物种群代谢、数量、群落结构，促进土壤微生物的活动，微生物群落生长速率和效率越高，越有利于土壤碳的积累。土壤盐度能够调控植被光合固碳过程以及植物残体的分解过程，影响其周转进入土壤碳库。生态修复通过改变土壤水盐环境，一方面提升植被分解底物中的碳储量；另一方面提高有机碳从植被分解底物向土壤碳库中的输入效率，从而提高土壤碳库水平。

2.2.5　基于生态修复的蓝碳增汇对策

（1）建立海岸带生态修复的科学管理框架

一是在生态修复工程实施前，开展充分的现场调研与资料收集，搭建因地制宜的实施框架，确定预期修复目标。其中，应注意避免基于普适性问题进行空洞的方案探讨。

二是采用适应性管理和治理方法。既有的陆地及海洋生态修复工程中，可以概括出自上而下、自下而上等多种管理模式。其中，自上而下的管理模式提供了财务安全和资源，自下而上的管理模式为利益相关者提供了直接参与的机会。实施生态修复工程时，应综合考虑多种模式的优势，结合待修复地区的实际情况，优化适应性管理方案的选择。

三是成立经验丰富的咨询委员会。为了统筹项目的推进和管理，有必要建立一个由生产者、非政府组织和相关公民以及政府部门组成的咨询委员会，以确保管理决策充分考虑利益相关方的需求，有效保证生态修复的平稳进行。

（2）建立健全生态修复项目源头管控机制

一是加强各部门管理衔接。目前，我国海岸带生态系统仍存在陆海管理盲区，在海岸带的两侧实行着不同的管理办法，这导致对同一片区域的执行标准不同。海岸带靠近陆地的区域用涉陆的法律制度进行管理，而靠近海洋的一侧则由海洋领域相关规章制度进行约束。此外，我国的跨辖区统筹协调机制也存在不足。应加快推进陆海联动管理，从陆海关系和跨界协同两个维度加快推进海岸带生态修复的协调机制，促进各部门之间信息共享和交流合作，构建行政边界协商机制，制定统一的管理标准，确保海岸带各侧在管理框架内协调一致。同时，应建立跨领域的统筹协调机制，加强对海岸带生态系统全面、高效的管理，实现陆海联动的生态保护修复与管理。

二是明确生态修复标准，设立相应的生态修复评价指标。目前，海岸带生态修复领域已陆续形成一些行业标准，但不同地区的环境本底、不同生态系统类型的修复过程以及修复效果评估等均存在较大的差异性，如何因地制宜地制定生态修复工程方案、开展科学有效的差异化生态修复效果评估，成为亟待解决的问题。可考虑通过补充行业标准申报与制定、构建地方性生态修复评价指标体系等方式，完善生态修复标准和评价手段。

三是对海岸带进行智能化管理，同时加快海岸带基础信息服务的推广应用。海岸带的智能化管理是指将海岸带的各种地理、人文等信息进行数字化存储和建模，统一形成以地理要素、环境、资源、人文、经济等为一体的海岸带数据库，其应是标准且易于管理和使用的。同时，在此基础上运用“3S”技术［即 GIS（地理信息系统）、RS（遥感技术）、GPS（全球定位系统）］，建立海岸带基础信息服务平台。其中，可通过 RS 和 GPS 结合，实现对海岸带生态环境指标实时监控；通过 GIS 提供的地理分析技术，为海岸带的生态修复提供技术支持。此外，还应推动海岸带地区基础性信息资源共享，加快其信息产业化进程，把海岸带地区资源带来的红利普及给更广泛的利益相关者，促进全社会资源共享。

（3）进一步做好蓝碳开发工作

一是开展蓝碳调查评估。开展红树林、海草床、盐沼等典型蓝碳生态系统基础调查，全面掌握我国滨海湿地类型、分布和基本特征，重要生物类群、生境和相关保护利用活动等情况，从而科学评估我国蓝碳基数。在基数调查基础上，跟踪滨海湿地变化趋势，实施蓝碳收支监测，为优化调控海岸带生态修复提供数据基础。

二是加强蓝碳增汇技术研究。《海岸带生态保护和修复重大工程建设规划（2021—2035 年）》提出依托海岸带生态系统修复工程加快实现海洋碳汇增量的目标和安排，因此亟须开展促进滨海湿地生态修复与固碳增汇协同增效的综合体系建设，聚焦滨海湿地碳汇格局、过程机制、演化趋势与潜力评估，加强土壤负排放、植物固碳增汇、土壤微生物固碳、碳沉积埋藏等技术研究，并对实践中成效显著的固碳增汇技术开展集成、试验示范与应用推广。

三是科学实施海岸带生态修复项目。从完整的生态系统水平出发，将蓝碳增汇纳入海岸带生态修复目标和标准体系。在项目实施过程中，要强调水文连通性和生物多样性原则，探讨水盐和养分调控、固碳植物筛选、重建高生物量高碳汇型生物群落、改善湿地土壤及水体环境等措施对海岸带的固碳增汇作用，并因地制宜地设计固碳增汇的修复措施，实现海岸带生产力的提高与增汇。

四是探索蓝碳价值实现机制。海岸带生态修复碳汇项目若能纳入全国碳排放权交易市场，将广泛吸引社会资本投入海岸带生态修复、提升蓝碳生态系统碳汇能力。目前，我国蓝碳交易机制尚不健全，统一的蓝碳核算方法体系也未建立，且由于本底数据不足，生态修复增汇量难以准确核算。因此，将蓝碳纳入我国碳交易市场的顶层设计亟须加强，积极探索建立蓝碳市场交易模式，进一步推动蓝碳市场化进程。

2.3　我国海岸带蓝碳资源开发与管理

2.3.1　我国海岸带蓝碳资源开发与管理现状

为充分发挥海洋碳汇在应对气候变化等方面的功能，我国提出并不断推进“蓝碳计划”。2015—2019年，国家陆续出台《关于加快推进生态文明建设的意见》《全国海洋主体功能区规划》《“十三五”控制温室气体排放工作方案》《关于完善主体功能区战略和制度的若干意见》《国家生态文明试验区（海南）实施方案》等文件，对发展海洋碳汇作出重要部署，鼓励探索建立蓝碳标准体系及交易机制。2021 年发布的《中共中央 国务院关于完整准确全面贯彻新发展理念做好碳达峰碳中和工作的意见》提出，将碳汇交易纳入全国碳排放权交易市场，建立健全能够体现碳汇价值的生态保护补偿机制。此后，各地开始探索海洋碳汇产品价值的实现路径。

2022 年 9 月，自然资源部发布《海洋碳汇核算方法》（HY/T 0349—2022）行业标准。2023 年 10 月，生态环境部、国家市场监督管理总局公布并施行《温室气体自愿减排交易管理办法（试行）》，国家核证自愿减排量（CCER）机制正式重启。2023 年 10 月，生态环境部发布《温室气体自愿减排项目方法学 红树林营造》（CCER-14-002-V01）等 4 项 CCER 项目方法学，为发展海洋碳汇进一步提供了方法学支撑。

我国部分地区已开始进行海洋碳汇开发的行为实践，分别在市场交易、蓝碳基金、质押贷款、指数保险等方面进行了有益尝试。

（1）海洋碳汇产品交易

目前，我国部分省市已开始自发探索海洋碳汇产品交易（表 2-4）[53]。地方性的海洋碳汇产品交易实践助推了蓝碳资源的市场化进程，其项目收益主要用于生态修复、地区公益活动，所购碳汇多用于中和企业活动产生的碳排放。海洋碳汇产品交易实践实现了带动社会资本参与所形成的经济效益和固碳减排、生态系统保护与修复的生态效益，成为区域海洋经济发展的新支点。

表 2-4　我国主要海洋碳汇产品市场交易项目

类型	时间	项目	成交量 / 吨	单价 /（元 / 吨）	收益用途
红树林碳汇	2021 年 6 月	广东湛江红树林造林项目	5 880	66	维持项目区的生态修复效果
	2021 年 9 月	泉州洛阳江红树林生态修复项目	2 000	—	红树林再造
	2022 年 5 月	三亚海口三江农场红树林修复项目	3 000	约 100	项目区红树林管护工作及周边社区和学校公益活动
	2023 年 6 月	浙江温州苍南县红树林碳汇交易项目	2 023	60	保护修复海洋生态
	2023 年 9 月	深圳红树林保护碳汇拍卖	3 875	485	上缴市财政用于红树林保护与修复
盐沼碳汇	2023 年 9 月	江苏盐城滨海盐沼生态系统碳汇产品交易项目	1 926	—	—

（2）海洋碳汇产品基金

我国的海洋碳汇产品基金以企业资金和社会筹集资金为主要来源，并致力于完善收益和成本风险共担机制，用于支持海洋增汇项目，以增加海洋碳汇产品供给。设立海洋碳汇产品基金，可以有效地解决海洋碳汇项目因普遍存在的签发周期长、价值实现难、碳汇资产长期搁置等问题造成的融资困难，为蓝碳项目开发、建设与运营提供长期稳定的资金支持和保障。2021 年 7 月，兴业银行厦门分行与厦门产权交易中心合作设立全国首个蓝碳基金，划拨专项资金用于采购海洋碳汇，并推出全国首张以海洋碳汇结算的“碳中和”机票。交易所得资金可继续用于碳汇生态系统的保护与修复，促进保护区与社区共建，持续提升海洋碳汇应对气候变化的功能。引导并鼓励更多的蓝碳基金投资运作，是未来我国海洋碳汇产品价值实现的重要途径。

（3）海洋碳汇产品质押贷款

鉴于海洋碳汇项目建设周期长、投资风险高，部分金融机构推出特色贷款服务，化解小微渔业企业和个体渔民的资金周转困难问题。山东青岛、烟台、滨州，江苏盐城等已落地多笔海洋碳汇质押贷款（表 2-5）[28]。

表 2-5 我国部分海洋碳汇产品质押贷款情况

时间	地区	银行	贷款金额 / 万元	质押物
2021 年 8 月	山东青岛	兴业银行青岛分行	1 800	胶州湾湿地碳汇
2022 年 8 月	江苏盐城	兴业银行盐城大丰分行	1 000	湿地修复减碳量远期收益权
2022 年 12 月	山东烟台	长岛农商银行	300	海草床、海藻场固碳产生的碳汇远期收益权

（4）海洋碳汇产品指数保险

海洋灾害易造成海洋碳汇生态系统大面积损毁，固碳效果缺乏有效保障，因此，现有海洋碳汇保险多采用指数的方式理赔，以实现其损失补偿、风险管理、资金融通的功能。参照海洋碳汇产品的增汇能力、碳汇市场交易价格等定制海洋碳汇指数保险方案，既能有效化解养殖过程中的灾害风险，又能借助保险杠杆，将损失补偿用于灾后海洋碳汇资源救助、生态保护修复等生产活动，为激活蓝色生态链注入新动能。2022 年 5 月，全国首单海洋碳汇指数保险在威海落地，采用触发即赔原则，若海草床因特定海洋环境变化造成碳汇减弱，保险公司将为投保方进行赔偿。2023 年 7 月，中国平安财产保险股份有限公司于深圳承保全国首单红树林碳汇指数保险，为福田自然保护区的红树林碳汇价值实现提供风险保障和防灾减损服务。

2.3.2 我国海岸带蓝碳资源开发与管理存在的主要问题

（1）缺乏相应的顶层设计与政策引领

当前，国家层面的蓝碳交易制度建设尚属空白，蓝碳是否以及如何参与全国碳市场交易，还缺乏相应的政策和制度依据。同时，有关蓝碳研究仍有很多空白，对于蓝碳的储量、速率、过程机制等仍缺乏足够的了解，蓝碳数据采集质量也有待提升，数据难以集中汇聚、开放应用度较低，资源调查评价还缺少固碳潜能等相关内容。国土空间规划也还未涉及蓝碳相关领域，与蓝碳体系构建未能有效衔接。

此外，资金与社会资源参与度还不足，全社会参与蓝碳资源开发利用的意愿不强，缺乏持续共赢的海洋碳增汇投融资和收益回报机制。

（2）蓝碳交易仍处于探索阶段，市场体系不完善

总体而言，我国蓝碳工作开展时间较晚，当前碳市场主要集中在林业碳汇项目方面，涉及蓝碳的项目极少，与蓝碳交易相关的规范、技术、标准等也未形成体系。尽管宁波、厦门、深圳、湛江、威海等沿海城市已率先开展蓝碳交易试点相关工作，但目前关于不同类型蓝碳系统的研究开发程度不一，对固碳机理、计量依据仍存在争议，尚未建立与国际接轨的计量、监测、评估体系以及第三方认证、注册等体制机制，蓝碳项目如何开发、实施、交易、管理以及如何全面测算、监管、核证等一系列问题还没有形成明确、公认的解决方法。同时，现有方法的科学性、准确性、推广性和应用性较弱，未能充分体现蓝碳生态系统的复杂性与动态变化，导致难以对全域范围内的蓝碳进行精准计量与监测，极大地限制了蓝碳资源的开发利用。

（3）应对多重风险的蓝碳金融支持力度较弱

蓝碳资源产品在项目开发与交易过程中面临多重自然风险与人为风险。蓝碳资源极易受到病虫害、台风风暴潮、寒潮等自然因素的影响，造成蓝碳资源产品遭受损失，国际气候谈判进程、政府优先事项变更、评价标准不完善、产权关系与资金供给调整等带来了政策环境的不确定性，碳市场供求失衡、碳价非周期性波动、劳动力成本上升、金融机构与其他交易主体存在信息不对称、交易平台不健全等带来的市场风险，项目管理经验不足、计量监测不全面等造成的技术风险等，都可能导致难以实现蓝碳资源的预期价值。

开发基金、债券、保险等金融产品及其衍生工具是对冲蓝碳资源产品多重风险的重要手段。然而，由于我国开发蓝碳资源较晚，蓝碳资源产品价值还没有得到较好的实现，金融机构对短期内收益并不显著的蓝碳项目缺乏投资兴趣。尽管部分地区已开始尝试发布蓝碳金融产品，但推广范围较小，主要集中在少数沿海省市。此外，金融机构也缺乏熟悉蓝碳产品相关市场运作模式、风险管理等方面的专业人才，现有蓝碳资源产品质押贷款额度偏低，加上海洋环境的连通性、流动性、水体掩蔽性等特点，导致在具体实施过程中面临保险金额难以测算、责任范围不全面、理赔方式较为复杂、风险补偿有效性不足等问题。

（4）相关法律体系建设不完善，蓝碳资源开发缺乏强制力保障

目前，我国对碳交易市场的监督管理依据主要来自部门规章制度及规范性文件。虽然 2024 年 2 月国务院颁布了《碳排放权交易管理暂行条例》，但仍缺乏更高层级、更高能效的制度安排。同时，还没有建立完善的碳排放控制制度，企业履约的强制力尚不够强，对利益相关方的约束力也不足。此外，对海洋生态环境损害补偿、赔偿的体制、机制、能力等建设也不完善。这些问题导致目前蓝碳资源开发的保障还不充分，不能为蓝碳资源的开发提供健全良好的市场环境。

此外，《中华人民共和国海域使用管理法》《中华人民共和国民法典》等尚未对蓝碳的权属进行明确规定，同时，蓝碳交易依托的特定海域等也不属于私法上的财产权利客体，而是属于公法管辖的范畴，国家享有对海洋资源的支配权和管理权。这就使得短期内很难清晰划定蓝碳交易各主体之间权利行使的边界，导致蓝碳无法成为私法上财产权利的客体，从而会对其在市场上的顺畅流转产生影响[54]。此外，按照物权法定原则，碳排放权能否作为控排企业有权处置的资产，

目前尚无法律作出明确规定，在产权难以明晰的情况下，容易产生成本和经济收益纠纷，不利于蓝碳市场交易的推进，从而给蓝碳资源开发带来了不确定性。

2.3.3 我国海岸带蓝碳生态系统面临的主要问题

近年来，我国有关沿海湿地生境的保护及修复工作稳步开展，在一定程度上遏制了红树林、盐沼、海草床面积锐减，被无序侵占的状态，但当前依然存在蓝碳资源衰竭、生态系统功能退化、生物多样性降低、外来生物入侵、气候变化扰动等问题，蓝碳功能未得到充分重视，碳汇效益较低。综合来看，我国沿海蓝碳生态系统主要面临以下几个方面的威胁或问题。

（1）城市化和富营养化

随着经济发展和人口向沿海迁移，海滨城市成为全球经济发展最迅速的区域。城市的发展促使一些区域的红树林成为“城市森林”或者“郊野公园”，如深圳福田红树林和香港米埔湿地，均可发挥生态系统服务功能。然而，城市化进程引起的富营养化、噪声污染、病虫害等问题使红树林面临退化。

《2022 中国海洋生态环境状况公报》显示，2022 年，我国管辖海域海水中主要超标指标为无机氮和活性磷酸盐，海水中无机氮含量未达到第一类海水水质标准的海域面积为 72 000 平方千米，海水中活性磷酸盐含量未达到第一类海水水质标准的海域面积为 30 170 平方千米，夏季呈富营养状态的海域面积为 28 770 平方千米，日排污水量大于或等于 100 吨的直排海工业污染源、生活污染源、综合排污口的污水排放总量为 750 199 万吨，其中氨氮 3 633 吨、总磷 918 吨、4 种重金属（汞、六价铬、铅、镉）总量为 3.933 吨 [55]。富营养化的水体一方面加速植物的生长固碳；另一方面又增加了土壤温室气体排放，对滨海湿地的碳汇功能的总体效应极为复杂 [56]。富营养化还严重影响海草的生存状况 [57]，如造成海南文昌大片海草床退化。此外，红树虽然能积累一定量的重金属，但当重金属含量超过其耐受力时也会导致红树死亡，原有的生物群落结构进而被破坏。同时，养殖塘含氮磷有机物的排入，会改变沉积物的碳氮循环特征，增加甲烷（CH_4）和氧化亚氮（N_2O）等温室气体的排放 [58]。

（2）生物入侵

原产于大西洋沿岸的互花米草自 1979 年引进我国以来，严重威胁我国沿海从北到南的广大区域，占据了大量可供红树林后代繁育和利用的光滩，甚至产生激烈的种间竞争，改变了乡土盐沼和红树林的演替格局[59]。互花米草的入侵对光滩土壤碳库累积有积极的促进作用，但其土壤固碳量低于红树林[60]。互花米草入侵海草床还显著改变了大型底栖动物的群落结构[61]。同时，互花米草还具有生物地貌作用，将改变潮滩的地表高程、潮沟形态等地貌特征[62]。GIS 和数学模拟证据表明，米草属植物的入侵，可加速斑块内部沉积和斑块外部土壤侵蚀，改变区域地貌特征[63]。在福建漳江口，互花米草的入侵迅速提升了红树林区的高程，并可能加速光滩的陆地化[64]。因此，入侵物种对地貌的影响也将导致生态系统碳库的时空变化，改变原生滨海湿地生态系统的碳源—碳汇关系。虽然互花米草是我国盐沼的主要类型，其扩张会增加蓝碳生态系统的面积，然而互花米草排放的非 CO_2 温室气体（如甲烷或氧化亚氮）的排放速率均高于被入侵的红树林区[65]，其缓解气候变暖的功能还有待验证。

（3）海平面上升

由于极端的冰川消融情况和创纪录的海洋温度水平，2013—2022 年，全球海平面平均每年上升 4.62 毫米。而过去 70 多年来，人工岸线已占我国大陆海岸线的 60% 以上，这意味着海平面的上升将增加滨海湿地被淹没的风险。同时，大坝建设使河流的入海泥沙急剧减少，加剧了自然变化对河口三角洲的侵蚀。栾维新等研究发现，到 2030 年辽河口三角洲海平面将上升达 130 毫米，在平均大潮高潮位、历史最高潮位和百年一遇高潮位背景下，河流、滩涂和芦苇滩地等类型的滨海湿地被海水淹没的总面积将分别达到 740 平方千米、1 356 平方千米和 1 411 平方千米[66]。此外，红树林属于陆地向海洋过渡的特殊生态系统，对海平面上升也极为敏感。李莎莎应用数学模型进行模拟预测，在 IPCC 的 RCP8.5 排放情景下，广西铁山港红树林栖息地面积将显著减少，到 2100 年，中、高潮滩红树林面积将分别减少 49.4% 和 60.2%[67]。

（4）其他用地类型土地严重侵占蓝碳生态系统

统计发现，各类土地利用变化可造成蓝碳生态系统减少约 54% 的土壤碳储量[68]，城市化、农田开垦、围填海、建造码头等人类活动都会通过污染水体、产生固体废弃物等带来负面影响。20 世纪 80 年代开始的围塘养殖大大侵占了最适宜红树林生长的中、高潮位区域，导致现有红树林成为林带窄小、背靠海堤和养殖塘的堤前红树林。此外，海堤还限制了红树林的陆向演替，成为碳汇林恢复造林和退塘还林的物理屏障，并使红树林生境片段化和退化。

（5）蓝碳生态系统的保护与海水养殖发展之间的矛盾

目前，蓝碳生态系统的开发保护与海水养殖发展之间的矛盾突出，尚未形成协调发展机制与协同增汇路径。滩涂养殖会侵占并限制红树林、海草床等湿地生境的发展空间，例如，黄河三角洲由于发展海域养殖，2000—2009 年土壤有机碳储量由 343 万吨下降到 317 万吨[69]；海水养殖成为辽东半岛海草床退化的最直接因素[70]。在福建和广东等地，由于水产养殖业占当地经济收入的比重很大，养殖塘成为滨海湿地修复的屏障。海堤和养殖塘等物理屏障通过影响和挤迫滨海湿地生态系统，改变其健康的生态系统物质循环和能量流动，进而改变其储碳和固碳特征。

第 3 章　国内外碳市场概述与法律框架

3.1　国际碳市场的发展历程与现状

3.1.1　国际碳市场的发展背景

国际碳市场的起源可以追溯到全球对气候变化和环境保护开始予以高度关注的 20 世纪后期。随着工业化进程加速和能源消耗的增加，温室气体排放不断增多，导致全球气候变暖、海平面上升等环境问题日益严重。为了应对这些问题，国际社会开始寻求通过减少温室气体排放来减缓气候变化，碳市场的建立和发展是减少温室气体排放的主要途径之一。

在这样的背景下，1992 年《联合国气候变化框架公约》（UNFCCC）在巴西里约热内卢的地球峰会上通过，成为全球第一个关于气候变化的国际条约。该公约的目标是稳定或减少大气中的温室气体浓度，从而防止气候系统受到“危险”的人为干扰。随后，为了实现这一目标，国际社会制定了一系列协议和机制，包括《京都议定书》建立的国际排放贸易机制（International Emissions Trading，IET）、联合履行机制（Joint Implementation，JI）和清洁发展机制（Clean Development Mechanism，CDM）等。

《京都议定书》是其中最具代表性的协议之一，于 1997 年通过并于 2005 年生效。该协议要求发达国家在指定的期限内减少温室气体的排放量，并建立了碳市场。碳市场是一种基于市场的减排机制，通过买卖碳排放权来实现减排目标。在这种市场中，排放权成为一种可交易的无形商品，企业可以通过购买或销售排放权来平衡其排放量。

随着《京都议定书》的生效，全球区域性的碳市场逐渐兴起。欧盟排放交易体系（European Union Emission Trading Scheme，EU-ETS）简称欧盟碳市场，是目前全球最大的碳市场，覆盖了欧盟28个国家的工业部门。此外，其他国家和地区也相继建立了自己的碳市场，包括美国、中国、澳大利亚等。这些市场的建立为减排主体提供了可用于补偿减排成本的经济激励，也为政府机构开辟了为推进社会减排所需资金来源。

总的来说，国际碳市场的发展背景是全球对气候变化和环境保护的关注日益提升，国际社会通过制定协议和机制来减少温室气体排放，而碳市场则是这些机制措施之一。随着全球碳市场的不断发展和完善，它将在推动全球减排和应对气候变化方面发挥越来越重要的作用。

3.1.2 国际碳市场发展历程

国际碳市场的发展历程堪称一段充满挑战与机遇的壮阔史诗。从早期的摸索阶段，到后来的逐步成熟，碳市场不断适应和引领全球气候变化的治理需求。

（1）萌芽与准备阶段：对全球气候变化问题的认知与碳市场的初步构建

20世纪80年代末至90年代初，国际碳市场正处于萌芽与准备阶段。全球气候变化问题逐渐从学术界的边缘议题演变成为公众关注的焦点。随着科学研究的深入，人们逐渐认识到人类活动对地球气候系统产生的深远影响，尤其是温室气体排放增加导致的全球变暖现象。这一认知的转变促使各国政府和国际组织开始重视气候变化问题，并纷纷着手研究和探讨应对策略。有关碳市场的主要筹备活动集中在基础概念的提出、科学研究的深入以及初步的政策准备上。人们开始关注碳排放权作为一种商品的潜在价值，并探讨如何通过市场机制来推动温室气体的减排。

在这一时期，国际上发生了一些重要事件为碳市场的诞生奠定了坚实的基础。其中，最为重要的是1988年成立了政府间气候变化专门委员会（IPCC）。IPCC由世界气象组织（WMO）和联合国环境规划署（UNEP）联合建立，旨在为政府决策者提供有关气候变化及其潜在影响的科学、技术和社会经济信息。IPCC的成立大大推动了气候变化科学研究的进展，并为全球各国政府和国际组织的相关决策提供了权威的科学依据。

另一件特别重要的事件是 1992 年《联合国气候变化框架公约》（UNFCCC）的签订。UNFCCC 是第一个全面处理气候变化问题的国际公约，旨在稳定或减少大气中的温室气体浓度，从而防止全球气候的进一步变暖。公约的签订标志着全球对气候变化问题的认知进入了一个新的阶段，也为后续碳市场的构建和发展提供了重要的法律基础。

在这一阶段，各国政府和国际组织还积极开展了与碳市场相关的初步政策准备工作。例如，一些国家开始尝试建立国内的碳排放权交易体系，通过市场机制来推动温室气体的减排。同时，一些国际组织也开始探讨如何建立全球性的碳市场，以促进各国之间的合作与共赢。20 世纪 80 年代末至 90 年代初是全球气候变化问题认知与碳市场初步构建的关键时期，人们逐渐认识到气候变化问题的严重性，并开始着手研究和探讨应对策略。IPCC 的成立和 UNFCCC 的签订为碳市场的诞生奠定了坚实的基础，也为后续碳市场的发展提供了重要的指导和支持。

（2）初步形成与探索阶段：碳市场运作规则和体制机制逐步建立

随着全球气候变化问题日益严峻，国际社会开始寻求有效的解决方案。在这一背景下，1997 年通过并于 2005 年生效的《京都议定书》，为国际碳市场的形成和发展奠定了法律基础。自此，全球碳市场进入了实质性的初步形成与探索阶段。作为全球首个区域性碳市场，欧盟排放交易体系于 2005 年正式启动，这一事件标志着碳市场在国际层面上的正式诞生。在这一阶段，碳市场主要呈现出探索性的特点。各国政府和企业在摸索中前行，试图找到有效的碳减排和碳交易模式，碳市场的运作机制和规则体系逐渐建立起来。各国政府纷纷制定碳减排目标，并建立起相应的碳交易平台和监管机构。同时，企业也开始积极参与碳交易，通过购买和出售碳排放权来实现减排目标。在这一过程中，碳市场的价格机制也开始发挥作用，通过价格信号引导企业和投资者进行碳减排和碳投资。

然而，在这一阶段，碳市场也面临着许多挑战和问题。首先，各国政府在碳减排目标和碳交易规则上存在较大差异，导致碳市场的分割。其次，碳市场的信息不对称和市场操纵等问题也时有发生，影响了碳市场的公平性和有效性。此外，碳市场的监管和执法机制也亟待完善，在此基础上才能保障碳市场的健康发展。为了解决这些问题，各国政府和企业在探索中不断创新和完善碳市场机制。例如，一些国家开始尝试建立跨国碳市场，促进碳市场的统一和整合。同时，一些企业也开始探索新的碳减排和碳交易模式，如基于项目的碳交易和基于技术的碳减排等。

在这一阶段，国际碳市场虽然面临许多挑战和问题，但也展现出巨大的潜力。碳市场的发展也受到了许多国际组织和研究机构的关注和支持。例如，世界银行（The World Bank）、国际能源署（International Energy Agency，IEA）等国际组织纷纷发布研究报告，为各国政府和企业推动碳市场的建设和发展提供指导和建议。同时，一些研究机构也开始对碳市场进行深入的研究和分析，为市场的健康发展提供理论支撑和实践指导。此外，随着碳市场的不断发展，越来越多的投资者和金融机构也开始关注碳市场，纷纷涉足碳交易和碳投资领域，为碳市场的发展提供了强有力的资金支持。同时，碳市场的兴起也催生了一系列新兴的碳金融产品和服务，如碳基金、碳债券、碳期货等，为投资者提供了更多的投资选择和机会。

国际碳市场在初步形成与探索阶段展现出了巨大的潜力和机遇。随着各国政府和企业的不断努力和创新，以及国际组织和研究机构的支持和关注，碳市场逐渐走向成熟和完善，为全球气候变化的解决做出更大的贡献。同时，这一阶段的碳市场发展仍然面临着许多挑战和问题，需要各方共同努力和协作来推动碳市场的健康发展。

（3）快速发展与成熟阶段：碳市场规模扩大和体制机制逐步完善

在全球气候变化的严峻挑战下，碳市场作为应对之策应运而生，并经历了快速发展与成熟阶段。随着全球对气候变化问题的关注度不断提高，越来越多的国家和地区意识到，通过建立碳市场，能够更有效地促进碳排放的减少和环境保护。在这一阶段，国际碳市场展现出蓬勃的发展态势。

市场规模方面，国际碳市场经历了显著的扩张。随着越来越多的国家和地区加入，市场的总体规模不断扩大。交易活跃度也随之提高，这主要得益于国际社会对气候变化问题的共识增强，以及对碳市场潜力的认可。在这一背景下，碳市场的参与者日益增多，包括企业、金融机构、政府部门等，共同推动着碳市场的发展。

除了市场规模的扩大，碳市场的制度和规则也在逐步完善。为了保障碳市场的公平、透明和有效运行，各国纷纷出台了一系列法规和政策，对碳交易进行规范。这些制度和规则不仅为碳交易提供了更加稳定和透明的环境，也增强了市场的信心，促进了碳市场的健康发展。在这一阶段，欧盟等发达国家为了应对碳泄漏的问题，开始推行碳边境调节机制（Carbon Border Adjustment Mechanism，CBAM）[71]，计划从 2026 年开始，对进入欧洲的碳密集型产品根据碳排放强度进行碳价调整，以使进口商和欧盟本土企业承担相同的碳减排成本[72]。

此外，碳市场发展方面的技术创新也在不断涌现。随着科技的进步，碳交易的技术手段也在不断升级。例如，区块链技术的应用为碳交易提供了更加安全、高效的交易方式，使碳市场的运行更加顺畅。同时，大数据、人工智能等技术的应用也为碳市场的分析和预测提供了有力的支持，帮助参与者更好地把握市场动态。在这一阶段，国际碳市场还面临着一些挑战。例如，各国在碳市场建设方面的差异较大，如何协调各国之间的利益和诉求、推动全球碳市场的整合，是摆在各国面前的一大难题。同时，碳市场的运行也需要更多的资金支持，以推动其持续发展。

综上所述，国际碳市场在快速发展与成熟阶段呈现出蓬勃态势。市场规模的扩大、交易活跃度的提高以及制度和规则的完善，为碳市场的健康发展提供了有力保障。然而，仍需要克服一些挑战，以推动全球碳市场的统一和整合，实现更加公平、透明和有效的碳交易。

3.1.3 国际碳市场的发展现状

当前，国际碳市场已经发展成为一个规模庞大、交易活跃、制度完善的市场体系，其特点和趋势如下。

（1）交易规模庞大且持续扩大

随着参与国家和地区的不断增加，国际碳市场的交易规模和活跃度正在不断攀升。这一趋势不仅反映了全球对减少温室气体排放、推动绿色发展的共识，也体现了碳市场在全球经济中的重要地位。

根据路孚特（Refinitiv，国际金融数据提供商）的统计数据，仅在 2023 年，大多数地区碳价呈下跌态势，主要是受全球经济增长放缓、气价震荡回落和地缘政治矛盾的影响，与 2022 年相比形成反差。2022 年全球主要碳市场的成交量达到 8 650 亿欧元（约合 6.3 万亿元人民币），再创历史新高，这也是全球碳市场交易额连续第六年增长。而在2021年，全球碳市场总交易额达到7 620亿欧元（约合5.5万亿元人民币），是2017年总交易额的5倍以上。同时，根据路孚特的统计，2022年全球碳市场共交易125亿吨碳配额，尽管交易量较2021年减少了21%，但由于碳价持续上涨，全球碳市场交易额仍实现了可观增长。[①]这些数据不仅体现了碳市场的规模之大，更显示了其在全球范围内的广泛参与和深度影响。

这种增长趋势并非偶然，而是由多个因素共同推动的。首先，全球气候变化问题日益严峻，各国政府和国际组织对减少温室气体排放的重视程度不断提升。碳市场作为一种有效的市场机制，能够引导企业和个人减少碳排放，从而实现绿色发展的目标。其次，随着技术的进步和成本的降低，越来越多的企业和投资者开始参与碳市场，推动了市场的繁荣和发展。

值得一提的是，碳市场的持续扩大和繁荣，也为全球经济带来了新的机遇和挑战。一方面，碳市场为企业提供了更多的融资渠道和投资机会，推动了绿色产业的发展和创新。另一方面，碳市场也要求企业和个人更加注重环保和可持续发展。这无疑为全球经济带来了新的挑战和考验。国际碳市场的交易规模和影响力正在不断扩大，成为全球绿色发展的重要推动力。随着全球对气候变化问题的日益重视和市场的不断成熟，碳市场将在未来发挥更加重要的作用，为全球经济的可持续发展注入新的动力。

（2）碳价波动相对稳定

碳市场作为应对全球气候变化的重要手段，其价格动态一直是碳市场参考者关注的焦点。尽管碳价受到多种复杂因素的影响，如供需关系、政策调整、市场情绪等，但值得一提的是，整体而言，碳价保持了相对稳定的波动。这种稳定性不仅反映了碳市场的成熟度，还体现了碳市场参与者对碳价的广泛认可。

首先，碳价的相对稳定得益于碳市场的逐步成熟。随着全球各国对碳排放权交易的重视和推进，碳市场逐渐从初期的探索阶段过渡到市场机制相对成熟的阶段。碳市场参与者对碳价的预期和判断也日趋理性，减少了过度投机和市场操纵的可能，从而有助于维持碳价的稳定。其次，各国政府通过制定碳交易政策、设立碳交易机构、推动碳交易立法等措施，为碳市场的健康发展提供了有力保障。政策的连续性和稳定性有助于市场预期的形成，进而促进碳价的平稳波动。此外，

① 路孚特2022年全球碳市场年度回顾报告。

碳价的波动还为投资者提供了丰富的投资机会和风险管理手段。

（3）碳市场层级结构多样

随着全球对气候变化的日益关注，碳市场作为一种重要的经济手段，正逐渐在各级政府的实施中展现出多样化的层级结构。从城市到国家，再到超国家层级，各种类型的碳市场都在积极运行和不断发展，为各国和各地区在碳市场建设上提供了灵活性和选择空间。[①] 首先，从城市层级来看，许多大城市为了应对气候变化，积极推行低碳城市建设，通过设立城市碳市场来推动碳排放权交易。这些城市碳市场通常针对建筑、交通等主要碳排放领域设定碳排放上限和交易机制，鼓励企业和个人减少碳排放。其次，在国家层级上，越来越多的国家开始建立全国性的碳市场。这些国家的碳市场通常覆盖全国的各个行业和领域，通过设定国家碳排放上限和配额分配机制，推动国家整体的碳减排进程。最后，在超国家层级上，一些跨国组织或区域组织也建立了碳市场。这些超国家碳市场通常覆盖多个国家和地区，通过统一的碳排放标准和交易机制，推动跨国界的碳减排合作。例如，国际民航组织就建立了全球航空碳市场，旨在推动全球航空业的碳减排。

这种多样化的碳市场层级结构为各国和各地区的碳市场建设提供了更多的选择。各国可以根据自身的国情和发展需求，选择适合自己的碳市场层级和交易机制。同时，这种多样化的层级结构也有助于推动全球碳市场的多元化发展，形成更加完善和成熟的碳市场体系。

（4）市场制度日益完善

随着全球碳市场的不断发展，各国和各地区意识到一个完善的市场制度对于碳市场的稳定和繁荣至关重要。因此，各国纷纷修订和完善碳市场制度，以更好地适应碳市场的需求和变化。这些经修订和完善的制度不仅扩大了碳市场的覆盖范围和排放种类，还收紧了排放配额或设置了排放上限，从而确保了碳市场的有效性和公平性。除了修订和完善市场制度，各国和各地区还通过提高配额拍卖比例等措施来增强碳市场的活力和公信力。配额拍卖作为一种市场机制，能够确保

---

① ICAP：《全球碳排放权交易：ICAP 2023年进展报告》。

碳市场的供需平衡，防止碳市场出现过度投机或过度供应的情况。[①]通过提高配额拍卖比例，各国不仅能够确保碳市场的稳定运行，还能够鼓励更多的企业和机构参与碳市场交易，从而推动碳市场的进一步发展。

这些制度的完善不仅为碳市场的短期发展提供了有力支持，更为其长期发展提供了坚实保障。完善的碳市场制度能够确保碳市场的公平、透明和有效，从而吸引更多的投资者和参与者进入碳市场。同时，这些制度还能够为各国和各地区在应对气候变化方面提供有力的政策工具，推动全球碳市场的健康发展。

（5）碳交易工具日益丰富与创新

除了传统的碳现货交易，碳远期、碳期货、碳掉期、碳期权等衍生产品也逐渐进入市场。[②]这些碳交易工具不仅为投资者提供了更多的选择和风险管理手段，还促进了碳市场的流动性和活跃度。同时，随着技术的发展和创新，新的碳交易工具和模式也不断涌现，为碳市场的发展注入了新的活力。此外，碳市场与其他金融市场不断融合深化，随着碳市场的发展，其与股票、债券、外汇等金融市场的联系日益紧密。这种融合不仅有助于提升碳市场的地位和作用，还有助于推动全球金融市场的绿色化和低碳化转型。

（6）国际合作持续加强

面对全球气候变化问题的严峻挑战，各国政府和国际组织需要加强合作，共同推动全球碳市场的发展和完善。通过分享经验、协调政策、加强技术合作等方式，各国可以共同应对气候变化挑战，推动全球碳市场向更加成熟、更加有效的方向发展。这种国际合作不仅有助于提升全球碳市场的整体水平和竞争力，还有助于推动全球经济的绿色发展和可持续发展。

综上所述，国际碳市场已经成为全球应对气候变化的重要工具之一，其在推动绿色发展、促进经济转型等方面发挥着重要作用。未来，随着全球气候变化问题的日益严峻和碳市场的不断成熟，碳市场在全球经济中的地位和作用将更加凸显。同时，我们也需要认识到碳市场建设仍然面临诸多挑战和问题，需要各国政府和国际社会共同努力加以解决。只有通过持续的创新和完善，才能推动国际碳

---

① http：//www.tanpaifang.com/tanguwen/2022/0902/90059.html。

② https：//www.iii.tsinghua.edu.cn/info/1121/3117.htm.碳中和与数字化系列报告（一）——碳市场发展概述。

市场不断向前发展，为全球应对气候变化做出更大的贡献。

3.2 我国碳市场的发展历程与现状

3.2.1 我国碳市场的发展历程

我国碳市场建设，采取先进行地方碳市场试点，再稳步推进全国碳市场发展的思路，目前处于地方碳市场试点与全国碳市场并行阶段。

（1）地方碳市场试点阶段

2010 年 10 月，国务院发布《关于加快培育和发展战略性新兴产业的决定》，首次提出要建立和完善主要污染物和碳排放交易制度。2011 年 3 月，国务院在印发的《中华人民共和国国民经济和社会发展第十二个五年规划纲要》中提出逐步建立碳市场，推进低碳试点示范。2011 年 10 月，国家发展改革委发布《关于开展碳排放权交易试点工作的通知》，批准在北京、天津、上海、重庆、广东、湖北和深圳 7 个省市进行碳排放权交易试点。2013—2014 年，7 个试点省市先后启动碳市场交易，建立了各具特色的碳交易体系。2016 年 12 月，先后新增四川、福建两大全国非试点交易地区，四川碳市场交易品种主要为国家核证自愿减排量（CCER），福建碳市场推出在省内碳市场可交易的林业碳汇项目。

地方试点碳市场从 2013 年 6 月陆续启动交易，市场覆盖电力、钢铁、水泥等 20 多个行业近 3 000 家重点排放单位。重点排放单位履约率保持较高水平，市场覆盖范围内碳排放总量和强度保持双降，促进了企业温室气体减排，强化了社会各界低碳发展的意识，为全国碳排放权交易体系的建设和实施奠定了坚实基础，积累了宝贵经验，同时对推动试点省市控制温室气体排放、探索“双碳”目标实现路径发挥了积极的作用。

（2）全国碳市场准备阶段

2017 年 12 月，国家发展改革委发布《全国碳排放权交易市场建设方案（发电行业）》，标志着全国统一碳市场建设工作的正式启动。2017 年 12 月，全国碳排放交易体系启动工作电视电话会议召开，宣布首批纳入年排放量达到 2.6 万吨二氧化碳当量的电力行业企业为重点排放单位，后续将逐步扩大至石化、化工、建材、钢铁、有色金属、造纸、航空等重点排放行业。2020 年 12 月，《碳排放权交易管理办法（试行）》正式出台，自 2021 年 2 月 1 日起施行，用于规范全国碳排放权交易及相关活动，进一步加强了对温室气体排放的控制和管理，为新形势下加快推进全国碳市场建设提供了更加有力的法治保障。

（3）全国统一碳市场形成

2021 年，上海环境能源交易所发布《关于全国碳排放权交易相关事项的公告》，指出全国碳排放权交易机构负责组织开展全国碳排放权集中统一交易，碳排放配额（Chinese Emission Allowance，CEA）交易应当通过交易系统进行。2021 年 1 月，全国碳市场发电行业第一个履约周期正式启动，2 225 家发电企业分到碳排放配额，标志我国已正式建立国家层面的碳市场，全国碳市场的建设和发展进入了新的阶段。生态环境部随后表示将加快推进全国碳排放权注册登记系统和交易系统建设，逐步扩大碳市场覆盖行业范围，丰富交易品种和交易方式，有效发挥市场机制在控制温室气体排放、促进绿色低碳技术创新、引导气候投融资等方面的重要作用。

全国碳排放权交易市场选择以发电行业为突破口，2021 年 7 月正式开市，已经顺利完成了两个履约周期，实现了预期的建设目标。目前，全国碳排放权交易市场覆盖年二氧化碳排放量约 51 亿吨，纳入重点排放单位 2 257 家，成为全球覆盖温室气体排放量最大的碳市场。全国碳排放权交易市场启动以来，总体运行平稳，制度规范日趋完善，市场活跃度逐步提升，碳排放数据质量全面改善，碳排放管理能力明显提升，价格发现机制作用日益显现。第二个履约周期成交量比第一个履约周期增长了 19%，成交额比第一个履约周期增长了 89%。碳价整体呈现平稳上涨态势，由启动时的 48 元 / 吨上涨至 80 元 / 吨左右。第二个履约周期企业参与交易的积极性明显提升，参与交易的企业占总数的 82%，比第一个履约周期增加了近 50%[73]。

3.2.2 我国碳市场的发展现状

我国的碳市场由全国碳排放权交易市场（强制碳市场）和全国温室气体自愿减排交易市场（自愿碳市场）组成，两个碳市场既各有侧重、独立运行，又互补衔接、互联互通，共同构成了全国碳市场体系。

（1）我国碳市场交易以碳配额为主、国家核证自愿减排量（CCER）为辅

对应我国两个碳市场的两类基础产品，一类为全国碳排放权交易，即配额交易，为政府分配给企业的碳排放量配额，是指政府通过设定碳排放配额的上限直接约束重点排放企业的排放量，从而减少碳排放总量。碳配额发放主要有两种模式：免费发放和有偿发放（拍卖或者固定价格），以免费发放为主，有偿发放占比较低。8 家试点碳市场中只有 6 家可以通过拍卖的方式进行配额发放（北京和湖北试点碳市场只有免费配额发放机制），全国碳市场则采取免费发放的方式。随着碳交易市场的发展，碳交易配额有偿发放比例逐步上升。各碳交易市场对重点排放企业纳入标准在短期内基本不变，考虑到企业关停情况或出于纳入更多行业的需要，每年会对控排单位名单进行调整。另一类为 CCER 抵消碳排放交易，是根据国家发展改革委印发的《温室气体自愿减排交易管理暂行办法》，由企业自愿减排项目实现的减排量，经主管部门核证并在“国家自愿减排交易登记系统”进行备案后可获得 CCER。碳排放强度较高的控排行业可以选择购买更多的 CCER 抵消部分碳排放，碳排放强度较低的控排行业和非控排行业也可以选择购买 CCER 后再次售卖给碳排放强度较高的控排行业。全国碳市场和试点碳市场对抵消上限、项目时间限制、项目地域限制和项目类型限制等方面作出了严格规定。CCER 于 2013 年 1 月启动，但由于 CCER 呈现出自愿减排交易量少、个别项目不规范、供需不平衡等特征，国家发展改革委于 2017 年 3 月暂停了对 CCER 项目的审批备案，存量 CCER 仍可在市场交易，主要在国家各地区试点碳市场进行交易。2023 年 2 月，北京绿色交易所宣布将承建全国 CCER 交易中心，并宣布已完成 CCER 注册登记和交易系统的开发，为 CCER 重启签发做好基础设施准备。2023 年 3 月，生态环境部发布《关于公开征集温室气体自愿减排项目方法学建议的函》（环办便函〔2023〕95 号），向全社会公开征集温室气体自愿减排项目方法学建议，表明我国进一步加快了重启 CCER 交易的进程。

（2）碳市场政策法律体系逐步完善

伴随碳市场地方试点的建立，各试点市场陆续发布地方政策，如《北京市碳排放权交易管理办法》《天津市碳排放权交易管理暂行办法》《上海市碳排放管理

试行办法》《重庆市碳排放权交易管理办法（试行）》《湖北省碳排放权交易管理暂行办法》《广东省碳排放管理试行办法》等。2014 年 12 月，国家发展改革委发布《碳排放权交易管理暂行办法》，确立全国碳市场总体框架。2017 年 12 月，国家发展改革委发布《全国碳排放权交易市场建设方案（发电行业）》，全国统一碳市场建设工作正式启动。2020 年 12 月，生态环境部正式公布了《碳排放权交易管理办法（试行）》，完成了对国家发展改革委于 2014 年 12 月出台的《碳排放权交易管理暂行办法》的替代，以适应当前全国碳市场发展阶段，进一步加强了对温室气体排放的控制和管理。2021 年 1 月，生态环境部印发配套的《2019—2020 年全国碳排放权交易配额总量设定与分配实施方案（发电行业）》和《纳入 2019—2020 年全国碳排放权交易配额管理的重点排放单位名单》，明确了纳入配额管理的发电行业重点排放单位名单，首次从国家层面将温室气体排放控制责任压实到企业，这意味着自 2021 年 1 月 1 日起，全国碳市场发电行业第一个履约周期正式启动，2 225 家发电企业分到碳排放配额。一系列政策法规为碳市场的健康发展提供了法律保障，并对排放控制目标、配额分配方法、质量控制等多方面加以规定，使碳交易市场机制得以有效发挥。

3.2.3 我国碳市场存在的问题

我国碳市场的建设始于地方试点，逐步演变为国家层面统一的碳市场体系。在推动碳排放减少、实现碳中和目标的背景下，我国积极发展碳市场，取得了一系列重要进展。然而，我国碳市场同时也面临一些挑战和问题。

（1）碳市场制度体系尚不健全

我国的碳市场仍处于建设初期，需要统一的制度框架和法律政策体系，以确保市场的顺利运行。一是监管法律法规不完善。首先，目前全国碳市场的制度基础仅限于生态环境部颁布的《碳排放权交易管理办法（试行）》和国务院公布的《碳排放权交易管理暂行条例》等，监管制度和体系建设也尚未完善。其次，当前我国碳市场的处罚力度不足，导致企业对碳排放重视不够，一些企业为了追求利益可能会冒险违规操作，影响了市场中其他参与者的利益，从而降低了企业参与碳市场的动力。最后，我国尚未明确碳配额的法律属性，碳资产目前并不属于民法上的“物权”，这限制了碳资产在市场中的流通和交易，阻碍了碳市场的繁荣发展。二是碳排放的监测、报告、核查（MRV）体系亟待建设。碳资产的形成依赖于准确可靠的碳排放数据，在监测方面，不同行业之间核算规则的不统一以及监测技术相对滞后的问题导致了核算口径的差异；在报告方面，当前的报告要求往往超过了企业的报告能力，导致企业披露的成本较高，同时信息公开披露的水平仍然相对有限；在核查方面，当前对核查机构和人员的监管制度尚不健全，核查要求不明确，核查机构的独立性不够，进而影响了碳排放数据质量。

（2）碳市场运行机制尚不成熟

一是我国碳市场交易存在履约驱动现象。为实现“双碳”目标，我国采用以强度控制为基本思路的配额分配方法设定碳排放控制目标，并以碳排放配额的形式进行免费初始分配。在履约周期结束时，要求重点排放单位向政府清缴上年度的碳排放配额。然而，因为大多数控排企业对于碳减排的重要性认识不足、对市场预期缺乏明确性、缺乏足够的碳交易经验等，导致企业仅为满足政策要求而进行碳配额交易，而非出于主动减排的动机。因此，企业自发交易意愿不强，仍以履约为核心驱动力，导致碳市场交易活跃度不高。

二是地区发展不均衡。目前，我国碳排放权交易仍然采用 8 个试点市场与全国碳市场并行的格局。从政策角度来看，各地区的经济结构、能源结构、减排压力、生态环境等因素使各地的监管规范和交易规则方面有所不同，导致一些高排放产业将其生产转移到政策执行较为宽松的地区，从而削弱了全国减排的效果。从碳价角度来看，各试点地区之间存在较大差距，碳价差异不利于全国碳市场的互联互通，阻碍了市场流动性的发展，同时也影响了碳交易的公平性和有效性。因全国碳市场与各地方碳市场之间的发展水平存在差异，导致各地碳市场实现有效衔接仍然存在难度，碳市场无法充分发挥其在优化资源配置、实现统一碳价、提升减排效率方面的作用，限制了碳交易市场的整体发展潜力。

三是覆盖行业相对单一。在全国碳市场的第一个履约周期中，实际负有履约义务的重点排放单位仅包括发电行业的 2 000 余家企业。相较于我国庞大的制造业规模而言，这一覆盖范围稍显狭窄，其他行业将按照“成熟一个，纳入一个”的原则逐步纳入，而目前尚未纳入，限制了碳减排政策全面发挥作用。同时，由于参与碳市场的企业主要集中在单一行业，导致碳减排成本的相似性，行业间优势互补作用尚有待发挥，难以形成合理的碳价格，从而影响了市场的流通和运作。

（3）碳市场价格发现功能较弱

从理论上来说，碳交易价格应接近或超过节能减排的成本，才能起到促进减排的激励作用。目前，我国的碳市场采用以强度控制为基本思路的行业基准法，实行免费分配碳配额，暂未设定总排放量上限，导致碳配额相对较为宽松。然而，由于控排企业获得了充足的免费配额，甚至超过其实际温室气体排放需求，导致其无须通过“配额交易”等二级市场行为来履约。同时，企业对自主交易的意愿不强，导致碳市场配额价格相对较低，碳市场中的碳价无法准确反映真正的减排成本和碳市场的长期供需关系。同时，碳税作为具有极强法律约束力的另一重要的碳定价机制，直接影响企业和个人的经济行为。然而，我国目前尚未出台碳税政策，缺乏与碳市场互补支撑的机制，进一步导致碳价低迷。在煤电成本上升的背景下，碳交易价格远低于节能减排的成本，难以对控排企业节能减排和低碳投资发挥足够的激励和约束作用。同时，这也难以吸引机构及投资者参与碳市场，进一步制约了碳市场的发展和成熟。此外，由于碳价低迷，排碳企业和用户没有承担相应的成本，导致大部分成本仍由社会承担，难以解决碳排放的负外部性问题。

（4）碳市场金融化程度仍不足

一是金融机构参与较少。《碳排放权交易管理办法（试行）》和《碳排放权登记管理规则（试行）》均未对机构及个人投资者参与全国碳市场交易的资质作出明确规定，导致全国碳交易市场目前仅允许控排企业参与交易。而金融机构、碳资产公司和个人投资者目前尚不能直接参与全国碳市场交易，金融业只能在某些领域开展碳金融基础服务和融资贷款。这种现状既不利于资金规模的扩大，也难以发挥出金融市场促进碳配额有效定价、提升市场流动性的重要作用。

二是交易品种相对单一。国际经验表明，碳交易因其较强的金融属性，引入碳金融产品尤其是期货与远期合约交易，有助于形成有效的市场定价机制，提升碳交易活跃度，降低碳资产的投资风险。从地方试点市场来看，2016 年 8 月，中国人民银行、财政部、国家发展改革委等七部门联合出台《关于构建绿色金融体系的指导意见》，明确碳金融是绿色金融体系的重要一环，并进行了相关部署。我国金融机构以碳配额为标的，相继开展了一系列碳金融产品服务和探索，碳远期、碳掉期、碳期权、碳借贷、碳回购、碳指数等均有涉及。然而，我国碳金融的发展仍未形成规模，大部分产品发行数量规模较小，目前仅处于零星试点阶段。此外，区域间的发展不均衡，开展力度偏低，缺乏系统、完善的碳金融市场，这导致无法满足控排企业对碳资产的管理需求。从全国碳市场来看，交易产品主要限于碳排放配额现货。因此，我国碳市场仍然以排放权配额、核证自愿减排量等现货产品交易为主，交易品种相对单一，缺乏有效的价格发现和风险对冲工具，控排企业和金融机构难以管理碳资产和碳市场价格波动带来的风险。

3.3　国内外碳市场的法律框架与运行机制

碳排放权交易是利用市场机制控制和减少温室气体排放的重大制度创新，碳市场作为一种政策工具，通过市场机制，将碳排放权作为商品交易，能够有效引导稀缺资源实现优化配置，以较低成本实现碳减排目标。高效的碳市场运行离不开完备的法律保障体系和运行机制。本节将着重论述国内外碳市场的法律框架与运行机制。

3.3.1　国外碳市场的法律框架与运行机制

本小节选取欧盟碳市场（EU–ETS）和美国区域温室气体减排行动（Regional Greenhouse Gas Initiative，RGGI）作为主要分析对象。

（1）EU–ETS

EU–ETS 是全球筹建最早、目前发展程度最高的碳交易场所，自 2005 年起开始上线运行，目前已发展至第四阶段，对我国碳市场的建设具有重要的借鉴价值。

①法律框架。欧盟依据 2003/87/EC 指令要求，于 2005 年启动第一阶段碳排放权交易市场。其间经过多次修订[①]，使其与欧盟气候目标保持一致。2021 年 6 月，欧洲理事会发表公报称，欧盟国家最终通过了《欧洲气候法案》（*European*

① Document 02003L0087–20230605.[2023–06–05]（2024–05–17），https：//eur–lex.europa.eu/legal–content/EN/TXT/?uri=CELEX%3A02003L0087–20230605.

Climate Law），作为《欧洲绿色协议》（*European Green Deal*）的重要组成部分，将欧盟2050年碳中和目标写入法律，并规定到2030年将温室气体净排放量较1990年至少减少55%。为适应更高的减排目标，欧盟于2021年提出“Fit for 55”一揽子立法提案，对碳交易、碳泄漏、能源效率、替代燃料、气候基金等多方面作出调整。

②运行机制。EU-ETS采取“总量控制与交易”模式，即政府规定碳排放量总额，总量的设定相当于对碳排放量设置一个上限。各成员国根据欧盟委员会颁布的规则，为本国设置排放上限，并确定纳入企业的范围，向纳入企业分配一定数量的排放许可权（European Union Allowance，EUA）。如果企业实际排放量少于规定上限，则可将剩余部分在碳市场出售，反之则需要在碳市场购买排放权。政府向主要排放企业发放碳排放配额的是“一级市场”；配额盈余的单位与配额短缺单位之间进行交易的是“二级市场”。

在碳配额供给模式上，采用拍卖加免费的形式分配配额，欧盟采取了由松到紧、由无偿到有偿的分配方式，逐步缩小免费配额的比例，逐渐扩大配额拍卖比例。电力行业配额百分之百拍卖。工业中有碳泄漏风险的免费分配，分配方法为行业基准法，基准由行业内最高效装置（前10%）的平均排放强度决定。

市场稳定储备机制（Market Stability Reserve，MSR）。为了防止市场价格过度波动或许可证过剩，EU-ETS设置了MSR，以调整市场中许可证的供应量。当市场上的碳排放许可证数量超过一定阈值时，MSR会自动从市场中撤回部分许可证，以减少供应，从而支持碳价。相反地，如果市场上的许可证数量低于另一个阈值，MSR会释放额外的许可证到市场上，增加供应，以避免碳价过高。

在碳排放核查履约方面，欧盟已经建立了碳排放MRV制度。监测环节要编制企业的年度减排计划；报告环节反映了监测计划的落实情况，企业必须每年报告其排放量；核查环节是由独立的、经过欧盟认证的第三方核证机构进行核查。这些机构负责评估报告的准确性，确保数据的真实性和遵守监测计划。MRV流程完毕后，企业即可进行碳配额履约。如果企业未能遵守MRV规定，可能会面临罚款和排放许可的削减。

碳边界调节机制（CBAM）是欧盟为应对碳泄漏问题而设计的一种政策工具。碳泄漏是指在碳排放成本导致生产成本上升的情况下，企业可能将生产转移到那些环境标准较低的国家，从而导致全球碳排放总量没有实际减少。CBAM 旨在通过为进口商品施加与欧盟内部碳价格相当的成本，来确保欧盟企业在全球市场上的公平竞争。

（2）美国区域温室气体减排行动（RGGI）

RGGI 是美国第一个强制性的、基于市场手段的减少温室气体排放的区域性行动，于 2009 年 1 月 1 日正式实施。目前，覆盖的行业为电力行业，加入该行动计划的区域为美国东北部及大西洋沿岸中部的 11 个州（康涅狄格州、特拉华州、缅因州、马里兰州、马萨诸塞州、新罕布什尔州、新泽西州、纽约州、罗得岛州、佛蒙特州、宾夕法尼亚州），该行动已经进入到第五阶段。

①法律框架。2005 年 9 月 20 日，最初成立 RGGI 的 7 个州发布《谅解备忘录》（*Memorandum of Understanding*，MOU），该文件构成了各州采取地方合作的法律基础。在控排规划层面，该备忘录文件阐明了 RGGI 未来 10 年的总量控制目标，并对长期减排目标进行了框架性规定。具体而言，在 RGGI 框架内，2009—2014 年维持现有排放量不变，2015—2018 年每年排放量平均递减 2.5%，2018 年之后的控排目标则根据 RGGI 各成员州内的经济发展与排放情况进行具体规定。在实施规则的制定上，为了帮助各州建立相似的交易计划，RGGI 制订了《示范规则》（*Model Rules*），用以指导各州实施细则的制定，各州参照《示范规则》制订各自的总量控制与排放交易计划，并根据州内的具体情况获得在制定规则方面的灵活性[74]。

②运行机制。RGGI 一共设置三种特殊的机制：一是配额总量设置与调整机制；二是配额分配机制；三是控制储备机制。

配额总量设置与调整机制。RGGI 的初始配额总量由各成员州的配额总量加总确定，各成员州根据过去 8 年（2000—2008 年）历史碳排放情况设定各自初始配额总量。与历史碳排放总量相比，除了特拉华州和罗得岛州，其余成员州均设定了较为宽松的配额总量。然而，在首个履约控制期中，RGGI 控排企业实际碳排放量下降明显，碳市场在运行初期即面临碳配额严重供过于求的情况。为了挽救碳市场，RGGI 果断对初始配额总量设置进行了动态调整，并出台若干配套机制以稳定碳市场。2013 年，RGGI 实施了配额总量设置的动态调整，对 2014 年起始的配额总量进行了大幅削减，由原来的 1.6 亿短吨（1 短吨≈ 0.907 吨）削减至 0.91 亿短吨，相比于 2013 年下降了约 45%，并通过修订《示范规则》的方式来使这一调整为成员州所接受。修订后的《示范规则》还规定，2015—2020 年，配额总量预算每年削减 2.5%[75]。

配额分配机制。RGGI 配额完全通过拍卖分配，是全球唯一一个完全有偿分配的碳市场。RGGI 的碳配额几乎全部采取有偿拍卖的模式分配，且设定拍卖底价。与免费配额相比，有偿分配的好处在于至少为企业的碳排放设定了最低成本（即拍卖底价），避免了碳市场价格为零的“市场失灵”现象[76]。

控制储备机制。RGGI 引入了成本控制储备机制（Cost Containment Reserve，CCR）与排放控制储备机制（Emission Control Reserve，ECR）两个储备机制实现通过配额增减来保证价格平稳运转的目的。CCR 的核心运行机制为设置触发价格，当配额价格高于触发价格时，增加拍卖配额的供给。虽然 CCR 机制引入的目的是控制价格，但由于其是利用配额增发的方式，在限制价格的同时也会使当年的配额实际供给量上升，可能造成配额剩余。ECR 的核心运行机制为设置触发价格，如果在高于触发价格的价格上没有足够的需求，将立即根据阶梯价格对应的配额量从拍卖中减少碳配额。CCR 与 ECR 触发价格形成了一个价格区间，两个机制通过配额增减，降低了配额价格超出该价格区间的可能性，从而保证了价格的平稳。

3.3.2 我国碳市场的法律框架与运行机制

全国碳排放权交易市场已于 2021 年 7 月正式开市，在此之前，我国碳市场经历了较长一段试点时期。各试点市场的运行侧重点有所不同，但总体来看，已经取得了一定的成效，为全国碳交易市场的建立与完善提供了重要经验。

（1）我国碳市场的法律框架

我国应对气候变化领域的第一部专门法规《碳排放权交易管理暂行条例》已于 2024 年 5 月 1 日起正式施行。该条例首次以行政法规的形式明确了碳排放权交易市场制度，一改以往全国碳排放权交易市场运行管理依据立法位阶较低、权威性不足的情况。我国碳排放权交易管理法律部分相关文件如表 3–1 和表 3–2 所示。

表 3-1　我国碳排放权交易管理法律文件（国家层面）

文件名称	发布机构	发布时间 / 施行时间
《碳排放权交易管理暂行条例》	国务院	2024 年 1 月公布，自 2024 年 5 月 1 日起施行
《碳排放权交易管理办法（试行）》	生态环境部	2020 年 12 月公布，自 2021 年 2 月 1 日起施行
《碳排放权登记管理规则（试行）》		2021 年 5 月公布，自公布之日起施行
《碳排放权交易管理规则（试行）》		
《碳排放权结算管理规则（试行）》		
《温室气体自愿减排交易管理办法（试行）》	生态环境部、国家市场监督管理总局	2023 年 10 月 19 日公布，自公布之日起施行
《温室气体自愿减排项目审定与减排量核查实施规则》	国家市场监督管理总局	2023 年 12 月公布，自发布之日起施行

资料来源：根据公开资料整理。

表 3-2　地方试点碳市场交易管理有关文件

	文件名称	效力层级	发布时间 / 施行时间
广东	《广东省碳排放管理试行办法》	地方政府规章	2014 年 1 月公布，自 2014 年 3 月 1 日起施行，2020 年 5 月修订
深圳	《深圳市碳排放权交易管理办法》	地方政府规章	2022 年 5 月公布，自 2022 年 7 月 1 日起施行，2024 年 5 月修订
上海	《上海市碳排放管理试行办法》	地方政府规章	2013 年 11 月公布，自 2013 年 11 月 20 日起施行
北京	《北京市碳排放权交易管理办法》	地方规范性文件	2024 年 3 月公布，自 2024 年 5 月 1 日起施行
天津	《天津市碳排放权交易管理暂行办法》	地方规范性文件	2020 年 6 月公布，自 2020 年 7 月 1 日起施行
湖北	《湖北省碳排放权交易管理暂行办法》	地方政府规章	2023 年 12 月公布，自 2024 年 3 月 1 日起施行
重庆	《重庆市碳排放权交易管理办法（试行）》	地方规范性文件	2023 年 2 月 20 日印发，自印发之日起施行
福建	《福建省碳排放权交易管理暂行办法》	地方政府规章	2016 年 9 月 22 日发布，自公布之日起施行，2020 年 8 月修订

资料来源：根据公开资料整理。

《碳排放权交易管理暂行条例》从六个方面构建了碳排放权交易管理的基本制度框架：一是注册登记机构和交易机构的法律地位和职责。全国碳排放权注册登记机构负责碳排放权交易产品登记，提供交易结算等服务，全国碳排放权交易机构负责组织开展碳排放权集中统一交易。二是碳排放权交易覆盖范围以及交易产品、交易主体和交易方式。国务院生态环境主管部门会同有关部门研究提出碳排放权交易覆盖的温室气体种类（目前为二氧化碳）和行业范围，报国务院批准后实施；碳排放权交易产品包括碳排放配额和经批准的其他现货交易产品，交易主体包括重点排放单位和符合规定的其他主体，交易方式包括协议转让、单向竞价或者符合规定的其他方式。三是重点排放单位确定。国务院生态环境主管部门会同有关部门制定重点排放单位确定条件，省级政府生态环境主管部门会同有关部门据此制定年度重点排放单位名录。四是碳排放配额分配。国务院生态环境主管部门会同有关部门制定年度碳排放配额总量和分配方案，省级政府生态环境主管部门会同有关部门据此向重点排放单位发放配额。五是排放报告编制与核查。重点排放单位应当编制年度温室气体排放报告，省级政府生态环境主管部门对报告进行核查并确认实际排放量。六是碳排放配额清缴和市场交易。重点排放单位应当根据核查结果足额清缴其碳排放配额，并可通过全国碳排放权交易市场购买或者出售碳排放配额，所购碳排放配额可用于清缴[77]。

在《碳排放权交易管理暂行条例》出台后，由生态环境部发布的《碳排放权交易管理办法（试行）》等文件依然有效，对该条例起到互补作用，《碳排放权登记管理规则（试行）》《碳排放权交易管理规则（试行）》和《碳排放权结算管理规则（试行）》三份文件，进一步规范了全国碳排放权登记、交易、结算活动，保护全国碳排放权交易市场各参与方合法权益，有效地促进全国碳市场建设与运行各项工作的推进。

CCER 作为全国碳市场重要的补充机制，是碳市场不可缺少的组成部分。《温室气体自愿减排交易管理办法（试行）》是 CCER 的顶层规则。此外，国家气候战略中心和北京绿色交易所不断完善注册登记系统和交易系统，并相继公布《温室气体自愿减排注册登记规则（试行）》《温室气体自愿减排项目设计与实施指南》和《温室气体自愿减排交易和结算规则（试行）》等 CCER 注册登记和交易结算细则。国家市场监督管理总局公布了《温室气体自愿减排项目审定与减排量核查实施规则》。碳排放权交易管理制度体系日趋完善。

《碳排放权交易管理暂行条例》适用于全国碳排放权交易市场的碳排放权交易及相关活动。对于地方碳排放权交易市场，其从两个方面作出规定：一是该条例施行前建立的地方碳排放权交易市场，应当参照其规定健全完善相关管理制度，加强监督管理；二是该条例施行后，不再新建地方碳排放权交易市场，重点排放单位不再参与相同温室气体种类和相同行业的地方碳排放权交易市场的碳排放权交易。

（2）我国碳市场的运行机制

全国碳市场是通过市场机制控制碳排放的政策工具，是重点排放单位对国家分配的碳排放配额进行交易的市场。全国碳市场运行主要包括碳排放数据核算、报告与核查，配额分配，配额交易，配额清缴与履约等环节。

①碳排放数据核算、报告与核查。纳入市场的重点排放单位需每年核算并报告上一年度碳排放相关数据，并接受政府组织开展的数据核查，核查结果作为重点排放单位配额分配和清缴的依据。

②配额分配。国家在综合考虑重点排放单位生产排放需求、技术水平和国家减排需要的基础上，给予重点排放单位一定的碳排放配额，作为其获得的规定时期内的碳排放额度，该额度有可能大于或小于重点排放单位的实际排放需求。

③配额交易。重点排放单位在获得配额后，可结合自身实际，通过碳市场对配额进行买卖。

④配额清缴与履约。重点排放单位需在履约截止日期前，提交不少于自身排放量的配额用于履约。

3.4　我国与其他国家和地区碳市场的对接机制

一直以来，我国积极推动搭建与其他国家和地区的碳市场对接机制，我国与多个国家在碳排放权交易、碳金融创新、低碳技术转移等领域开展了深入合作，碳市场合作呈现出日益紧密且富有成效的趋势。这种对接机制不仅有助于各国共同应对全球气候变化挑战，还促进了碳市场的健康发展与繁荣。

3.4.1 我国在碳市场对接机制方面的进展

（1）在政策协调与互认机制方面，我国积极倡导并推动国际间的政策对话与合作

我国与其他国家和地区共同探讨和制定碳市场运行的相关规则和标准，致力于建立统一且具有包容性的碳排放权交易体系。这些标准和规则旨在确保碳市场的公平、透明和高效，从而激发各国参与碳交易的积极性。

在全球应对气候变化的进程中，政策协调与互认机制发挥着至关重要的作用。我国作为负责任的大国，积极倡导并推动国际间的政策对话与合作，以构建更加稳健、高效的碳市场体系。在政策协调方面，我国致力于与其他国家和地区共同探讨和制定碳市场运行的相关规则和标准，深知一个统一且具有包容性的碳排放权交易体系对于全球应对气候变化至关重要。因此，我国积极参与国际碳市场规则的制定过程，分享在碳市场建设方面的经验和做法，同时也充分听取和吸收其他国家的意见和建议。通过这些有效举措，我国着力确保碳市场的公平、透明和高效，从而激发各国参与碳交易的积极性。

此外，在推动碳市场互认方面，我国也作出了积极的努力。我国通过双边或多边协议，推动碳市场之间的互认，降低跨境碳交易的门槛和成本。这不仅有助于提升碳市场的流动性和活跃度，也促进了各国在应对气候变化方面的合作与交流。同时，我国还加强与其他国家在碳市场技术、数据和信息等方面的交流与合作，共同提升碳市场的监管水平和交易效率。值得注意的是，我国在推动政策协调与互认机制方面还注重与国内实际相结合，充分考虑到我国碳排放权交易市场的特点和需求，制定了符合我国国情的碳市场规则和标准。同时，我国也积极借鉴国际先进经验，不断完善和提升碳市场的建设水平。

总之，我国在政策协调与互认机制方面作出了积极的努力，为构建全球统一且具有包容性的碳排放权交易体系做出了重要贡献。未来，我国将继续加强与国际社会的合作与交流，共同推动全球应对气候变化的进程。

（2）信息共享与交流机制无疑是我国与其他国家和地区碳市场对接的不可或缺的重要组成部分

信息共享与交流机制的建立，不仅有助于我们更好地了解和学习国际碳市场的先进经验和技术，还能推动我们自身的碳市场体系不断完善和创新。

在信息共享与交流机制方面，我国已经取得了显著的成果。我国成功建立起了完善的信息交流平台，这一平台不仅为各国提供了交流合作的渠道，还成为分享碳市场建设、运营和管理经验的重要场所。通过这一平台，各国可以定期举办碳市场论坛、研讨会等活动，深入探讨碳市场的发展趋势和挑战，共同寻求解决方案。这些活动不仅促进了各国之间的深入交流，还推动了碳市场技术的创新和发展。在论坛上，各国专家可以分享各自在碳市场建设方面的成功案例和经验教训，为其他国家提供有益的参考和借鉴。同时，各国还可以共同探讨碳市场技术创新的方向和路径，推动碳市场技术的不断进步。

我国还积极与其他国家和地区开展碳排放数据的共享和比对工作。通过这一工作，可以更准确地掌握各国碳排放的情况和趋势，为跨境碳交易提供有力的数据支持。同时，数据共享和比对还有助于提高数据的准确性和可靠性，增强各国对碳市场的信心和认可度。总的来说，信息共享与交流机制在我国与其他国家和地区的碳市场对接中发挥了至关重要的作用，为我国提供了了解国际碳市场动态和趋势的窗口，也提供了学习和借鉴国际先进经验和技术的平台。

（3）在碳市场合作平台与项目方面，我国积极参与国际碳市场合作平台的建设，与其他国家和地区共同探索碳市场的合作模式和路径

我国不仅在国内大力推进碳市场的建设，还积极参与国际碳市场的合作与交流，致力于推动全球碳市场的协同发展。近年来，我国积极参与国际碳市场合作平台的建设，与其他国家和地区共同探索碳市场的合作模式和路径。我国与国际组织、跨国公司、研究机构等展开广泛合作，共同研究碳市场的运作机制、交易规则、监管体系等关键问题，为国际碳市场的健康发展提供有力支持。

同时，我国还主动发起和参与一系列碳市场合作项目，以实际行动推动全球碳市场的协同发展。例如，我国与其他国家共同建设跨境碳排放权交易平台，促进碳排放权在国际市场的流通和交易，有效地推动全球碳减排目标的实现。此外，

我国还积极开展碳金融创新和碳减排技术应用等合作项目，通过引入市场化机制和创新技术，推动碳市场的深入发展和广泛应用。这些项目的实施，不仅有助于推动全球碳市场的协同发展，促进各国在应对气候变化方面的合作与共赢，还为我国碳市场的建设提供了宝贵的经验和借鉴。通过与国际社会的深入合作，我国可以学习到更多先进的碳市场理念和技术，进一步提升我国碳市场的建设水平和竞争力。

此外，我国还积极推动碳市场的国内发展和普及。我国加强碳市场的法规制度建设，完善碳市场的监管体系，提高碳市场的透明度和公正性。同时，我国还加大碳市场的宣传力度，提高公众对碳市场的认知度和参与度，推动碳市场成为应对气候变化的重要手段和工具。

（4）我国积极与其他国家和地区开展技术合作与研发，共同探索碳减排技术的新途径和新方法

技术合作与研发是我国与其他国家和地区碳市场对接的又一重要领域。我国深知技术创新在推动碳市场发展和应对气候变化中的关键作用。通过技术合作，我国不仅可以分享先进的碳减排技术和经验，还可以共同推动碳减排技术的商业化应用和推广。

在技术合作方面，我国注重与具有先进碳减排技术的国家和地区进行深度交流与合作。这些国家和地区在碳减排领域拥有丰富的经验和成熟的技术，他们的成功实践为我国提供了宝贵的借鉴和参考。通过与这些国家和地区的合作，我国可以学习到先进的碳减排技术和管理经验，提升自身的技术水平和管理能力。同时，这种合作也促进了国际间的技术交流和知识共享，为推动全球碳减排事业提供了有力的支持。

在研发方面，我国注重碳减排技术的创新性和实用性。我国鼓励科研机构和企业加强研发力度，注重跨学科、跨领域的协同创新，不断推出更加高效、环保的碳减排技术。同时，我国也注重技术的商业化应用和推广，通过政策扶持和市场引导，推动碳减排技术在实际生产和生活中的广泛应用。这种注重创新性和实用性的研发理念，使我国在碳减排技术领域取得了显著的进展和成果。

此外，技术合作与研发还需要注重国际标准和规范的制定与遵守。在碳市场对接的过程中，我国需要遵守国际碳市场的规则和标准，确保技术合作与研发符

合国际规范。同时，我国也应该积极参与国际碳市场标准的制定和修订工作，推动形成更加公正、合理的国际碳市场体系。这不仅有助于提升我国在国际碳市场中的话语权和影响力，也有助于推动全球碳减排事业的健康发展。

技术合作与研发在推动碳市场发展和应对气候变化中具有至关重要的作用。我国将继续加强与其他国家和地区的合作，共同探索碳减排技术的新途径和新方法。通过不断深化技术合作与研发，相信我国能够推动全球碳减排事业取得更加显著的进展和成果，为构建人类命运共同体贡献智慧和力量。

综上所述，我国与其他国家和地区在建立碳市场对接机制方面取得了显著进展。我国将继续加强与国际社会的合作与交流，共同推动全球碳市场的健康发展，为应对气候变化做出更大的贡献。展望未来，我国与其他国家和地区的碳市场对接机制还将迎来更为广阔的发展空间和深厚的合作潜力。

3.4.2　我国在碳市场对接机制方面的探索

（1）在全球气候变化问题日益严峻的大背景下，各国对碳市场的重视程度正在持续提升，碳市场的国际合作也愈发紧密

碳市场的国际合作不仅反映了国际社会对环保和可持续发展的共识，也彰显了碳市场在应对气候变化中的重要作用。作为世界上最大的发展中国家，我国在碳市场建设和对接机制方面拥有独特的经验和优势。多年来，我国积极推动碳市场的创新与发展，不断探索碳市场与经济发展、环境保护相协调的可行路径。通过制定并实施一系列政策措施，我国成功搭建起了一个较为完善的碳市场体系，为国内外企业提供了广阔的交易平台和合作空间。未来，我国将继续深化与各国的政策对话，推动碳市场的国际规则和标准不断完善。我国将积极参与国际碳市场规则的制定和修订，推动建立更加公平、透明、高效的碳市场体系。同时，我国还将加强与各国在碳市场技术、人才、资金等方面的交流合作，共同推动全球碳市场的协同发展。

在这个过程中，我们将充分贡献中国的智慧和方案。我们将结合自身国情和发展实际，提出符合中国国情的碳市场建设方案，为全球碳市场的发展贡献中国力量。同时，我国还将积极推动碳市场与绿色金融、技术创新等领域的深度融合，为应对气候变化提供更多有效的手段和途径。

（2）随着科技的不断进步和创新，碳市场的技术支撑也将得到进一步加强

我国将积极与其他国家和地区开展碳减排技术的研发与应用合作，共同推动碳捕捉、碳储存、碳利用等技术的突破和创新。这些技术的广泛应用将有效降低碳排放，为全球应对气候变化提供强有力的技术支持，推动全球碳市场的快速发展。

具体而言，碳捕捉技术作为一种能够有效减少大气中二氧化碳含量的手段，在我国将得到更加深入的研究和应用。通过与国外的交流与合作，我国将不断提升碳捕捉技术的效率和可靠性，降低其成本，从而推动该技术的广泛应用。此外，碳储存技术也是降低碳排放的重要手段之一。我国将积极探索各种碳储存方式，如地质储存、海洋储存等，并加强与国际社会的合作，共同推动碳储存技术的发展和应用。除了碳捕捉和碳储存技术，碳利用技术也是未来碳市场发展的重要方向之一。我国将致力于推动碳利用技术的研发和应用，将二氧化碳转化为有价值的化学品或燃料，实现资源的循环利用。在有助于降低碳排放的同时，也将为经济社会发展提供新的动力。

在加强碳减排技术研发与应用的同时，我国还将加强与各国在碳市场金融领域的合作，为碳市场的发展提供充足的资金支持。这将有助于推动碳市场的规模化和专业化发展，提高碳市场的交易效率和透明度。此外，我国还将积极推动跨境碳交易的创新，探索建立更加灵活和高效的碳交易机制。通过与国际碳市场的连接和互通，我国将为各国提供更多的碳交易选择和机会，促进全球碳市场的繁荣和发展。

综上所述，随着科技的不断进步和创新，我国将在碳市场的技术支撑和金融领域加强与各国的合作与交流。通过推动碳捕捉、碳储存、碳利用等技术的突破和创新，以及加强碳市场金融领域的合作与创新，我国将为应对气候变化、推动全球碳市场的快速发展做出新的积极贡献。同时，这也将有助于促进我国经济社会的绿色可持续发展，为构建美丽中国贡献力量。

（3）进一步加强与各国在碳市场金融领域的合作，通过发行绿色债券、设立碳基金等方式，吸引更多的社会资本投入碳市场，推动碳市场的规模化和专业化发展

通过发行绿色债券、设立碳基金等多元化的金融工具吸引更多的社会资本投入碳市场，从而推动其规模化和专业化发展。绿色债券作为一种重要的融资手段，以其绿色、环保的特性，吸引了越来越多的投资者关注。通过发行绿色债券，不仅可以为碳市场筹集到大量的资金，还可以引导社会资本流向低碳、环保领域，推动绿色产业的发展。同时，绿色债券的发行也体现了我国对环保事业的重视和承诺，展示了我国在应对气候变化方面的积极态度。

除了发行绿色债券，设立碳基金也是我国在碳市场金融领域的一项重要举措。碳基金通过集合社会资本，以投资的方式支持碳减排项目，促进低碳技术的研发和应用。通过设立碳基金，可以将更多的资金投入碳市场，推动碳市场的健康发展。同时，碳基金也可以为投资者提供更多的投资选择和机会，满足他们对环保和低碳的投资需求。

（4）注重碳市场与其他领域的融合发展，以实现更为全面、深入的环境保护

将碳市场与能源、交通、建筑等行业的转型升级相结合，推动这些行业实现低碳发展。同时，我国还将加强碳市场与绿色金融、数字经济等领域的融合，打造全新的碳市场生态圈，为应对气候变化提供全方位的支持。

首先，碳市场与能源、交通、建筑等行业的转型升级紧密结合。在能源领域，通过引入碳排放权交易机制，鼓励企业减少对化石能源的使用，并开展清洁能源的开发和利用。例如，风电、太阳能等可再生能源产业得到了快速发展，为我国能源结构的优化和碳排放的减少做出了重要贡献。在交通领域，我国推动新能源汽车的普及和应用，通过碳市场引导交通行业向低碳、绿色方向发展。在建筑领域，加强建筑节能减排标准的制定和执行，推动绿色建筑的发展，降低了建筑行业的碳排放强度。

其次，我国还加强碳市场与金融、数字经济等领域的融合，打造全新的碳市场生态圈。通过引入绿色金融产品和服务，如绿色债券、绿色信贷等，为碳市场

提供资金支持，推动低碳项目的实施和可持续发展。同时，借助数字经济的技术手段，如大数据、云计算等，提升碳市场的运行效率和管理水平，为应对气候变化提供更为精准、高效的支持。此外，我国还积极加强与国际碳市场的合作与交流，学习借鉴国际先进经验和技术，推动国内碳市场的不断完善和发展。通过参与全球碳市场体系的建设，我国不仅能够提升自身的低碳发展能力，还能够为全球应对气候变化贡献中国智慧和力量。

总之，未来我国与其他国家和地区的碳市场对接机制将在政策、技术、金融等多个方面实现更加深入的合作与发展。在全球各国的共同努力下，碳市场将成为应对气候变化的重要工具，为推动全球可持续发展做出积极贡献。

第 4 章　海岸带蓝碳在全球碳市场的现状分析

4.1　国际蓝碳倡议与进展

滨海湿地的保护和恢复对推进实现气候缓解和适应目标具有重要意义，这一点已被《联合国气候变化框架公约》（UNFCCC）[①]所认可。迄今为止，滨海湿地是政府间气候变化专门委员会（IPCC）为支持《联合国气候变化框架公约》而开展研究并率先开发出测量碳动态方法的海洋生态系统。

海洋是地球气候系统的组成部分，其完整性逐渐受到气候变化影响的威胁。全球蓝碳倡议逐步得到国际社会的认可并被实施，反映了对海洋和海岸带生态系统在碳封存和气候变化缓解中关键作用的认识不断增强。国际海岸带蓝碳倡议和合作的进程始于 1992 年《联合国气候变化框架公约》的签署。该公约为全球气候问题的国际合作奠定了基础，间接地推动了蓝碳领域的相关讨论。根据该公约，海岸带蓝碳生态系统对许多国家来说是一个重要且未得到充分利用的缓解气候变化的资源，同时也有助于提高其应对气候变化的能力。此外，该公约第 4.1（d）条规定，缔约方应促进可持续管理，并酌情促进、维护和增强《蒙特利尔议定书》（*Montreal protocol On Substances that Deplete the Ozone Layer*）未予控制的所有温室气体的汇和库，包括生物质、森林和海洋，以及其他陆地、沿海和海洋生态系统。

① 《联合国气候变化框架公约》（United Nations Framework Convention on Climate Change），https：//unfccc.int/。

而随着人类对海洋的开发利用强度不断增大，海洋生态系统承受着巨大的压力，海洋和沿海生物多样性的保护和可持续利用逐渐成为《生物多样性公约》（*Convention on Biological Diversity*，CBD）等国际多边条约谈判的重要议题。1993 年 12 月生效的《生物多样性公约》开始涉及海洋和沿海生物多样性议题，强调了对碳储存至关重要的生态系统的重要性。1998 年，《生物多样性公约》第四次缔约方大会（COP4）通过了《关于海洋和沿海生物多样性的工作方案》（*The programme of work on marine and coastal biodiversity*），并于 2004 年和 2010 年审查和更新。该方案关注的重点是海洋和沿海地区综合管理、海洋和沿海生命资源、海洋和海岸保护区、海水养殖和外来入侵物种。此外，该方案还认识到海洋和沿海生物多样性在缓解和适应气候变化方面的重要性，以及对海洋酸化的影响。这些国际性公约为后来海岸带蓝碳相关政策的颁布奠定了一定的基础。

随着对蓝碳生态系统科学认识的深入，在 2010 年，保护国际基金会（Conservation International，CI）、世界自然保护联盟（International Union for Conservation of Nature，IUCN）、联合国教科文组织政府间海洋学委员会（Intergovernmental Oceanographic Commission，IOC/UNESCO）共同发起“蓝碳倡议（The Blue Carbon Initiative）”，专注于红树林、海草床和盐沼等生态系统，着重其在碳存储中的功能，并成立科学和政策工作组，旨在支撑全球蓝碳的科学研究、项目实施和政策制定等。2011 年，《联合国气候变化框架公约》缔约方第 17 次会议（COP17）上，联合国教科文组织（United Nations Educational，Scientific and Cultural Organization，UNESCO）、联合国粮农组织（FAO）、国际海事组织（IMO）和联合国开发计划署（UNDP）共同发布了《海洋及沿海地区可持续发展蓝图》（*A Blueprint for Ocean and Coastal Sustainability*）报告，提出了保护海洋生态系统、建立全球性蓝碳市场的目标，规划了蓝碳保护和发展的路径。目前，IUCN 等国际组织已发布蓝碳政策纲要、蓝碳生态系统全球科学评估报告、蓝碳释放因子评估方法等文件，并酝酿制定详细的蓝碳制度和实施规则。

2013 年，联合国政府间气候变化专门委员会（IPCC）认识到红树林、海草床和盐沼在全球气候缓解努力中可以发挥重要作用，发布《对 2006 IPCC 国家温室气体清单指南的 2013 增补：湿地》，将“滨海湿地”这一重要类型单列，标志着蓝碳被正式纳入《联合国气候变化框架公约》减排机制。

CI、IUCN 等组织于 2014 年 9 月发布的《海岸带蓝碳：红树林、盐沼和海草床碳储量与释放因子评估方法》（*Coastal Blue Carbon Methods for Assessing Carbon Stocks and Emissions Factors in Mangroves, Tidal Salt Marshes, and Seagrass Meadows*），提供了建立蓝碳生态系统（如红树林、盐沼和海草床）评估碳储量和排放因子的方法，增强了数据的准确性和可靠性，对制定相关政策和保护措施至关重要。相关国家和国际组织也高度重视蓝碳保护工作，推动将蓝碳纳入《联合国气候变化框架公约》，加入国家温室气体清单和国家信息通报机制，并探索将蓝碳纳入国家发展规划和经济产业政策之中。

2016 年正式生效的《巴黎协定》进一步确认了蓝碳策略的重要性，允许各国将这些策略纳入其国家自主贡献（Nationally Determined Contributions，NDCs），并从国际法的角度确认了“减少毁林和森林退化造成的排放”（Reducing Emissions from Deforestation and Degradation，REDD）机制的地位，通过“REDD+”等机制突出了防止森林砍伐和生态系统退化的重要性，为蓝碳生态系统中红树林碳汇的发展奠定了基础。

2021 年 5 月，世界自然保护联盟发布了《欧洲和地中海蓝碳项目创建手册》（*Manual for the Creation of Blue Carbon Projects in Europe and the Mediterranean*），提供针对欧洲地区蓝碳资源管理政策、蓝碳项目实施和认证、碳储量计算和蓝碳生态系统恢复等方面的工具和建议，并提出运用自愿碳补偿机制吸引企业等多元主体参与蓝碳资源保护的可行路径。

2021 年，在英国举办的《联合国气候变化框架公约》缔约方大会第 26 次会议（COP26）上，蓝碳成为重点议题之一。该会议还提出了海洋保护问题，支持蓝色经济和蓝碳发展作为小岛屿发展中国家（Small Island Developing States，SIDS）和沿海最不发达国家（LDCS）的主要增长动力。

2021 年 12 月，世界自然保护联盟和保护国际基金会及其许多会员和合作伙伴共同开展了蓝碳生态系统政策框架项目（Policy Framework for Blue Carbon Ecosystems）①，旨在促进全球蓝碳政策进程的协调，以加强海岸带生态系统的保护、恢复和可持续管理。该项目关于推进《联合国气候变化框架公约》下海洋行动的几项建议反映在 COP26 的决定文本中，包括建立年度对话机制以加强基于海洋的行动，以及指导《联合国气候变化框架公约》各机构整合和加强海洋行动。

---

① https：//www.iucn.org/news/marine-and-polar/202112/blue-carbon-policy-project-operational。

之前的国际政策，如《生物多样性公约》《联合国气候变化框架公约》《湿地公约》（*Ramsar Convention*）等，都只涉及海岸带生态系统问题的局部，无法提供周全的解决方案。该政策框架项目致力于通过搭建框架，使国际政策连贯统一，提供可以解决海岸带生态系统保护及其多重效益问题的一套完整方案，从而增加全球资金，促进不同部门决策者之间的合作，并简化工作，最终引领目标更远大的国家承诺，加快各国和全球层面的蓝碳保护促进政策的执行，并提供各国能够评估共同成果和创新的体系。

在 2022 年 11 月举行的联合国气候变化大会（COP27）上，大自然保护协会（The Nature Conservancy，TNC）、联合赛富时（Salesforce）、海洋风险与韧性行动联盟（Ocean Risk and Resilience Action Alliance，ORRAA）、世界经济论坛中的海洋行动之友 / 海洋行动议程（Friends of Ocean Action/Ocean Action Agenda at the World Economic Forum）以及子午线研究所（Meridian Institute）等机构共同发布《高质量蓝碳原则与指南》（*High-Quality Blue Carbon Principles and Guidance*）。该报告旨在为信用购买者、投资者、供应商和项目开发商提供一致且可接受的蓝碳信用框架，帮助蓝碳项目的开发方和投资方建立信心，在提供蓝碳项目开发建设动力方面发挥基础作用。高质量蓝碳是指项目在设计、实施和监测全过程中充分考虑利益相关方的利益，重视蓝碳生态系统在气候、社区和生物多样性等方面所具备的多重自然社会效益。该框架提出了五个同等重要的原则：保护自然，公众参与，采用最佳时间和碳汇计量准则，因地制宜地解决问题，推动资本市场高效投资。对蓝碳的需求正在快速增长，该原则和指南旨在以透明和公平的方式引导这一需求，以达到人类经济社会发展和生态自然保护相协调的成果和目标。

4.2 国际蓝碳市场架构与实践

4.2.1 国际蓝碳市场架构

蓝碳作为应对气候变化的方案之一，早已进入国际碳规制的范围，但长期以来只是作为一种补充性治理路径。“蓝碳”一词最早出现在 2009 年联合国环境规划署（UNEP）、联合国教科文组织政府间海洋学委员会（IOC/UNESCO）和联合国粮农组织联合发布的《蓝碳：健康海洋固碳作用评估报告》中。该报告明确了海洋生态系统在气候变化和碳循环中起到的作用，是联合国环境规划署等机构发布的一份工作报告，虽然不具有法律约束力，但提出的建议对之后把保护和发展蓝碳纳入国际碳规制法律体系起到了推进作用。2019 年，联合国政府间气候变化专门委员会发布了《气候变化中的海洋与冰冻圈特别报告》（SROCC）。该报告指出蓝碳是海洋自然系统减缓气候变化的主要途径，将蓝碳定义为“易于管理的海洋系统所有生物驱动碳通量及存量”，并将红树林、海草床、滨海盐沼和大型海藻列为四类海岸带蓝碳。

自《蓝碳：健康海洋固碳作用评估报告》发布以来，国际社会不断推动《联合国气候变化框架公约》下的蓝碳议程。蓝碳国际规则体系正在加速构建中，欧美等发达国家正加快布局，以求引领全球蓝碳规则制定的方向。

目前，国际蓝碳市场是自愿碳市场的一个新兴领域，专注于由海洋和沿海生态系统（如红树林、海草床和盐沼）所捕获的碳。这些生态系统在碳储存方面的效率远超陆地森林，因此在气候变化防治中具有重要价值。蓝碳市场还未纳入强制性的碳交易市场，如欧盟排放交易体系（EU-ETS），其中一个重要的原因是已经规范化管理的强制性碳排放交易市场目前主要关注工业的碳排放，例如，能源行业和制造业的碳排放。以下从四个方面对现有的国际蓝碳市场的架构进行阐述。

在项目开发与验证方面，蓝碳项目由包括非政府组织、私营公司以及政府机构在内的多方利益相关者发起。这些项目必须符合严格的验证标准，以确保其碳封存声明的准确性和可持续性。在这方面，Verra 的核证碳标准（VCS）是最广泛使用的标准之一。

在投资与融资方面，由于蓝碳项目具有潜在的高投资回报和重大环境效益，金融行业对这类项目的兴趣日益增加。主要银行和金融服务公司正在探索资助这些项目的机制，将其视为自然资本投资的有利机会。

在市场与交易方面，一旦通过验证，蓝碳信用额可以在自愿碳市场上出售给希望抵消其碳排放的公司和个人。随着越来越多的实体寻求实现“零排放”承诺，对高质量、基于自然的碳信用额（包括蓝碳信用额）的需求不断增长。

在政策与规制方面，在国家和国际层面上，正在逐渐形成一套旨在将蓝碳更全面地整合到气候变化缓解策略中的政策框架。这包括建立蓝碳信用额的一致和公认的框架，以增强市场的透明度和完整性。

4.2.2 国际蓝碳市场实践

国际蓝碳市场实践主要在以下几个方面开展。

（1）鼓励将蓝碳列入国家自主贡献

①欧盟及其成员国在为发展蓝碳积极努力。2021 年 12 月，欧盟委员会在关于去除、回收和可持续储存碳建议的文件中强调，欧盟将通过发起蓝碳倡议、加强对海洋生态脆弱地区的风险研判、加强对沿海地区生态环境和生物多样性的保护投资、加大对沿海湿地的海藻类植物和软体动物的养殖培育等多种方式，大力发展蓝碳经济，实现碳吸收、碳固定和粮食安全、扩大就业的有机结合。当前，荷兰、西班牙、法国等欧洲国家正通过卫星遥感等高技术手段开展对湿地、盐沼、海草床等的评估和修复行动。

②澳大利亚高度重视国内蓝碳资源的保护。20 世纪 90 年代，为修复和保护滨海湿地，澳大利亚政府陆续出台《政府间环境协议》《国家湿地政策》等文件，对三级政府在蓝碳资源管理中扮演的角色和应当承担的责任作出规定，为缓解联邦体系下环境的管理与责任相分离的困境作出尝试。2022—2023 年，澳大利亚政府计划投入 1 亿澳元用于向海洋公园和与蓝碳相关的项目进行投资。同时，澳大利亚还在研究制定引入潮汐流项目以改善沿海湿地生态环境、增加盐沼面积、扩充蓝碳储备的碳信用机制。此外，澳大利亚正加紧构建蓝碳资源保护开发的相关制度体系，探索建立澳大利亚第一个国家海洋生态系统核算账户，用于统计、测量和展示海洋生态系统的状况和其在生物多样性、旅游观光、碳封存等方面的价值与意义。

③日本引入企业、渔业合作社、环境保护协会等相关社会力量参与蓝色经济建设。例如，经日本国土交通省批准成立的日本蓝色经济协会推出“蓝色信贷”项目。目前，该项目已经在日本的横滨市、蜀南市、兵库县的港口和运河区启动实施。其中，商船三井公司购买的 10.9 吨蓝碳额度将用于抵消世界上第一艘电动油轮“Asahi”号所排放的二氧化碳。

④自 2019 年 12 月以来，印度尼西亚在全球环境基金的支持下实施了为期四年的“蓝色森林项目”，建立了国家蓝碳中心，编制了《印度尼西亚海洋碳汇研究

战略规划》。同时，印度尼西亚重点加强对红树林生态系统的修复和保护工作，在该国泥炭地与红树林修复署的领导下，计划修复 200 万公顷退化的泥炭地和红树林生态系统，为印度尼西亚将来在国际市场的碳汇交易和碳汇收入提供坚实基础。

（2）引入不同市场机制的蓝碳交易

在强制性的市场机制中，《联合国气候变化框架公约》下的“REDD+”机制和清洁发展机制（CDM）、《京都议定书》和《巴黎协定》等直接或间接地为蓝碳碳汇项目提供了市场机遇。《京都议定书》提出了包括 CDM 和联合履行机制（JI）在内的基于项目的减排机制，以实现强制规定的温室气体减排量。在自愿碳市场机制中，碳减排量的核证碳标准（VCS）是目前全球使用最广泛的自愿性认证标准。在 VCS 认证的同时，项目还可申请气候、社区和生物多样性（CCB）附加标准的认证，使对气候、社区和生物多样性有利的项目可实现更大的收益。当前，强制碳市场和自愿碳市场中都已开发了蓝碳碳汇项目（或可用于蓝碳碳汇项目）的方法学，但这些方法学仅限于特定区域或适用条件下使用。在 CDM 机制下，《在湿地上开展的小规模造林和再造林项目活动》和《退化红树林栖息地的造林和再造林方法学》两个方法学为红树林等湿地生态修复的碳汇项目开发提供了依据，且同样适用于 JI 和 VCS 项目开发。在 VCS 机制下，还开发了《REDD+方法学框架》《潮汐湿地和海草恢复的方法学》和《滨海湿地构建的方法学》等涉及红树林等湿地的方法学，而针对泥炭地的方法学也有可能适用于红树林和盐沼碳汇项目的开发。此外，喀麦隆“通过改进的‘烟房’保护喀麦隆河口红树林”项目采用了《使用不可再生生物质供热的能效措施》方法学。从数量来看，目前滨海湿地蓝碳碳汇项目的方法学与林业碳汇方法学仍有很大差距，截至 2021 年，CDM 和 VCS 共开发了 26 个林业碳汇方法学 [78]。相比于盐沼和海草床，红树林的碳汇项目可采用的方法学数量更多，项目内容主要涉及在退化红树林区域或红树林丧失的区域开展种植活动，或者红树林保护和可持续利用等。

（3）不断探索金融服务创新形式以促进保护修复蓝碳资源的项目投资

①绿色债券 / 蓝色债券 / 气候债券。债券融资被认为是获得投融资的一种常见机制，其优势在于投资者无须面临较高的兑付风险，发行方能够在不改变自身内

部结构的前提下获得较低成本的资金支持。其中，绿色债券一般指的是其收益用于为具有明显环境效益的项目融资或再融资的债券，蓝色债券用来专门支持那些有助于蓝色经济的可持续活动，气候债券则专门侧重于气候缓解和/或适应项目的投资。例如，塞舌尔共和国于2018年10月推出了10年期1 500万美元的“塞舌尔蓝色债券”；北欧投资银行（NIB）发行了5年期20亿瑞典克朗（约合2亿美元）的蓝色债券，以保护和修复波罗的海。

②绿色保险。绿色保险是市场机制下进行环境风险管理的基本手段，能够在支持环境改善、应对气候变化和资源节约高效利用等方面提供保险风险管理服务及保险资金支持。基于蓝碳项目风险管理开发的绿色/蓝色保险项目也可以成为海洋生态系统保护和恢复工作的理想资金来源。太平洋共同体和联合国太平洋地区普惠金融方案目前正在研究为太平洋岛国设立渔业保险方案的可能性；加拿大、安盛集团（AXA XL）和海洋联合组织（Ocean Unite）共同组建了海洋风险与复原力行动联盟（Ocean Risk and Resilience Action Alliance，ORRAA）。尽管绿色保险具有长足的发展潜力，但在我国尚处于起步阶段，巨灾指数保险、船舶污染责任保险、海水养殖气象保险、碳保险等产品的开发和运营为更多基于海洋生态保护和修复领域的产品创新提供了良好、丰富的实践经验，未来需要汇集公共部门、私营部门和社会组织，整合来自海洋界、气候界、保险业和更广泛金融界的经验和专业知识，制定有关蓝碳发展的风险管理战略和政策支持体系，引导和激励更多规范的绿色/蓝色保险产品创新。

在蓝碳市场交易机制建设上，以蓝碳为主的强制性碳排放交易市场在全球范围尚属空白，但美国、澳大利亚、新加坡和阿联酋等国家已先后提出了建立蓝碳交易市场的构想和计划。以澳大利亚为例，2015年以来先后发起国际蓝碳伙伴倡议和太平洋蓝碳倡议，举办环印度洋蓝碳大会等研讨会，通过与东南亚、太平洋岛国和印度洋岛国加强国际合作，提升澳大利亚在全球气候变化中的话语权。澳大利亚还与印度尼西亚建立渔业合作工作组，共同开展碳汇渔业开发和管理研究。2020年，欧盟通过了《欧洲绿色协议》，该协议强调了海洋与海岸生态系统对减缓气候变化的作用；同时，欧盟通过的《2030欧盟生物多样性战略》（*EU Biodiversity Strategy for 2030*）也包括发展和保护蓝碳的内容。

4.3　海岸带蓝碳项目案例分析

为了应对蓝碳生态系统退化的负面影响，政府部门及国际社会团体正积极规划或实施各类蓝碳保护项目。以减缓气候变化为目标的沿海湿地项目[79]陆续被开发，此外，国际社会已开始评估如何将这些生态系统更有效地纳入现有政策框架，包括“REDD+”等碳融资机制以及其他《联合国气候变化框架公约》机制。Wylie 等[80]通过总结国际已有的蓝碳项目，深入地研究融资机制如何支持沿海保护和气候缓解项目。本节内容部分参考 Wylie 等的总结分析并进行更新，选择了肯尼亚、印度、越南和马达加斯加开展的四个案例研究项目，探讨每个项目的融资方法、成果和政策影响。基于这些案例研究的结果和分析，提出促进未来沿海保护和气候变化缓解项目的可行方案，为气候政策讨论和谈判提供信息和经验支持，推进保护和恢复沿海湿地的项目，达到减少碳排放的目标。

这四个研究案例是根据信息的可用性，以及考虑项目的融资机制类型的多样性而选择的（见表 4-1）。纳入的项目正在使用或计划使用碳市场，更具体地说，正在使用《联合国气候变化框架公约》机制，如“REDD+”和清洁发展机制（CDM）或自愿碳市场。目前的碳市场和机制都基于碳抵消和碳信用。分析每个案例研究时，使用了个人访谈、项目进展报告和评估，以及同行评审研究等多种途径和方法。

天然碳汇的碳市场基于以下理念：使用科学方法对这些生态系统中储存的碳进行量化，并可以将其作为信用额出售，然后买家用其来抵消排放量。这种方法也称为排放权交易。碳信用额由一定的“标准”进行验证，包括核算、监测、核查和认证标准以及登记和执行体系。然后，这些信用额可以在合规市场上出售，也可以在自愿市场上出售。在合规市场上，国家政府或行业成员等各方必须根据条约（如《京都议定书》或欧盟排放交易计划）减少排放量。在自愿市场上，买家自愿购买积分可以提高可持续性。需要注意的是，在合规市场下验证的信用可以在自愿市场上出售，但反之则不行[81]。

表 4-1　四个蓝碳红树林案例研究的描述

项目	地点	牵头组织	资助机构	面积	是否包括土壤碳	融资机制	开始时间
“红树林共同体”[①]	加齐湾，肯尼亚	沿海生态系统服务协会（ACES）、肯尼亚海洋渔业研究所、地球观察研究所、纳皮尔爱丁堡大学、Plan Vivo 基金会	肯尼亚海洋渔业研究所、地球观察研究所、纳皮尔爱丁堡大学、Plan Vivo 基金会	117 公顷	否	自愿碳市场：Plan Vivo 标准	2010 年
“红树林与市场”（MAM）项目[②]	湄公河三角洲，越南	荷兰发展组织（SNV）、世界自然保护联盟	国际气候倡议（ICI），德国联邦环境、自然保护、建设和反应堆安全部（BMU），明富生计（Minh Phu Livelihoods），达能自然基金（Danone Fund for Nature），越南明富集团	1 715 公顷	否	Naturland 有机虾认证	2012 年
孙德尔本斯红树林恢复项目[③]	孙德尔本斯，印度	Livelihoods 基金会、自然环境与野生动物协会（NEWS）、环境研究与湿地管理研究所	Livelihoods 基金会，达能自然基金（Danone Fund for Nature）	约 6 000 公顷	是	自愿碳信用额	2011 年
“蓝色森林”项目（Blue Forests）[④]	安班贾湾与安巴罗湾，马达加斯加	“蓝色探险”（Blue Ventures）非营利组织	“蓝色探险”（Blue Ventures）非营利组织	26 000 公顷	是	“REDD+”：气候、社区和生物多样性标准，自愿碳信用额	2014 年

① 详见 https：//www.mikokopamoja.org/。
② 详见 https：//www.snv.org/update/case-study-reduced-climate-change-resilience-need-new-model。
③ 详见 https：//livelihoods.eu/portfolio/news-india/。
④ 详见 https：//gefblueforests.org/project/madagascar-site/。

利用碳市场的 UNFCCC 机制，如“REDD+”或 CDM，属于需要遵守相关规定的碳市场。在清洁发展机制下，《京都议定书》附件 I 所列国家（或发达国家）可以在非附件 I 国家（或发展中国家）实施发展项目，并获得这些项目的碳抵消信用额。“REDD+”是一种与 CDM 类似的机制，但扩展到了土地利用部门，从而能更有效地减少由于土地利用变化造成的排放项目。蓝碳项目还可以通过 Plan Vivo 标准①或核证碳标准（VCS）②等方法，以在自愿碳市场上出售的碳信用额来融资。事实证明，由于不同自愿标准的多样性和灵活性，以及提交自愿碳项目与遵守《联合国气候变化框架公约》机制所需的碳核算、核查和认证的成本较低，这些方法更容易实施，不过，这类项目的推进需要通过与发展中国家以及《联合国气候变化框架公约》缔约国的政府进行合作来实现[82]。此外，UNFCCC 项目可能有一个最低门槛，由于达到合规标准的要求更加严格，沿海项目很难达到，从而使小型项目难以利用这些机制获利。例如，使用需要遵守相关规定的碳市场的清洁发展机制下的项目必须出售约 5 000 吨碳，以证明交易成本合理，而 Mikoko Pamoja 作为成功的蓝碳项目仅出售了 2 215 个碳信用额（每个碳信用额等于每年 1 吨碳）。本节讨论的项目即使探索了 UNFCCC 机制，如果参与碳市场，都选择使用自愿标准。通过探讨每个项目和融资决策，为发展当前和未来的气候缓解战略以及构建蓝碳生态系统的碳市场提供有效信息和经验。

4.3.1　“红树林共同体”（Mikoko Pamoja）项目（肯尼亚）

（1）背景

“红树林共同体”（Mikoko Pamoja）项目是在肯尼亚加齐湾（Gazi Bay）实施的红树林恢复和重新造林项目。根据赤道倡议组织（Equator Initiative）披露，这是世界上第一个出售红树林碳信用额用于社区发展的蓝碳倡议。保护和恢复红树林是 Mikoko Pamoja 项目的主要目标，涉及区域包括 117 公顷国有红树林，每年恢复 0.4 公顷红树林。该项目每年种植 2 000 棵树苗，其中大部分是为保护现有森林，年碳效益为 2 043 吨 CO_2 当量，相当于大约 175 名英国人（或大约 6 810 名

① 详见http：//www.planvivo.org/foradditionalinformation。

② 详见http：//www.v–c–s.org/foradditionalinformation。

肯尼亚人）的年碳足迹。① 当地社区民众的生计高度依赖于红树林，其中 80% 的居民以渔业相关活动为生。而当地的红树林还具有提供建筑材料、支持旅游业和保护海岸的价值。在该保护计划开展之前，人们试图将红树木材用作建筑材料，对红树林进行大肆砍伐，导致该生态系统的退化。

Mikoko Pamoja 项目由社区主导，其开展使用自愿碳信用额进行融资。该项目的目标是促进当地的发展，恢复红树林生态系统，增强生态系统服务（包括碳固存），促进与红树林相关的可持续收入，并作为未来项目的典范。加齐湾社区已与负责管理碳信用额的 Plan Vivo 基金会签订了生态系统服务付款（Payment for Ecosystem Services，PES）协议，并进行了碳储存潜力研究 [83]。

（2）融资机制

该社区红树林产生的碳信用额由来自爱丁堡的非营利组织 Plan Vivo 基金会通过与社区签订的 PES 协议进行管理。每年发行 2 215 个积分进行出售，该项目每 5 年需重新认证一次。这些积分与任何 UNFCCC 机制无关，但该项目是根据这些机制建模的。2013—2014 年，这些碳信用额的价格范围为 6.5 美元到 10.0 美元。值得注意的是，这些碳信用额没有考虑土壤中储存的碳，只考虑红树林本身储存的碳。这些碳信用额可以由任何公共或私人实体以及 Plan Vivo 基金会购买。该项目出售碳信用额产生的收入每年有 24 000 美元，用于支持清洁水和卫生、教育、健康和环境保护方面的地方发展项目。①该项目除了提供碳信用额，还有许多益处，包括碳封存、近海渔业、生物多样性保护和海岸带保护，但主要是能让当地社区以外的人也从中受益。对于国际社会来说，需要探索为这些生态系统服务的市场架构和补偿方式，使当地社区能从生态系统保护与修复计划中受益，并帮助他们发展可持续的生产模式 [84]。

（3）结果

Mikoko Pamoja 项目通过红树林种植和保护实现了 2014 年的目标。当地社区受益于与红树林相关的多样化收入来源，例如，与“加齐湾木板路（Gazi Bay Boardwalk）”相关的养蜂和生态旅游。该项目获得的资金还用于资助学校建设项

① 数据来源：TEN YEARS OF MIKOKO PAMOJA，Robyn Shilland. https：//www.planvivo.org/blog/ten-years-mikoko-pamoja。

目、购买书籍和安装水泵。此外，项目所在地附近还种植了来自陆地森林的替代木材，为当地社区提供了替代形式的建筑材料。这些项目由加齐湾妇女管理，这是该地区妇女通常无法参与的替代生计来源，因而她们从该项目中受益匪浅。虽然规模相对较小，但 Mikoko Pamoja 项目为其他红树林碳项目奠定了基础，包括附近的“万加蓝色森林”（Vanga Blue Forest）和国际上的其他项目。Mikoko Pamoja 团队从一开始就与肯尼亚政府及其机构密切合作，这种密切的合作关系使他们在相关的国家政策制定上拥有一定的影响力，促成了肯尼亚国家红树林生态系统管理计划的出台和该国的国家自主贡献（NDCs）的提交。这一正面影响直接推动了整个肯尼亚对海岸带更好地保护和恢复政策的施行。2017 年，Mikoko Pamoja 项目因“通过保护和可持续利用生物多样性来减少贫困的杰出社区努力”而获得赤道倡议奖（Equator Initiative Prize）。2023 年，Mikoko Pamoja 项目被授予“联合国肯尼亚年度人物”称号，展现了联合国对其在红树林恢复项目中的领先地位以及在全球碳融资方面的开创性努力的认可。KMFRI 项目开发人员兼首席科学家 James Kairo 博士表示，Mikoko Pamoja 项目是“三赢”项目的一个很好的例子，是缓解气候变化、社区和生物多样性的胜利。同时，Mikoko Pamoja 项目的成功已在“万加蓝色森林”项目中被复制，并且正扩展到拉穆和沿海其他地区。

作为一个试点项目，Mikoko Pamoja 项目面临一些挑战。由于市场的不确定性，碳信用额价格往往会有较大波动。该项目规模较小，难以实现规模经济并以全球碳市场价格出售，因此在寻找碳信用额买家方面存在困难。该项目早期的其他挑战包括：难以获得用以防止当地人非法砍伐红树林的瞭望塔的修建资金；不断变化的降雨模式和不寻常的沉积物导致种植进程停滞以及一些红树幼苗死亡；项目协调员职位的变动。

Mikoko Pamoja 项目的成功源于几个关键方面。首先，当地社区积极支持和参与该项目，并采取透明的流程。该地区已发表了大量有关红树林和碳汇的科学研究成果，为该项目奠定了良好的科学基础。此外，来自肯尼亚政府的 James Kairo 博士在将当地社区、科学界和肯尼亚政府的资源进行整合，以使该项目取得成效方面发挥了极其重要的作用。得益于在该社区生活 20 年以上的 James Kairo 博士推动的合作，该社区已经能够为项目建立强大的科学、行政和管理能力。

（4）政策影响

Mikoko Pamoja 项目的成功表明，自愿碳市场既可以成功地为小规模社区的蓝碳红树林恢复项目提供资金，又可以使发展中国家的当地社区受益。该项目没有利用 UNFCCC 机制，部分原因是小型社区项目如何从“REDD+”机制中受益存在不确定性，由于资金必须通过政府提供，这给许多发展中国家带来了困难。此外，国际气候融资机制可能并不总是与相关社区的直接需求相符。

该项目的一个重要缺陷是没有考虑土壤中存储的碳，导致这些红树林生态系统的大部分气候缓解潜力还未被开发。但测量和核算土壤中存储的碳汇需要开展大量额外的科学工作。此外，该项目在规划阶段没有考虑海平面上升和气候变化的影响，这些影响在未来会变得更加严重。尽管存在这些限制，但 Mikoko Pamoja 项目的成功鼓励了东非生态系统服务支付论坛（EAFPES）网络机构与坦桑尼亚、马达加斯加、莫桑比克和肯尼亚合作，帮助在整个东非推广类似项目。

4.3.2 “红树林与市场”（MAM）项目（越南）

（1）背景

越南的海鲜和水产养殖市场由价值 60 亿美元的产业构成，其中虾类养殖约占 1/3，是沿海社区生产和生活的重要组成。然而，该行业对环境产生了严重的不良影响，随着虾类养殖业的发展，红树林生态系统以极快的速度消失，在过去的 30 年里，越南失去了一半以上的红树林。尤其是在拥有越南一半红树林和约 3/4 的水产养殖业的湄公河三角洲，虽然越南国家法律目前要求红树林覆盖率达到 60%，但实际上该地区的红树林覆盖率要少得多，并且仍在迅速下降 [85]。越南生产的所有虾中约有 30% 生长在该国最南端的金瓯省，实行粗放、低投入和低产出的水产养殖形式。为了增加虾池面积，湄公河三角洲的农民历来砍伐红树林以建立新的池塘。在该项目开始之前，项目所在地区的红树林每年损失约 2%。①

① 数据来源：Mangroves and Markets：A multi stakeholder partnership for Ecosystem based Adaptation，https：//www.mekongdeltaplan.com/storage/files/content/mam-case-study-snv.pdf?2。

“红树林与市场”（MAM）项目于 2012 年启动，位于湄公河三角洲 12 个省份之一的金瓯省。第一期项目（MAM–Ⅰ）从 2012 年至 2016 年，第二期项目（MAM–Ⅱ）从 2016 年至 2020 年。首先，通过新的政策、法规和创新的融资机制，如生态系统服务支付（PES）和有机认证等，支持渔民实行生物多样性友好型和弹性的养殖方式，即“红树林对虾综合”（Integrated Mangrove Shrimp，IMS）或“红树林 – 对虾混养”（Mangrove–shrimp Polyculture）。由于与有机认证的标准一致，养殖者可以通过采取这种养殖方式获得有机认证。在这个过程中，渔民群体的培训、能力建设和发展，以及确保对稀缺投入品的供应（在该项目中即幼虾）发挥了关键作用。通过示范养殖场和与研究机构的合作，完善和示范推荐“良好农业规范”。其次，通过与虾加工商合作并对其给予激励，确保虾加工商与达到这些标准的养殖者合作。最后，将红树林 – 对虾混养模式纳入国家和省级发展计划的主流，推动基于生态系统的适应（Ecosystem based Adaptation，EbA）战略及实现《森林法》（Forest Code）和国家“REDD+”行动计划的目标。

MAM 项目旨在通过帮助虾农的虾类养殖活动获得有机认证，为虾农提供更高的产品采购价格来保护该地区的红树林生态系统。同时，根据该认证的要求，不允许因建设虾池而进一步破坏红树林，从而阻止项目区每年约 23.5 公顷的红树林损失，并要求每个养殖者通过保护或种植红树林保持或达到 50% 的红树林覆盖率。

（2）融资

虽然最初计划将碳市场融资作为支撑 MAM 项目的重要资金来源，但帮助当地养殖者获得有机认证最终被证明是一种更有利、更便捷的金融替代方案。该项目与越南全球海产品出口公司 Minh Phu 合作，随着全球对有机和以可持续模式养殖海产品的需求不断增长，该公司购买有机虾并以高价出售，更高的溢价（每千克约 4 美分溢价，或 2.5% ~ 5% 的溢价）增加了养殖者的收入。[①] 同时，红树林覆盖率的增加也增加了虾产量，有机养殖的虾更大、更健康，且无须使用杀虫剂或抗生素，投入成本就会降低。对于红树林对虾综合养殖户来说，在没有重大养殖疾病的年份，平均年利润约为 900 美元 / 公顷（不包括劳动力成本，约 600 美元 / 公顷）。养殖户的总收入可能会更高，因为该利润未包括从养殖活

① 数据来源：Mangroves and Markets：A multi stakeholder partnership for Ecosystem based Adaptation，https：//www.mekongdeltaplan.com/storage/files/content/mam–case–study–snv.pdf?2。

动中收获其他物种所带来的利润，如螃蟹和鱼等。

（3）结果

截至 2016 年 2 月，MAM–Ⅰ项目的主要成就包括：2014—2016 年，近 800 个虾类养殖户获得了 Naturland 有机认证，并被世界知名的海产品出口公司 Minh Phu 以更高的价格收购有机虾产品；已向 550 多个获得认证的养殖户支付了森林生态系统服务（Payments for Forest Ecosystem Services，PFES）费用，总额近 9 亿越南盾；4 500 户农户接受了红树林生态系统知识、国际有机虾认证标准和有机虾养殖实践方面的培训；2 500 户农户获得了可持续水产养殖实践认证；在 402 个养虾场重新种植了 80 公顷红树林，以满足 Naturland 认证中 50% 的红树林覆盖率要求；15 600 公顷红树林得到了有效的保护，免遭砍伐；支持 1 000 户家庭建造符合认证标准的卫生厕所；在项目支持下，为水产养殖部门制定了关于生态系统服务支付（PES）的省级法规。①

截至 2019 年 9 月，MAM–Ⅱ项目的主要成就包括：2014—2018 年，3 200 个虾类养殖户和两个虾孵化场获得了 Naturland 有机认证，并由海产品出口商 Minh Phu 以更高的价格收购有机虾产品；已向这些得到认证的养殖户支付了森林生态系统服务的款项，总额超过 53 亿越南盾；5 617 户农户接受了红树林生态系统知识国际有机虾认证标准和有机虾养殖实践方面的培训；2 500 户农户获得了可持续水产养殖实践认证；在 402 个养虾场重新种植了 80 公顷红树林，以满足 Naturland 认证中 50% 的红树林覆盖率要求；15 600 公顷红树林得到了有效的保护，免遭砍伐；支持 1 000 户家庭建造符合认证标准的卫生厕所；在项目支持下，为水产养殖部门制定了关于生态系统服务安全（生态系统服务支付）的省级条例（111/PPC）和第 156 号法令；推动制定了《金瓯省的红树林 – 虾发展计划和 2020—2030 年愿景》（*Ca Mau's mangrove shrimp development plan and vision to 2020—2030*）。

虽然该项目没有纳入《联合国气候变化框架公约》碳融资机制，但它通过替代方式实现了相同的减排目标，同时提高了越南虾类养殖业的盈利能力。IUCN 将有机认证计划称为“国际 PES 形式”，是一种间接形式的碳融资。通过确保项目现场 50% 的红树林覆盖率，MAM 项目既防止了森林砍伐，又保护了现有森

① 数据来源：Case study：Mangroves and markets project（phase Ⅰ&Ⅱ）in Vietnam，https：//a.storyblok.com/f/191310/04f8117bee/mam_case_study_-_final2.pdf。

林，提高了该地区创造更多碳汇的潜力。同时，参与 MAM 项目的利益相关者的多样性推动了该项目的成功。项目使孵化场、研究人员、生产者、供应商、加工商和销售人员这些价值链上的参与者建立起联系，使他们能进行谈判，确定和解决遇到的难题，分享知识和实践经验，并继续扩大生产销售能力。这些紧密的联系以及不断提高的生产加工利润，为价值链的维持和未来扩张发展提供了有力的支持。

（4）政策影响

在项目实施之前，对该领域的碳储量进行了评估。荷兰发展组织（SNV）评估了该项目碳融资的可行性，旨在为未来的碳融资机制提供信息。SNV 估算了该地区的碳储量并研究了潜在的融资机制，建议将 MAM 与 UN–REDD、VCS 或 Plan Vivo 的标准联系起来。然而，项目建设者无意将该项目与 UN–REDD 关联，并且由于满足 UN–REDD 要求所需的时间过长而放弃了该计划。尽管应用碳融资面临挑战，但该项目已经成功地利用了当地社区的经济需求，通过有机虾市场将生态保护、气候缓解和经济增长联系起来。未来，此类项目可能与碳融资机制挂钩，但目前可持续虾认证正在实现类似的保护目标，而无须进行碳融资。

4.3.3 孙德尔本斯红树林恢复项目（印度）

（1）背景

孙德尔本斯群岛是印度西孟加拉邦和孟加拉国南部之间的一组岛屿，是地球上最大的河口红树林所在地。过去 40 年来，由于气候变化导致海平面上升，该地区超过 28% 的土地消失，红树林生态系统迅速退化 [86]。人口增长和产生的生态系统干扰，以及捕捞等人为因素也导致了该地区红树林面积的减少。①这些红树林为约 500 万人口的当地社区提供了重要的生态系统服务，充当天然屏障，保护在 2009 年建造的人造堤坝（该堤坝是在飓风“艾拉”摧毁了当地社区后，为抵御洪水和风暴潮而建造的）。此外，红树林还保护当地社区免受每日 20 英尺（1 英尺 =0.305 米）潮汐变化的影响。

① 资料来源：Verified Carbon Standard（VCS）：India Sunderbans Mangrove Restoration，India. 〈http：//www.vcsprojectdatabase.org/#/project_details/1463〉，VCS，2015.

项目活动从以下几个方面开展：从稳定性或盐度、每日潮汐影响的适宜性角度，选择红树林种植地点和物种；从苗圃中选择种子和培育幼苗；落实 2 500 棵红树林 / 公顷的社区种植、维护和保护项目。项目总覆盖面积约 5 400 公顷。考虑到地上和地下生物量、枯木和土壤有机碳（Soil Organic Carbon，SOC），保守估计该项目每公顷年碳封存率为 8.3 吨二氧化碳，即每年将封存 44 955 吨二氧化碳。

该项目于 2011 年启动，预计为期 20 年。项目的主要目标是减少碳排放、适应气候变化和保护生物多样性。该项目完成了碳标准适用性研究，发现碳融资是一个可行的选择。新的红树林种植园还可能为当地社区的水产养殖提供木材和机会。该项目已作为 VCS 分组项目实施，覆盖孙德尔本斯的四个区域。大部分资金作为工作报酬分配给社区，其余资金用于碳抵消认证所需的技术调查和科学监测。当地妇女接受了红树林种植培训，并从种植红树林活动中获得报酬，为她们提供了少量的替代生计和收入来源。

（2）融资

孙德尔本斯红树林恢复项目是 VCS' sectoral scope 14 的一部分，即属于“农业、林业和其他土地利用（agriculture，forestry，and other land use，AFOLU）”项目中的“红树林造林、再造林和恢复（Afforestation，Reforestation，and Restoration，ARR）”类别。由于土壤碳包含在该项目的范围内，因此它还必须符合湿地恢复和保护（Wetlands Restoration and Conservation，WRC）的要求。最开始时，项目规划者将清洁发展机制（CDM）应用于小规模组合项目。[①]然而，当大规模红树林恢复项目也可以参与 VCS 机制时，该项目转而寻求通过组合 VCS 项目认证，并最终通过了认证。《联合国气候变化框架公约》有关机构已向 Livelihoods 基金会发放了减排信用额，后者暂不打算出售这些信用额，而是将其作为该公司（和公司品牌）具有社会价值和环境价值的减排抵消战略的一部分。该项目的成本由 Livelihoods 基金会承担，这些成本包括支持当地社区的恢复活动。退潮期间，从事种植工作的人通常每天工作约 4 小时，每天可赚取约 2.54 美元，或每月 50 ~ 56 美元。该项目的项目经理每月赚取约 120 美

① 该项目的项目设计文档（Project Design Document）可在UNFCCC CDM网站上公开查看：https：//cdm.unfccc.int/Projects/Validation/DB/1M4DGESWLXKKD8XTB2MMXGA2DJHLL4/view.html。

元，现场官员每月赚取 225 美元，育苗者则按每棵树苗获得收入，每棵树苗的价格为 0.015 ~ 0.037 5 美元，具体价格取决于树种。

（3）结果

截至 2020 年，该项目种植了 1 600 余万棵红树，红树林种植和恢复面积合计已达到 5 200 公顷，预期在 20 年的项目期间可达到储存 700 000 吨 CO_2 的目标。红树林是抵御洪水和飓风最强大的天然屏障之一，通过种植和恢复红树林，加强现有的人造堤防，能够保护社区的房屋和农田免受洪水和飓风的侵袭。此外，红树林的恢复为其他生物提供了栖息地，当地的生物多样性也得到了极大的改善，鱼类、鸟类、虾类及其他甲壳类动物数量得到恢复并持续增长。同时，该项目还具有社会效益，因为该项目使当地妇女能够从事红树林种植相关的工作，特别是在项目开始后的前 4 年，参与红树林育苗、运输、种植和养护等工作，从而产生社会效益。在项目开始 10 年后，已有超过 300 名红树林修复者参与该项目。①

2018 年，Livelihoods 基金会还与当地部分边缘化农民（主要是红树林管理员）一起创建了 Badabon Harvest 品牌，帮助他们通过牲畜育种、有机产品商业化、改进农业实践、养鱼等方式提高收入，利用加尔各答对新鲜、天然和有机种植食品日益增长的需求，设法将红树林恢复与当地社区的经济机会联系起来。

2020 年 5 月 20 日的特强气旋风暴“安攀”对加尔各答和孙德尔本斯地区造成了严重的影响，而当时已种植的 4 000 公顷红树林除了少数树枝被折断，大部分抵抗住了时速高达 265 千米的大风。红树林发挥了天然屏障的作用，保护了堤防，使其免受洪水和盐碱化的影响。

该项目面临的挑战包括非法砍伐森林、放牧牲畜以及在新种植的红树林中进行水产养殖或捕鱼等活动。红树林生态系统为虾和其他鱼类提供了丰富的营养物质，捕捞活动造成的物理干扰可能导致红树林健康状况恶化[87]。为了防止出现这些破坏红树林的活动，项目已经启用了红树林防护系统，同时还向一些必须依靠放牧维持生计的社区提供了支持，例如，提供可在小块土地上种植的饲料草供牲畜食用。此外，气候变化导致的盐度增加改变了该地区某些红树物种的适应性，但后期对红树苗的选择考虑了其盐度耐受性。另外，冰雹、风暴和龙卷风

① 来自Livelihoods对NEWS联合秘书兼项目主任Ajanta Dey的采访：https：//livelihoods.eu/interview-with-ajanta-dey-news/。

等自然灾害仍继续威胁着一些新种植的红树林。

（4）政策影响

孙德尔本斯红树林恢复项目是大型 VCS 项目的成功范例。它证明了 VCS AFOLU 模式为蓝碳项目融资的可行性，特别是由于土壤吸收的碳已包含在该项目的碳核算中。从长远来看，该项目面临一个潜在的问题，即没有考虑气候变化引起的海平面上升会对红树林恢复造成一定的影响。如果红树林幼苗无法适应气候变化，未来该项目的红树林恢复和种植可能会出现问题。为了解决因捕鱼和水产养殖导致的红树林退化问题，该项目探索了红树林渔业可持续商业模式，即利用日益增长的需求，与前期参与种植修复红树林的当地农民一起，创建了 Badabon Harvest 品牌，从以研究为基础的自然保护模式转向以实际项目为基础的保护模式，进一步支持当地生计并防止因渔业活动导致红树林退化。

4.3.4 “蓝色森林”（Blue Forests）项目（马达加斯加）

（1）概述

马达加斯加拥有世界上 2% 的红树林，这些红树林为沿海社区提供了渔业资源、木材和其他生态系统服务（如抵御风暴和侵蚀）。“蓝色森林”（Blue Forests）项目由英国非营利组织 Blue Ventures 发起，与 Velondriake 协会共同管理，并与当地社区合作实施碳融资项目，旨在保护红树林，通过地方红树林保护促成碳市场参与进而重建社区渔业。在马达加斯加，这项工作将红树林保护和恢复项目纳入该国的国家“REDD+”战略，并在多个项目地点使用自愿碳市场标准实施红树林保护项目。

该项目在马达加斯加的两个地点——Tahiry Honko 湾和 Tsimipaika 湾开展了红树林保护工作。项目活动有助于保护、恢复和可持续管理红树林，增加红树林碳储量，防止红树林遭到破坏和退化。除了确保红树林提供减缓气候变化和其他生态系统服务，马达加斯加正在探索将蓝碳作为基于社区的红树林管理的融资机制。Tahiry Honko 湾拥有 1 230 公顷红树林，位于 Velondriake 地方管理海洋区（Locally Managed Marine Area，LMMA）的南部，Assassins 湾的边缘。它被视为地方管理海洋区的原因是当地社区高度参与海洋保护区（Marine Protected Area，

MPA）的启动、创建和管理，并且是马达加斯加第一个被称为海洋保护区的区域。Tsimipaika 湾位于马达加斯加西北海岸，属于半湿润热带气候，拥有超过 24 000 公顷红树林。该区域有一个已禁止采伐的红树林保护区、红树林的造林和重建区，以及一个红树林采伐严格受控的区域。Blue Ventures 与当地社区合作，制定了马达加斯加的第一个地区渔业管理计划，以帮助其发展长期可持续的渔业，制定过程得到了当地社区的高度支持。

Blue Ventures 开展的研究重点是量化红树林保护和恢复可实现的温室气体排放，包括对湿地减少的决定因素的分析，以及对未来湿地变化预期的建模。此外，Blue Forests 项目致力于了解其活动的社会经济影响，其中包括确定替代生计来源和分析红树林的使用者权利。这些目标旨在实现 VCS、Plan Vivo 标准以及气候共同体和生物多样性联盟制定的标准[67]。其中一项研究填补了红树林动态测绘和评估的关键数据空白，探讨了红树林生态系统服务的市场价值及非市场价值，确定了在安班贾湾和安巴罗湾开展蓝碳项目的可行性。

（2）融资

Blue Forests 项目致力于利用该项目的红树林产生的蓝碳参与国际碳市场交易，为当地社区的发展寻求资金支持。通过向政策制定者提供与马达加斯加红树林独特的固碳能力有关的数据，以及红树林栖息地对当地渔业的价值，该项目有助于将红树林纳入马达加斯加国家“REDD+”计划。由马达加斯加的 REDD 技术委员会（Technical REDD Committee）和农业部（Ministry of Agriculture）负责制订国家“REDD+”计划，当时已有的两个“REDD+”项目——FORECA 和 PHCF 的有关团队与当地社区合作，通过地方管理转让来保护森林资源，以研究碳储量。Blue Forests 项目中的“红树林‘REDD+’测绘和动态分析”（Mangrove REDD+ Mapping and Change Analysis）能够帮助确定马达加斯加“REDD+”项目重点关注的红树林区域。①

自 2013 年以来，Blue Ventures 一直在支持 Tsimipaika 湾社区寻找管理当地渔业的方法，与该地区 36 个村庄代表合作，共同制订渔业管理计划。保护红树林，制定并实行有效的渔业管理措施，可以使当地过度开发的鱼类种群得以恢复，从而发展可持续的渔业。另外，Tsimipaika 海湾的高湿度和开花的红树林促进了养蜂

---

① 来源：https：//www.blueforestsolutions.org/madagascar2。

产业和蜂蜜生产活动，这是一种基于红树林的非消耗性生态系统服务，红树林的恢复和保护为当地提供了可持续的生计。① 同时，Blue Forests 项目评估了安班贾湾和安巴罗湾的大型 VCS 红树林保护项目以及 Assassin 湾的较小规模的 Plan Vivo 项目的可行性 [88]。

（3）结果

该项目取得了以下成果：

①减缓了气候变化的影响。马达加斯加 Assassin 湾的 1 200 公顷红树林得到了保护和恢复，沿海蓝碳生态系统大致能吸收全球大气碳排放量的 0.5% ~ 2%。

②提高了当地对生态系统益处的理解。在当地社区和沿海管理者的支持下，制订并实施了马达加斯加的第一个地方渔业管理计划，沿海和海洋生态系统为当地居民提供了包括食物、海岸保护、渔业、碳封存、旅游和娱乐等方面的价值。

③提高了对海岸带的管理能力。红树林栖息地恢复和保护对当地渔业产生的价值被用于保护、恢复和实施红树林的可持续管理。

④沿海社区得到可持续的发展。当地从碳融资中受益，红树林生态系统得以改善。同时，基于海岸带和海洋自然资源的额外创收性生产活动也使当地可持续生计得以发展。

（4）政策影响

Blue Ventures 在马达加斯加的蓝碳评估和规划为落实自愿碳信用项目奠定了基础，并推动将红树林项目纳入“REDD+”项目。在马达加斯加进行的蓝碳评估包括对红树林中的土壤碳汇的评估，为充分利用红树林生态系统的气候缓解潜力发挥了积极的作用。此外，该项目已成功地使当地社区参与了整个“REDD+”进程。如果红树林被纳入马达加斯加官方对“森林”的定义范畴，并且该项目开始获得碳信用额，那么“REDD+”机制在红树林方面的成功就可以得到更全面的评估，并作为成功案例为其他国家提供借鉴。该项目强调，即使在相同的机制下，蓝碳项目可能有不同于陆地“绿碳”所需的额外要

---

① 资料来源：https：//www.blueforestsolutions.org/madagascar2。

求，在特定情况下，各国政府必须积极参与改变和制定相关政策，以适应与“REDD+”或其他 UNFCCC 机制有关的蓝碳项目的要求。

4.4　海岸带蓝碳纳入国际碳市场的挑战与机遇

随着全球气候变化得到国际社会越来越广泛的关注，发展海岸带蓝碳项目将成为越来越多沿海国家和地区的选择，而为了顺利推进蓝碳项目，将其发展成为可持续的保护项目，国际社会迫切需要构建完善的蓝碳规则体系，将蓝碳纳入国际碳市场。目前，海岸带蓝碳项目纳入碳市场存在以下挑战和机遇。

一是国际碳市场存在不同规则标准，参与自愿碳市场和强制性碳市场有不同的取舍，海岸带蓝碳项目纳入国际碳市场存在标准不统一、强制性市场成本过高等问题。根据以上几个案例分析，自愿碳市场更适合小型的、以社区为基础的项目。自愿碳市场的参与者可以在 Plan Vivo、VCS 等标准中进行选择，并且可以避免因需要满足 CDM 标准而产生较高的成本和行政负担，或避免为获得“REDD+”项目批准而面对的烦琐流程。例如，在以上四个案例中，对于越南和马达加斯加，“REDD+”项目所需的时间和规划周期过长一直是项目推进的一个难题，因此，越南的 MAM 项目以可持续虾认证作为替代的融资机制，而马达加斯加仍在推进将红树林纳入该国的“REDD+”项目。对于一些项目来说，在《联合国气候变化框架公约》进程更加精简之前，使用其他替代的标准可能将更省时且更具有成本效益。但另一方面，参与自愿碳市场也存在缺点。由于需求较低、质量标准不同以及缺乏向合规市场的可转移性，自愿市场的碳信用额价值往往低于强制性市场的价值。因此，使用自愿碳机制需要权衡取舍。此外，随着更多海岸带自愿碳市场项目的开展，自愿市场的碳信用额供应可能会增加，从而压低信用额度的价格，并且寻找碳信用额买家可能变得更加困难。

二是为了将海岸带蓝碳纳入国际碳市场，仍需要提升对海岸带蓝碳储量的研究和评估能力。在海岸带生态系统碳汇中，最重要的考虑因素之一是储存在土壤中的碳，土壤是“迄今为止所有重点沿海栖息地中最大的碳库”[89]。在上述四个案例中，只有一个案例（孙德尔本斯红树林恢复项目）将土壤碳汇纳入其碳汇核算，这意味着这些生态系统中的大部分碳汇潜力仍然有待发掘和评估。为了将土壤碳汇纳入碳汇核算，需要进行土壤碳测量，这可能需要投资建设测量当地土壤碳汇的机构设施或人员队伍，或者与能够提供必要技术专长的其他组织或人员合作，从而加大了对这类蓝碳项目的资金需求和压力，但也将提高碳汇评估能力，更好地实现蓝碳项目减缓气候变化的价值。

第 5 章　海岸带蓝碳纳入我国碳市场的模式构建

5.1　海岸带蓝碳纳入碳市场的必要性和可行性

海岸带蓝碳生态系统（Coastal Blue Carbon Ecosystem，CBCE）已成为应对气候变化重要的基于自然的解决方案。由红树林、盐沼和海草床等滨海湿地生态系统组成的海岸带蓝碳生态系统每年的碳封存量将近 1 亿吨，海岸带蓝碳生态系统面积仅占全球海洋面积的 2%，却提供了每年海洋碳封存量的 50%[4, 90]（见表 5-1）[16]。可见，海岸带蓝碳生态系统具有强大的碳汇功能，在增汇方面有巨大的潜力，是实现《巴黎协定》目标减排贡献的潜力部分。联合国政府间气候变化专门委员会（IPCC）发布的《气候变化中的海洋与冰冻圈特别报告》指出，海岸带蓝碳是相对易于管理的蓝碳。据“蓝碳倡议”和美国国家科学院的研究，每年仍有多达 1 万平方千米的沿海湿地生态系统消失，且由此造成的 CO_2 排放约为每年 5 亿吨[91]，这给全球气候治理带来难以预计的挑战。越来越多的国家和地区将实现碳中和作为长期发展战略和愿景，但在实际的生产生活中，即使突破大规模应用可再生能源、储能等关键技术的瓶颈，将能源供给体系全部改为电力驱动，仍然无法替代部分能源消费及碳排放，即无法真正实现“净零排放”，这就凸显了通过生态系统碳汇增量抵消碳排放或实现负排放的重要性。有效开发和利用海岸带蓝碳资源，通过保护、修复或人工技术干预提升海洋生态系统碳汇能力，不仅可以为碳中和目标的实现提供更多的生态系统碳汇增量，也为能源系统改革、交通系统电气化等去碳化转型提供更多的灵活性。同时，作为自然生态系统碳汇的有益补充，海岸带蓝碳将进一步丰富国家核证自愿减排量机制下核证减排量的有效供给，满足国际航空碳抵消与减排机制（Carbon Offsetting and Reduction Scheme for Internation Ariation，CORSIA）以及全国碳交易市场抵消机制下对碳汇项目核证减排量的大量需求和抵消缺口[92]。我国海岸线漫长，滨海湿地分布广泛，海岸带蓝碳资源禀赋较好，但同时也面临着较大的减排压力，海岸带蓝碳在实现“双碳”目标之路上也将发挥重要的作用。

表 5-1　海岸带蓝碳的覆盖面积及有机碳的年埋藏率

海岸带系统	全球面积 /$\times 10^6$ km^2	固碳效率 /[g/（m · a）]	全球总固碳量 /$\times 10^6$ t
红树林	0.138 ~ 0.152	226 ± 39（20 ~ 949，*n*=34）	31.1 ± 5.4 34.4 ± 5.9
盐沼	0.022* ~ 0.4	218 ± 24（18 ~ 1 713，*n*=96）	4.8 ± 0.5 87.2 ± 9.6
海草床	0.177 ~ 0.6	138 ± 38（45 ~ 190，*n*=123）	48 ~ 112
海岸带总计			237.6（454）

注：“固碳效率”一栏中括号内的数值为范围，*n* 表示统计的样点数；“全球总固碳量”一栏中括号内的数值为置信区间最大值；* 数值只包括加拿大、欧洲、美国和南非地区的盐沼面积总和。

海岸带蓝碳作为滨海湿地提供的一种重要的生态产品，可以提供支持、文化、调节、供给等多项生态系统服务，除了碳汇价值和应对气候变化，还兼具其他多重生态系统服务、社会和经济价值，提供包括涵养水源、减少海岸的污染影响、承担营养负荷、防风固浪、稳固岸线、抵御风暴潮、降低极端气候影响、保护生物多样性、调节膳食结构、改善人居环境等在内的多项生态服务，实现“生态—经济—社会”效益的多重联动，推动海洋生态文明建设，对维持健康和安全的海洋环境至关重要。我国蓝碳发展政策措施日渐清晰细化、滨海湿地保护和修复得到越来越多的关注、社会对蓝碳发展的积极性高涨，这些因素为实现海岸带蓝碳多重生态服务价值创造了契机。海岸带蓝碳价值的实现，需要建立蓝碳生态产品价值向经济价值转化的长效机制，这有利于撬动更多私人资本进入滨海湿地保护、修复领域，从而推动形成滨海湿地保护和修复的良性循环，阻止滨海湿地持续退化至碳排放源[24]。

海岸带蓝碳价值实现机制包括政府主导和市场主导两种方式。我国在实践中主要采取政府主导的生态补偿机制，但该方式存在财政投入大以及经费投入不及时、不到位和不可持续等问题。碳汇交易是海岸带蓝碳价值实现机制的市场化方式，其核心思路是蓝碳需求方向供给方购买通过投资增汇活动产生的碳信用来中和自身的碳排放量，利用市场机制使蓝碳供给者真正受益获利[93]。作为资本运营和价值增值的重要载体，碳市场是加快生态资源资本化进程的关键，不仅可以为生态资源的保护和修复提供信息公示与价格商议的平台，也可以成为生态产品或生态服务的交易平台[5]。近年来，蓝碳的价值和潜力被国际社会逐渐认可，建立全球蓝碳市场具有重要的现实意义，国际社会建议将蓝碳纳入现有国际碳交易体系，有关政策也在不断推动海岸带蓝碳交易发展；随着滨海湿地保护和修复的重要性日渐提升，开展蓝碳交易成为滨海湿地保护与管理的重要方向，我国也已颁布了一系列涉及海岸带蓝碳等海洋碳汇交易的相关文件（表 5–2）。

表 5–2　国内外涉及蓝碳的政策文件

	年份	颁布机构	文件 / 计划	主要内容
国际	2009	联合国环境规划署、联合国粮农组织等	《蓝碳：健康海洋固碳作用评估报告》	提出了蓝色碳汇概念，确认了海洋在气候变化和碳循环过程中的作用
	2010	保护国际基金会、政府间海洋学委员会等	“蓝碳倡议”	突出了蓝色碳汇中海洋生态系统的固碳作用，旨在通过修复与可持续利用海岸带生态系统和海洋生态系统来减缓气候变化
	2011	政府间海洋学委员会、联合国发展计划署、国际海事组织等	《海洋及沿海地区可持续发展蓝图》	建议设立全球蓝色碳汇交易市场和全球蓝色碳汇基金，建立统一的监测和认证标准，提出将蓝色碳汇纳入《联合国气候变化框架公约》政策框架
	2013	联合国政府间气候变化专门委员会	《对 2006 IPCC 国家温室气体清单指南的 2013 增补：湿地》	提出红树林、盐沼和海草床三大蓝碳生态系统的国家温室气体清单编制方法
国内	2007	国家海洋局	《关于海洋领域应对气候变化有关工作的意见》	充分认识海洋领域应对气候变化的重要意义
	2012	国务院	《全国海洋经济发展“十二五”规划》	推进滨海湿地生态修复与保护，构建潮间带和滩涂生态屏障
	2015	中共中央、国务院	《生态文明体制改革总体方案》	建立增加森林、草原、湿地、海洋碳汇的有效机制

续表

	年份	颁布机构	文件/计划	主要内容
国内	2015	国务院	《全国海洋主体功能区规划》	积极开发利用海洋可再生能源，增强海洋碳汇功能
	2016	国务院	《“十三五”控制温室气体排放工作方案》	探索开展海洋等生态系统碳汇试点，积极探究设立蓝碳标准体系及买卖机制
	2016	国家海洋局	《关于加强滨海湿地管理与保护工作的指导意见》	加强重要自然滨海湿地保护，开展受损滨海湿地生态系统恢复、修复，严格滨海湿地开发利用管理，加强滨海湿地调查监测
	2017	中共中央、国务院	《关于完善主体功能区战略和制度的若干意见》	探索建立蓝碳标准体系及交易机制
	2018	中共中央、国务院	《中共中央 国务院关于支持海南全面深化改革开放的指导意见》	开展海洋生态系统碳汇试点
	2019	中共中央、国务院	《国家生态文明试验区（海南）实施方案》	开展蓝碳标准体系和交易机制研究，依法合规探索设立国际碳排放权交易场所
	2022	自然资源部	《海洋碳汇经济价值核算方法》	提出了海洋碳汇能力评估和海洋碳汇经济价值核算的方法

此前海岸带蓝碳无法进入碳市场的难点之一，就是核算海岸带蓝碳量的标准不统一，导致无法计算出国内外普遍认可的海岸带蓝碳碳汇量。近年来，国际研究机构和组织不断推出海岸带蓝碳核算标准，主要包括国家温室气体清单、碳储量调查与监测、碳交易方法学等内容（见表 5-3）[7，94]。2013 年，联合国政府间气候变化专门委员会提出了红树林、盐沼、海草床三大海岸带蓝碳生态系统的国家温室气体清单编制方法。美国、澳大利亚和阿联酋已将蓝色碳汇纳入国家温室气体清单。2014 年，联合国环境规划署提出了红树林、盐沼、海草床三大海岸带蓝碳生态系统的碳储量测算方法，为滨海湿地蓝碳量的核算提供了技术支撑。目前，国外组织和研究机构等已经在碳交易方面出台了许多方法学，但是不同的方法学适用范围也不同，有的方法学可能在全球范围都适用，而有的方法学只能适用于某个国家或某个特定地区。例如，美国碳登记处提出的《加州三角洲和沿海

湿地的恢复》只能在美国萨克拉门托－圣华金河三角洲等地核算农业用地和退化潮汐湿地的碳汇时使用；我国深圳大鹏新区发布的《蓝色碳汇核算指南》也只能在该区生效。目前，我国蓝碳市场仍处于萌芽状态，只有实现碳汇的可衡量和标准化才能提高被引入碳市场的概率，而我国蓝碳想要在全球碳市场进行交易，还需要采用符合国际标准的方法学来衡量。随着海岸带蓝碳核算标准在国际上趋于统一，我国海岸带蓝碳进入碳市场的可能性将极大提高。

表 5-3　海岸带蓝碳核算标准

年份	发布机构	名称	适用范围
2012	世界林业研究中心	《红树林碳汇计量方法》	适用于全球退化红树林开展造林和再造林活动
2013	联合国	《在湿地上开展的小规模造林和再造林项目活动》	仅适用于在湿地上开展的年碳汇量小于 1.6 万吨的造林和再造林项目
2013	联合国粮农组织	《REDD+ 方法学框架》	适用于全球红树林砍伐、退化、造林、再造林和植被种植、计划和非计划的湿地退化、湿地修复活动
2014	联合国政府间气候变化专门委员会	《对 2006 IPCC 国家温室气体清单指南的 2013 增补：湿地》	适用于全球滨海湿地温室气体排放监测和评估
2014	世界自然保护联盟	《海岸带蓝碳：红树林、盐沼和海草床碳储量与释放因子评估方法》	适用于全球海岸带蓝碳生态系统的碳汇评估
2015	自愿碳标准组织（VERRA）	《潮汐湿地和海草恢复方法学》	适用于全球退化盐沼和海草草甸等

近年来，滨海湿地保护和修复备受重视。我国滨海湿地保护和修复力度不断加大，促进了蓝碳面积的扩大和生态系统服务功能的提升。《中华人民共和国湿地保护法》的实施明确了滨海湿地管理和保护的责任主体，作为首部专门保护湿地的法律正式出台，标志着我国湿地保护正式走向法治化；国务院《关于加强滨海湿地保护严格管控围填海的通知》提出严控新增围填海造地，加强滨海湿地的保护和整治修复，扭转了滨海湿地快速消失的势头；自然资源部、国家林业和草原局联合印发《红树林保护修复专项行动计划（2020—2025 年）》，明确对浙江省、福建省、广东省、广西壮族自治区、海南省现有红树林实施全面保护；“蓝色海湾”综合整治行动、海岸带保护修复工程等滨海湿地生态修复工程的落地，也极大地提升了地方保护和修复滨海湿地的积极性，红树林面积得到快速恢复[95]。

国外也是如此。印度尼西亚的红树林资源非常丰富，红树林面积约占全球红树林面积的1/5，为了保护并扩大这一海岸带蓝碳资源，印度尼西亚政府在全球环境基金支持下启动了为期4年的“蓝色森林项目”，旨在恢复60万公顷红树林生态系统。此外，印度尼西亚政府还建立了国家蓝碳中心，编制了《印度尼西亚海洋碳汇研究战略规划》，希望通过保护和开发蓝碳，为自身在全球碳交易市场积累更多优势。澳大利亚蓝碳资源丰富，对于发展滨海蓝碳表现得很积极，不仅出台了《海洋保护计划》，提出投入16亿澳元进行蓝碳资源保护及碳补偿，不断改善沿海湿地生态环境，扩大盐沼面积，扩充蓝碳储备的碳信用机制，还探索建立了全球第一个国家海洋生态系统核算账户，用于统计、测算和展示海洋生态系统状况和其在生物多样性、海洋旅游、碳封存等方面的价值与意义。在国际合作层面，澳大利亚发起了“国际蓝碳伙伴倡议”和“太平洋蓝碳倡议”，举办了环印度洋蓝碳大会，通过与东南亚、太平洋岛国、印度洋岛国的国际合作，提升了自身在国际气候变化事务中的话语权[96]。

从国际社会实践来看，蓝碳已经从科研概念过渡到实用工具阶段，将其纳入气候变化法律与框架将是未来完善全球气候治理体系的必然之举；从国内社会实践来看，我国在蓝碳方面的相关研究不再只是跟随国际的步伐，而能够逐渐引领趋势，同时也在有序推进各项政策试点。随着国际上对海洋碳汇交易的关注度和支持力度持续上升，《京都议定书》提出了清洁发展机制（CDM）和联合履行机制（JI），《巴黎协定》提出了自愿碳市场交易体系等碳汇交易机制，碳汇市场在全球范围内逐渐发展起来。世界银行2022年发布的《碳定价机制发展现状与未来趋势》报告显示，2022年碳信用市场增长了48%，生态碳汇在碳信用市场中的作用正逐渐凸显；涉及生态碳汇项目的碳信用组合拍卖也出现在全球碳信用市场上，为海岸带蓝碳开发成项目进行交易提供了可发展空间[97]。碳汇交易项目源于《京都议定书》中的清洁发展机制，目前，碳汇交易项目的对象基本为林业碳汇，主要通过“REDD+”机制以及森林保护、可持续管理 、增加森林碳库和清洁发展机制等进行开发[7]。全国范围内的碳交易市场已经上线，虽然目前还没有以蓝碳为主的全球性碳汇交易市场，但在区域层面，已有不少国家开始尝试进行小规模的蓝碳跨国交易。自2009年以来，塞内加尔、马达加斯加、印度尼西亚、孟加拉国等国在国际组织的参与和支持下，陆续开发和建设了不少获得清洁发展机制

（CDM）、核证碳标准（VCS）认证的红树林碳汇项目。肯尼亚的 Mikoko Pamoja 项目是目前国际蓝碳交易的一个典范，项目位于该国南部的印度洋海岸，拥有 14 公顷红树林，自 2013 年开始该项目就获得了碳抵消认证公司 Plan Vivo 的认证，项目每年能售卖 2 500 吨碳汇，每年所获得的 24 000 美元收益中 35% 用于项目日常管理维护，其余 65% 则用于当地社区建设。在该项目的支持下，周边生态环境和居民社区的可持续发展能力得到极大的提升[98]。我国也在 2021 年成功开展了国内首个海岸带蓝碳交易的实践——湛江红树林造林项目。全球碳市场正在蓬勃发展，蓝碳将渐渐纳入交易市场，蓝碳在全球范围内交易的前景可期。因此，将具有高价值、高效率的海岸带蓝碳纳入碳市场是必然举措，对缓解气候变化和我国"双碳"目标的实现都具有重要的意义。

5.2 海岸带蓝碳纳入碳市场的模式选择

5.2.1 海岸带蓝碳资本化过程

海岸带蓝碳作为生态资源，想要通过市场化资本运营的方式实现价值增值，实现从生态资源到生态资本的跨越，需按照生态资源资本化的过程，遵循"生态资源—生态资产—生态产品—生态资本"的演化逻辑[99, 100]，完成从"海岸带蓝碳资源—海岸带蓝碳资产—海岸带蓝碳产品 / 服务—海岸带蓝碳资本"的全部演化过程（图 5–1）。

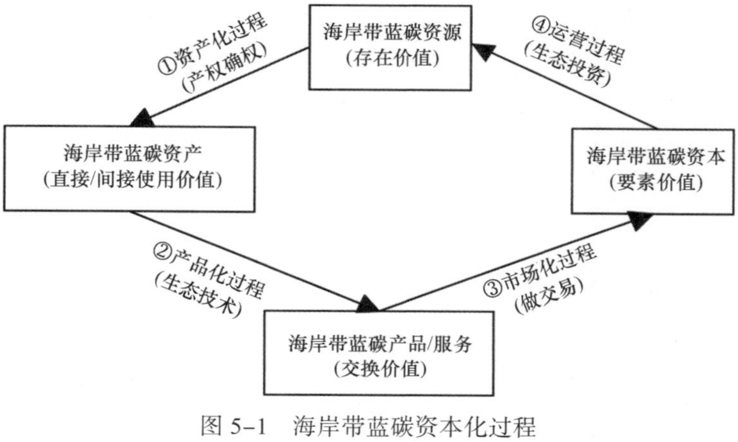

图 5–1 海岸带蓝碳资本化过程

首先是海岸带蓝碳资源的资产化过程，即海岸带蓝碳资源通过产权确权转化为产权明晰的海岸带蓝碳资产的过程。欲实现海岸带蓝碳资源资本化闭环，需要先明晰产权，自然资源保护的“公地悲剧”大都源于权责不清晰，产权安排为所有者提供一种稳定的经济预期，能够有效地激励所有者，只有建立起以产权约束为基础的资产管理体制，才能按照市场规律，将海岸带蓝碳资源及其产权作为一种资产进行投入产出管理，将其存在价值转化为使用价值。

其次是海岸带蓝碳资产的产品化过程，即将海岸带蓝碳资产作为一种生产要素，结合其他生产要素一起投入社会经济生产过程，开发出具体的海岸带蓝碳产品/服务，如滨海湿地修复、红树林修复等生态工程和自然教育、休闲垂钓、生态旅游等服务形式。这一过程的实现关键在于创新和应用生态技术，技术决定了这些产品/服务能够多大程度地转化凝结生产要素。

再次是海岸带蓝碳产品的市场化过程，即通过价值核算和市场化交易实现前述海岸带蓝碳产品/服务的价值转换。蓝碳产品/服务的价值核算和交易机制的选择是这一过程的重要基础，只有经过真实可靠的价值核算并选择合适的机制完成交易，才能将包含在产品或服务中的直接和间接使用价值全部转化为交换价值，并在市场上实现价值，形成稳定的价格和收益预期，使海岸带蓝碳成为能够产生未来现金流且具有价值增值属性的海岸带蓝碳资本。

最后是海岸带蓝碳资本的运营过程，即在整个市场化过程中实现的价值增值通过生态投资反哺到更多的海岸带蓝碳资源的保护和修复中去，积累海岸带蓝碳资本存量。在这一过程中，需要以实物、技术、资金和劳动力等形式将通过生态补偿机制或其他激励机制的设计所获得的生态收益中的一部分再次投入海岸带蓝碳资源及滨海湿地生态系统的保护与开发中，从而实现海岸带蓝碳资本运营的良性循环。

5.2.2 海岸带碳汇交易市场要素

当前，随着社会的发展，经济问题日益尖锐复杂。为保证经济政策的实施效果，就必须充分考虑相关的社会依据和社会条件，即探究经济和社会的相互关系以及经济运行过程中经济因素和非经济因素相互作用的一般规律。在经济社会学中，关于国家和市场关系的一个重要理论维度认为，作为市场主体重要组成部分的企业间的关系是高度不稳定的，呈一种无序竞争的状态，在这种情况下，市场就需要建立某些规则使企业对相互之间的竞争关系有一个比较确切的把据，但市场自身没有产生规则的权威，只有通过国家（或政府）来实现[101]。借鉴杭州市临安区“农户森林经营碳汇交易体系”、广州市花都区公益林碳普惠项目等的成功经验，考虑到海岸带蓝碳产生主体（红树林、海草床、盐沼）基本上在国家自然保护区内，由政府管理居多，因此海岸带蓝碳在进入碳市场时可以采取“市场 + 政府”的模式，即在海洋碳汇交易市场中，海岸带蓝碳供给方（卖方）向市场提供海岸带蓝碳及相关产品，碳汇需求者（买方）通过市场竞争的手段购买所需产品，政府在此过程中作为监管者保证交易的有序进行（必要时还可以进行宏观调控，稳定市场供需等）。基于此，海洋碳汇交易市场要素主要包括政府部门、交易对象供给方和需求方、交易机构和信息登记机构、科学研发单位、第三方核证机构以及海洋碳汇项目利益相关者。海洋碳汇交易市场需要将政府和市场的力量结合、以科学理论为基础充分考虑社会效益，共同发力推动海岸带蓝碳交易形成“科学研究—方法学研发—项目开发—审定核证—交易结算”的发展路径[102]，以此类推，海岸带蓝碳在碳市场中的交易也应是如此（见图 5-2）。

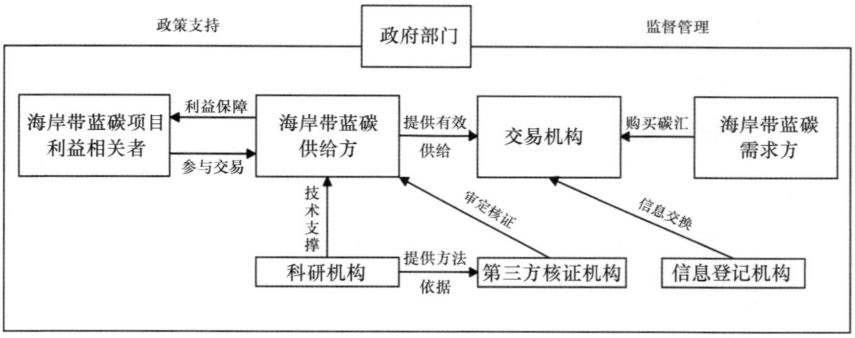

图 5-2　海岸带蓝碳在碳交易市场中的要素形成

（1）政府部门

政府部门是海洋碳汇交易市场运行中“有形的手”，制定规则和秩序，规避市场失灵带来的挑战，化解市场运行中存在的风险[103]。在海岸带蓝碳进入碳市场时，政府部门主要发挥监督管理和政策支持这两个方面的作用。一是为海岸带蓝碳项目开发及交易提供政策支持和法律法规保障。例如，海岸带蓝碳项目开发可能涉及土地的确权和流转，需要确保开发活动在政府部门相关经济规划、空间规划、环境保护规划等规划部署许可范围之内，以及在项目开发初期可能需要政府提供一定的财政支持等。二是明确海岸带蓝碳交易管理机制。从国内外碳交易市场运行的经验来看，政府部门制定碳信用项目认证的规范化流程对保证后续项目顺利开发很有必要，能够计量、报告、核查碳信用核证减排量的可行性。一般而言，政府部门需要通过制定政策、构建管理机制，来打通海岸带蓝碳项目设计、审定、监测、核证、交易的渠道，保障开发海岸带蓝碳项目使用的方法学科学有效，确保第三方核证机构资质完备，引导交易平台为海岸带蓝碳交易提供完备的交易服务。交易发展过程中为了防止发生恶意炒作、无序竞争等行为，政府部门还需要采取相应的监管举措。特别是海岸带蓝碳交易作为碳信用交易，通过抵消机制与政府强制性配额型市场进行连接，需要政府部门规定抵消比例和条件。在这一过程中，推动交易信息和数据的准确和实时记录、信息化管理也是管理机制中的重要环节[16]。

（2）海岸带蓝碳供给方

供给方即海岸带蓝碳项目开发方。目前，对海岸带蓝碳生态系统进行开发的项目是海洋碳汇项目中固碳机理较为明确、技术上较为成熟的一类。根据 2023 年数据资料显示，我国红树林面积约 2.9 万公顷，滨海盐沼面积约 11 万公顷，海草床面积约 1 万公顷，与 20 世纪 60 年代相比，面积有所减少，有大量修复提升的空间。综合各方数据[1]，截至 2024 年，全球红树林面积约为 1 472.56 万公顷，盐沼面积约为 550 万公顷，海草床面积介于 2 660.62 万 ~ 16 467.89 万公顷。海岸带蓝碳生态系统分布面积靠前的国家是澳大利亚、印度尼西亚、墨西哥、美国、古巴、巴西、意大利、俄罗斯、尼日利亚和中国。近年来，我国实施了“南红北柳”和“蓝色海湾”等一系列海岸带蓝碳生态系统保护修复工程，由于其公共属性，社会资本投入不足，由政府部门投入主要的资金，随着海岸带蓝碳交易的推进，这些重大工程有机会实现资金投入多元化。

（3）海岸带蓝碳需求方

需求方为市场的买方，可以是实施强制减排的国际民航组织（International Civil Aviation Organization，ICAO）、自愿参与减排的公司与市场投资者等。一是强制性配额市场中的履约单位，基于政府部门规定的减排配额和抵消比例，在市场中购买所需的碳信用。此需求相对刚性，这些单位是海岸带蓝碳交易中的主要需求方。在我国，强制性配额市场则主要体现为全国统一碳排放权交易市场的建设。二是“自愿加入 + 强制减排”配额市场中的履约单位，例如，美国芝加哥气候交易所（CCX）的运营。排放企业在自愿的基础上作出减排承诺，但减排承诺一经作出便具有强制约束力，类似强制性配额型市场的运行，这些自愿控排的单位也可以通过购买碳信用进行履约[104]。三是其他自愿性市场中具备减排意愿的单位，包括企业、公益组织、个人等，政府部门也有可能参与，例如，澳大利亚政府出资设立减排基金购买碳信用。目前，我国许多企业虽然未纳入全国统一碳排放交易市场控排计划，但也具有减排意愿，想将企业经营活动产生的碳排放用购买的碳信用抵消。

（4）第三方核证机构

海岸带蓝碳项目的碳汇产生量需要第三方核证机构遵循相应的方法学进行审定和核证。审定和核证海岸带蓝碳的机构需要具备专业人才队伍及审定核证经验，并进行相应的资质认定。根据国内外相关机制运行经验，核证机构在核证过程中应明确项目的基准线、减排量计算方法、监测管理计划等，确认项目活动实施和运行情况、监测计划的执行情况以及减排量的计算过程及结果。目前，我国具备海洋碳汇项目审定和核证经验的有中国质量认证中心（China Quality Certification Center，CQC）等单位。

（5）海岸带蓝碳项目利益相关者

海岸带蓝碳项目在开发过程中可能涉及的利益相关者有当地社区、村落及居民。根据马达加斯加等国际海洋碳汇项目开发和交易的运行经验，项目若能充分动员和组织当地社区的力量，为项目决策提供意见，保障项目开发人员需求，将极大地提高项目成功概率。同时，开发项目时也应充分保障当地居民的利益，考虑可能造成的机会成本。海岸带蓝碳项目交易获得的相关收益可能惠及当地居民，使其对反哺和支持项目充满动力。此外，开发海岸带蓝碳项目可以考虑结合海水养殖、生态旅游等产业活动，提升综合效益，更好地推动利益相关者支持和参与。

（6）科研机构

海岸带蓝碳进行交易，以明确公认的固碳机理、科学可行的方法学为重要根据。方法学一般由基准线方法学和监测方法学两部分构成，为项目减排量估算、开展监测等提供方法依据，涉及项目边界的确定、项目期和计入期的确定、基准线情景识别与额外性论证、基准线碳汇量和项目碳汇量计算、减排量计算以及项目活动的监测等内容。目前，国内外海洋碳汇领域已探索开发涉及红树林、海草床、盐沼三大海岸带蓝碳生态系统的方法学，包括海岸带生态系统修复、避免破坏及保护等类型（表5–4）[86]。科研机构进行海洋碳汇相关科学研究和方法学研发，前期需要政府部门的投入和支持，后期的资金支持可能由为市场化的海洋碳汇项目开发提供技术支撑而获得成果转化得来。

表 5–4　海岸带蓝碳系统相关方法学

类别	方法学（编号）	主要适用条件
CDM	退化红树林栖息地的造林和再造林（AR–AM0014）	在退化的红树林地块开展红树林造林和再造林
	在湿地上开展的小规模造林和再造林项目活动（AR–AMS0003）	仅适用于在湿地上开展年碳汇量小于 1.6 万吨的造林和再造林项目，湿地类型包括红树林等潮间带湿地
VCS	REDD+ 方法学框架（VM0007）	适用于计划和非计划的森林砍伐（包括红树林）、计划和非计划的湿地退化、湿地修复活动
	滨海湿地构建的方法学（VM0024）	该方法仅适用美国境内开展的通过底质环境改造、植被恢复（包括草本和红树林等木本植被），或者综合采用两种措施来构建湿地的项目
	潮汐湿地和海草恢复方法学（VM0033）	通过实施湿地构建、恢复，或者改善水文条件、沉积物补充、盐度条件、水质或乡土植被恢复等活动恢复红树林、盐沼和海草床等潮汐湿地，从而实现温室气体净减排或去除

5.3　海岸带蓝碳纳入碳市场的风险评估与管理

当前全球碳交易市场体系尚不完备，市场机制难以发挥出碳汇需求的高效率、低成本优势。同时，全球碳交易体系的不成熟限制了蓝碳项目资金来源的多样性，并且削弱了蓝碳项目保护与开发的活力。此前，政府间海洋学委员会等机构在《海洋及沿海地区可持续发展蓝图》中提出建立全球蓝碳市场的主张，市场是通过保护栖息地创造直接经济收益的手段，但是该设想尚未得以实现[105]。蓝碳交易是全球碳交易的下位概念，全球蓝碳交易市场层面存在与全球碳交易体系相同的问题。概括而言，全球碳交易体系目前至少存在两大缺位：一方面，全球碳交易市场涵盖范围尚有不足，当前非洲、南美洲、东南亚等地区尚无运作良好的碳交易体系，即便像中国这种已经正式启动碳排放权交易市场的国家，海洋碳汇仍然无法进入全国碳交易市场；另一方面，当前国际上已经投入运行的碳交易体系，无论是自愿碳市场还是履约碳市场并未使用统一核算方式和统一定价方法，这在相当程度上干扰了碳汇资金在各地区之间的流转与平衡，削弱了利用全球资本市场实现碳汇项目融资的可能性[106]。

从我国现行管理政策和实际情况来看，蓝碳交易既未建立专业性的交易平台，也未能真正纳入全国碳排放权交易体系。各个开展碳排放权交易试点的省市碳汇交易平台主要交易传统林业碳汇，蓝碳交易试点工作刚刚起步，无论是蓝碳交易的市场建设、蓝碳计量及定价机制，还是具体的交易规范等都基本处于空白的状态，无法与各地碳市场有效衔接。当前蓝碳尚未纳入国家核证自愿减排量（CCER），因此也无法进入全国自愿碳交易市场，大部分事实上的蓝碳项目并未实现碳汇商品化，影响了蓝碳交易项目的长期稳定发展，同时也成了蓝碳纳入碳交易市场的最大障碍，而各个蓝碳分布地区自建区域平台开展的蓝碳交易又普遍存在总量低、交易规模小等问题。未来只有建立了全国性的蓝碳交易市场，设立了合适的蓝碳产品计量和定价机制后，海岸带蓝碳开发才会成为符合经济系统运行规律的、具有经济价值的高效生产活动，海岸带蓝碳生态系统的生态系统服务功能才能得到最大限度的维系与增进[22]。

根据 2016—2017 年的数据测算结果，我国海岸带蓝碳生态系统面积在全球排名第 10 位，年碳封存量排名第 21 位，但海岸带蓝碳价值的代表性指标——碳交易价格和碳税价格的排名分别仅为第 27 位和第 39 位，资源禀赋与价值的匹配度较低。除了我国，亚洲国家普遍存在海岸带蓝碳价值与资源禀赋匹配度较低的问题，如马来西亚、缅甸、泰国和菲律宾等，而北美洲和欧洲国家，如美国、墨西哥、俄罗斯、法国、意大利和西班牙等国家则拥有较高的海岸带蓝碳价值（见表 5-5）[29]。在我国进行蓝碳交易和合作时，海岸带蓝碳价值较低这一大劣势就会产生较大的影响，造成这一现象的主要原因是目前我国碳交易市场不完善、碳价太低等。同时，也正是由于海岸带蓝碳价值低这一问题，导致以我国为代表的亚洲各国丧失了在碳市场定价权上的主动权，而拥有先进、成熟的蓝碳交易机制和市场的欧盟、北美洲国家掌握了全球碳交易市场中的定价权。因此，为了在日后争取定价权时占据有利地位，处于劣势的各国可以联合起来提高自身在蓝碳国际交易与合作中的影响力。

表 5–5　部分国家的蓝碳生态系统面积、碳埋藏量和蓝碳价值

国家	海草床面积 / $\times 10^3$ hm^2	盐沼面积 / $\times 10^3$ hm^2	红树林面积 / $\times 10^3$ hm^2	碳埋藏量 / （$\times 10^3$ t · a^{-1}）	蓝碳价值 – 碳交易价格 / （$\times 10^3$ 美元 · a^{-1}）	蓝碳价值 – 碳税价格 / （$\times 10^3$ 美元 · a^{-1}）
澳大利亚	8 301.30	1 362.04	972.91	13 519.73	819 926.69	154 417.87
印度尼西亚	293.46	—	2 669.49	19 596.61	457 711.57	223 825.99
墨西哥	957.74	282.65	971.75	2 436.23	160 046.83	172 080.11
美国	1 450.65	325.27	197.86	2 917.96	191 694.00	206 106.71
古巴	1 607.30	—	336.16	2 787.80	183 143.03	196 912.83
巴西	—	5.99	1 096.48	3 077.86	202 198.04	75 424.57
意大利	903.06	42.85	—	1 319.06	135 084.98	204 232.60
俄罗斯	49.22	700.72	—	1 219.49	90 748.67	188 816.59
尼日利亚	—	—	692.77	563.43	13 159.91	16 527.36
中国	9.15	551.38	15.92	626.07	14 622.97	7 150.79
马来西亚	4.90	—	513.26	7 904.27	184 617.37	90 279.92
缅甸	0.43	—	498.41	825.71	19 285.83	9 430.98
巴布亚新几内亚	11.72	—	481.12	2 147.84	130 259.55	24 531.95
孟加拉国	—	—	410.86	140.92	3 291.51	1 609.59
委内瑞拉	127.24	—	283.49	1 023.82	67 259.16	25 089.23
印度	51.66	—	351.01	772.96	18 053.88	8 828.54
莫桑比克	72.80	—	300.28	340.29	7 948.05	9 981.85
西班牙	275.93	92.99	—	444.50	45 521.04	68 822.45
菲律宾	97.80	—	269.36	2 919.28	68 184.75	33 343.09
巴哈马	225.05	—	97.41	472.07	31 012.42	33 344.13
伊朗	271.43	—	7.83	377.40	8 814.85	4 310.56
哥伦比亚	43.35	—	230.23	1 288.77	84 665.25	31 582.11
法国	103.90	80.08	86.09	330.54	33 850.81	51 178.44

另外，随着国际气候变化谈判的深入，欧盟、美国等会注意到我国蓝碳市场存在巨大的套利空间，若不加以管控，大量国际资本也会涌入我国蓝碳市场。此外，过度投机事件的发生也会导致我国蓝碳交易价格波动大于预期，利益相关方的供给能力、交易动机等差异也将使蓝碳价格出现非周期性波动，各交易主体也会根据市场上的可获信息集合以及突发事件等外部因素调整决策，且交易主体间的信息交换并非简单的线性关系，相互影响也并非被动、单向因果关系[107]。这些都会引起蓝碳交易价格的大幅波动，造成海岸带蓝碳进入市场面临较大的风险和挑战。

现阶段我国蓝碳领域的国际合作较少。由于受到蓝碳数据方面的限制，相比于一些欧美国家，以及澳大利亚、沙特阿拉伯等国家，我国蓝碳基础数据严重匮乏，这直接制约了我国参与国际蓝碳事务。其中的问题包括：在谁有资格进行蓝碳监测调查评估方面，存在着职责不清、建设思路不统一的问题；对蓝碳资源退化可能造成的负面影响尚无较全面的量化研究，研究者在进行蓝碳测量中采用不同的方法且参数估计不统一，使估算结果存在一定的差异性[108]；我国不同区域的蓝碳估算及不确定性分析研究较为缺乏[3]；在人类活动及气候变化的影响下，对我国蓝碳的生物地球化学循环仍有待深入探讨[109]；运用蓝碳估算公式时未灵活考虑假设条件和适用范围；等等。海岸带蓝碳必须符合可识别监测、可溯源量化以及符合额外性原则等特征才能够通过交易实现生态产品 / 服务价值，因此科学的价值核算是实现蓝碳资源资本化闭环的基础。为保证海岸带蓝碳项目所产生的碳信用额度符合碳汇核证要求，在整个海岸带蓝碳产品 / 服务开发的生命周期中都需要形成完备的监测、报告、核查标准和评估规程，对项目范围内海岸带蓝碳资源及其生态系统的固碳底数、碳汇增量、生物量变动以及其他生态服务进行动态监测。此外，各国经济、文化、政治、社会和法律制度的差异也制约着蓝碳国际合作发展。研究表明，一个国家只靠自身无法实现超过 40% 的碳减排目标[59]，国际合作才是实现碳减排目标的主要途径。因此，亟须解决多种蓝碳国际合作制约问题以应对气候变化。

虽然目前可以根据项目所处的发展阶段以及项目能够提供的生态产品 / 服务类型，差异化地选择对应的交易机制，但是不同交易机制的互认互通仍存在限制和壁垒。交易机制选择的多样性以及机制间的互认互通障碍，可能导致对不同机制下的供需误判，从而影响投资主体的策略组合，制约蓝碳市场规模及其有效性[110, 111]。具体来说，由于生物碳汇具有管理流程烦琐、技术普及难度高、开发成本高以及现货周期长等特征，主体对交易机制的选择和该交易机制下碳汇需求空间可能存在误判，而行为决策的偏差使得已完成大量前置投入的碳汇供给无法被市场消纳，造成供需失衡，很可能拉低交易价格，降低市场活性，阻碍发展潜力[5]。

从国际层面来看，蓝碳生态系统退化严重，这一情况事实上减损了蓝碳概念提出的必要性。蓝碳概念的提出旨在引起人们对海洋和沿海生态系统退化的关注，强调保护和恢复海洋与沿海生态系统以减缓气候变化，以及海洋与沿海生态系统为其他生态系统提供服务的必要性[112]。虽然国际社会已经公认沿海生态系统具有强大的碳汇能力，大量的研究成果也证明了蓝碳保护的科学性与可行性[113]，但是近年来受到填海造地、航道规划、工业生产和滨海旅游等人类活动影响，沿海的蓝碳生态系统却在快速消失。据估计，每年全球蓝碳系统退化 0.7% ~ 7.0%，这将会向大气释放 1.5 亿吨至 10.2 亿吨碳[98]。从国内层面来看，受海岸带开发活动的影响，我国红树林等滨海湿地资源丧失和退化严重。在 20 世纪 50 年代，我国尚有超过 4.0 万公顷红树林，而到 2001 年我国红树林面积仅存 2.2 万公顷[114]。红树林资源的丧失也推动了红树林植被恢复的开展，2019 年，我国红树林面积增加至 2.9 万公顷，但也仅占 2012 年全球红树林面积（818.5 万公顷）的 0.35%；李森等估算人工红树林生态系统的固碳能力为 6.71 t /（hm^2 · a），意味着到 2025 年我国新完成种植的 9 050 公顷红树林年减排量仅为 22.2 万公顷 CO_2[20]。截至 2023 年 10 月，我国各地推动红树林碳汇交易项目情况如表 5-6 所示[107]。红树林通过生物量累积和土壤碳埋藏作用固定有机碳，而盐沼和海草床的固碳主要依赖于土壤的碳埋藏，其固碳能力相比红树林更低。因此，对于小规模的滨海湿地生态修复项目，如果碳汇项目不能维持高的交易单价，其收益可能无法支付项目开发的成本。

表 5-6　我国各地已落地的红树林碳汇交易项目

交易时间	交易内容	交易主体
2021 年 6 月	广东省湛江市红树林造林项目碳排放量转让协议	自然资源部第三海洋研究所、广东湛江红树林国家级自然保护区管理局和北京市企业家环保基金会三方联合签署
2021 年 9 月	泉州市洛阳江红树林碳汇交易项目	兴业银行厦门分行以厦门产权交易中心（厦门市碳和排污权交易中心）为交易平台购入

续表

交易时间	交易内容	交易主体
2022 年 12 月	海南省临高县林业碳汇交易暨碳汇项目中所涉红树林碳汇量	海南省林业局，中共临高县委、县政府和海南福山油田勘探开发有限责任公司，华能海南发电股份有限公司清洁能源分公司等相关企业联合签约
2023 年 6 月	浙江省苍南县红树林蓝碳交易	苍南县沿浦镇人民政府和远景（苍南）新能源有限公司
2023 年 9 月	深圳市福田红树林自然保护区第一监测期内红树林保护碳汇量	广东内伶仃福田国家级自然保护区管理局委托深圳交易集团有限公司开展竞拍，由深圳市家化美容品有限公司拍得

促进海岸带蓝碳交易发展是一项复杂的系统性工程，需要统筹规划、重点突破、分步实施，从理论、机制、技术、资金、社会、法律层面全方位推进，处理好国家与地方、政府与市场的关系，提升海岸带蓝碳项目的增汇效益、生态系统服务效益以及社会效益，探索与国际规则对接、适应我国国情的发展道路。结合国际经验和我国现实情况，可以采取以下发展策略。

（1）深化科学研究，提高技术水平

进一步加强对海岸带蓝碳的科学研究工作，系统组织开展海岸带蓝碳基础研究、战略研究和实践探索，建立具有中国特色的海岸带蓝碳大数据综合管理平台。针对典型的红树林、盐沼、海草床生态系统构建滨海湿地碳通量监测网络，查明自然循环中的碳通量、时空演变与受控机制，深入开展互花米草等外来物种碳汇效应研究。加强海岸带蓝碳交易决策咨询，研究完善国家、区域、项目不同尺度下海岸带蓝碳核算方法，加快制定相关标准，支持开展海洋绿色金融研究和海岸带蓝碳产权权属管理研究。对制约中国实现海岸带蓝碳交易市场化的重大科技问题，可以通过加强自然资源部相关科研单位与相关科研院所及高校的合作交流等方式，协作共进，联合攻关。鼓励并推动中国相关机构和人员加强与有关国际组织、国家、机构等在交易机制、方法学、碳汇潜力挖掘等方面的合作交流，不断提升中国海洋碳汇相关的技术水平和能力。同时，还要注重加强与国内林业碳汇等其他类型碳汇交易机构、人员等的合作交流与研讨，积极探索关于海洋碳汇市场构建、交易等方面的技术、方法、人才的合作交流，推动海洋碳汇交易市场的建设。

（2）加强组织领导，完善体制机制

加强组织领导，将海岸带蓝碳交易纳入国家和地方发展规划，发挥中央、地方、企业在碳交易市场中的不同作用，加强海岸带蓝碳交易试点、规划、评审等方面政策的支持和引导。研究制定统筹推进海岸带蓝碳交易发展的有关行动计划，从组织管理、科学研究、标准规范、重点领域、交易渠道等方面明确海岸带蓝碳交易发展的方向。海岸带蓝碳项目开发和交易遵循自然资源管理部门、生态环境管理部门等政府部门管理，由于涉及用地、用海，当地既有产业和居民活动等诸多利益相关者，要将海岸带蓝碳纳入海岸带发展规划、海洋空间规划、海洋经济发展规划等规划体系，将海岸带蓝碳交易发展与海洋空间资源集约节约利用、海洋生态环境保护修复工程项目、海洋生态系统监测评估、海洋产业优化布局和低碳发展等事项结合起来，系统谋划、统筹推动，优化各方面资源配置。不同地区的海岸带生态资源禀赋各具特色，建议推动沿海地方因地制宜地开展实践，加强海岸带蓝碳相关调查评估、监测、核算工作，重点推进增汇潜力较大、条件相对适宜的区域，积累海岸带蓝碳项目开发、交易机制、方法技术等方面的经验，推动出台相关保障措施，保护和发掘海岸带蓝碳项目的生态系统服务价值。

（3）建立风险防控机制，创新金融服务

海岸带蓝碳交易的主要风险包括自然风险、市场风险、政策风险等。建立良好的风险机制能有效规避交易过程中的多项风险，建议从以下几个方面建立风险机制。首先，做好风险分析等工作，建立良好的风险预警机制，确立海岸带蓝碳交易的具体风险因素组成，分析不同因素的影响机理，制定好风险预警方案，建立有效的风险预警机制。其次，完善市场要素，做好稳定发展工作，确保交易制度的明晰化、标准化，从而降低交易过程的不确定性，同时建立规范、完善的法律体系，保障买卖双方各自的利益。此外，还要做好海洋资源环境维护等方面工作，从而促进市场的稳定发展。最后，发展海岸带蓝碳保险相关业务，依靠保险市场降低风险的影响程度。金融是实体经济的“血脉”，建议积极引导金融机构加大对海洋碳汇交易的支持力度，创新发展碳金融工具，推动信贷、基金、债券、资产证券化等多元化金融服务。发挥开发性金融、政策性金融引导作用，促进商业银行持续优化服务，鼓励银行业金融机构积极探索海洋碳汇碳信用抵 / 质押贷款等特色金融产品 [115]。

5.4　利益相关者参与的交易机制

利益相关者参与海岸带蓝碳交易时的交易机制可以根据项目建设所处的发展阶段以及项目能够提供的生态产品 / 服务类型进行差异化安排。首先，依据核心交易标的物是否为碳汇，可将交易机制分为基于碳的直接交易和非碳的间接交易。随后，根据参与交易的主体类型和交易动机的不同，可将基于碳的直接交易分为自愿市场、履约市场和普惠市场；依据资本运营模式的不同，可将非碳的间接交易分为国际气候资金机制、绿色金融服务创新、产权权能交割以及产业化运营（见图 5-3）[5]。

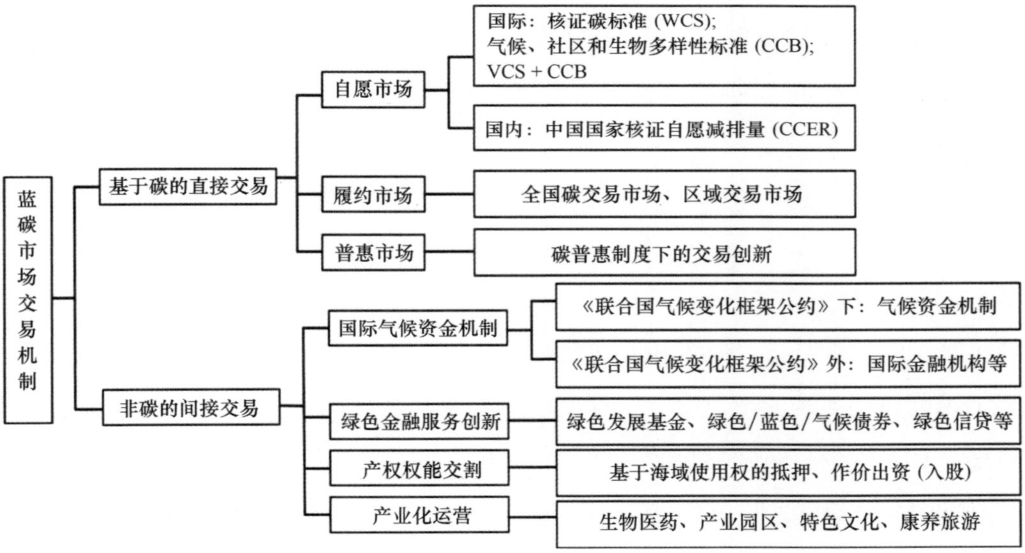

图 5-3　蓝碳市场建设过程中可选择的交易机制

5.4.1　基于碳的直接交易

引入碳交易机制被认为是利用市场手段来实现减排成本最低、效率最明确的减缓气候变化行动方案，不仅能够运用资本市场解决碳资源需求，还能够为生态系统增汇行动提供融资渠道 [116, 117]。因此，将海岸带蓝碳等海洋碳汇纳入应对气候变化背景下的碳交易体系，是目前补齐海洋碳汇交易环节、实现海洋碳汇资源资本化闭环最直接的路径。碳汇供给方通过投资增汇活动产生的碳汇指标，能够出售给碳汇需求方来中和抵消对方自身的碳排放量。大多数学者支持将海洋碳汇纳入现有碳交易体系，刺激增加对沿海栖息地保护的投资，但就具体交易机制的选择存在不同的观点[118, 119]。根据参与交易的主体和动机的不同，可以将可供选择的交易机制分为自愿市场、履约市场和普惠市场。

（1）自愿市场

自愿市场以生态补偿为支点，助力海洋碳汇生态产品价值实现，为蓝碳项目的碳信用开发和交易协定提供了良好的实践机会，其相较于履约市场具有交易灵活、抵消比例不受限、成本低、潜力大等优势。自愿市场下的买家主要是自愿抵消碳排放的环保企事业单位等非碳市场控排企业，当这些单位或机构承诺减排或碳中和目标后，如果无法通过自身减排方式实现预期目标，可以通过在自愿市场购买碳汇的方式抵消其排放；其卖家可以是红树林保护区、国家湿地公园的管理单位、拥有小规模蓝碳资源的当地社区、海洋碳汇项目开发单位等。在自愿市场中，卖方的海洋碳汇生态产品通过官方核证后在市场中进行交易，其交易所得可以作为海岸带蓝碳资源保护和恢复的资金来源，形成海洋生态保护与固碳的良性循环。目前，国际碳市场正处于由《京都议定书》清洁发展机制（CDM）中的经核证减排量（CER）交易向《巴黎协定》中的可持续发展机制（Sustainable Development Mechanism，SDM）交易转换时期，尽管新形势下国际碳市场交易规则尚不完善，但蕴藏着巨大的市场潜力[120]。国际自愿碳市场上存在不少与蓝碳相关的方法学和认证标准，例如，政府间气候变化专门委员会（IPCC）发布的《红树林碳汇计量方法》，核证碳标准（VCS）发布的《潮汐湿地和海草恢复方法学》，以及气候、社区和生物多样性（CCB）联盟开发的项目设计标准等。我国广东省湛江市红树林造林项目就是国内首个按照 VCS 和 CCB 双标准进行开发，并成功注册实现交易的蓝碳项目，为我国海岸带蓝碳交易示范提供了良好的实践案例[121]。以清洁发展机制（CDM）、核证碳标准（VCS）、黄金标准（Gold Standard for the Global Goals，GS）为代表的国际自愿减排体系，为涵盖生态系统碳汇的自愿减排项目创造了完善的机制体系，并作为国际上具有极高环境和社会公信力的机制得到多数国家的认可和积极参与（见

表 5–7）[122]。

表 5–7 国际自愿减排机制特点对比

	清洁发展机制（CDM）	核证碳标准（VCS）	黄金标准（GS）
管理方	联合国 CDM 执行理事会	非营利性组织 Verra	非营利性组织 GS 基金会
原则	涉及的缔约方均自愿为减缓气候变化带来好处；温室气体减排量具有额外性	唯一编号的、独立核验的、永久的、谨慎的、真实和可测量的、额外的	为气候安全和可持续发展作出贡献；安全保障原则；利益相关者包容；实际成果展示；财务额外性
涉及温室气体的范围	二氧化碳、甲烷、氧化亚氮、氢氟碳化物、全氟化碳、六氟化硫	二氧化碳、甲烷、氧化亚氮、氢氟碳化物、全氟化碳、六氟化硫	二氧化碳、甲烷和氧化亚氮
适用行业	能源、制造、化工、交通、造林与再造林等 15 个行业	建筑、运输、农业、林业和其他土地利用（AFOLU）相关 15 个行业	土地利用、林业和农业，能源效率，燃料转换，可再生能源等 8 个领域
适用方法学	40 余个自主开发的方法学以及符合条件的 CDM 等其他国际减排机制方法学	270 多个方法学	39 种 GS 方法学及符合条件的 CDM 方法学
机制特点	项目额外性、可持续性要求高；方法学及验证体系完善	可持续性、审定与核查相对简化；项目披露透明度高	对项目可持续性方面管理严格；对项目缓解环境负面影响措施的监测要求高

CDM 是根据《京都议定书》第 12 条建立的发达国家与发展中国家合作减排温室气体的灵活机制。它允许工业化国家的投资者在发展中国家实施有利于发展中国家可持续发展的减排项目，从而减少温室气体排放量，以履行发达国家在《京都议定书》中所承诺的限排或减排义务。VCS 是目前国际应用最广泛的自愿减排机制，由独立的非营利性协会管理。该机制旨在建立高透明度的减排标准，推动和促进减排技术创新，避免温室气体减排重复计算，并建立了 VCS 标准、独立审计、方法学和注册登记系统等关键要素，经该机制签发的产品为核证碳单元（Verified Carbon Units，VCUs），属于自发性市场的自愿减排产品。GS 于 2003 年启动，旨在通过强有力的标准和核证的影响，推动实现可持续发展目标，为符合要求的项目提供关于项目、影响、产品的认证与声明，并认证可转让、可交易的产品。

（2）履约市场

履约市场提供价格指引，促进控排企业低碳转型升级。相比于当前规模小、履约市场价格低的自愿碳市场，更具规模效益的蓝碳交易路径是通过抵消机制纳入仍在不断完善中的配额交易市场[123]。履约市场是我国当前碳交易的主要实施平台，该市场中的卖方与上述自愿市场中的卖方无明显差别，但海岸带蓝碳买方主要是被纳入配额市场需要强制性履约的排放企业，这类主体常常面临着依靠自身减排努力难以应对履约压力的情况，需要通过购买一定量的碳信用实现配额清缴。当前，履约市场设置了严格的要求和较高的门槛来筛选可纳入交易的碳汇产品，为减少海洋碳汇生态产品进入履约市场的阻力，应完善国家核证自愿减排量（CCER）体系，适当减少抵消比例限制。2020 年 12 月，生态环境部发布了《碳排放权交易管理办法（试行）》，有关抵消机制的规定为包括蓝碳在内的生态系统碳汇增量通过抵消机制纳入全国碳市场释放了积极的政策信号。履约市场是由国家管控，其交易可在国家的监管下，充分发挥碳市场的价格信号功能，在不断完善碳价格指数的同时，进一步反映不同时期碳市场价格的变化趋势，为自愿市场和普惠市场提供价格指引。此外，控排企业间的碳排放权交易，可以让企业通过衡量企业转型与购买碳排放权的成本差异，形成“绿色低碳”企业有盈余、“落后高碳”企业有缺口的市场供需格局，促进企业低碳转型升级[40]。

（3）普惠市场

碳普惠制一般是指为小微企业、社区、家庭和个人的节能减排行为进行具体量化和赋予一定价值，并建立以政策鼓励、商业激励和碳减排量交易相结合的正向引导机制。目前，我国多省均在探索创新碳普惠的有效实现路径，例如，上海探索建立的区域性个人碳账户、广东省上线的首个城市碳普惠平台、阿里巴巴集团旗下的“蚂蚁森林”、北京市的“我自愿每周再少开一天车”活动等均是碳普惠的成功案例，为海岸带蓝碳价值实现提供了普惠市场经验。清华大学“中国绿色创新夏季学院”项目的创新团队针对生态友好型海洋牧场的融资困难问题，设计了基于碳普惠制的“海星海洋”创新方案，对于探索碳普惠制在可持续渔业场景下的应用迈出可喜的一步，未来市场上有可能出现更多碳普惠制下的蓝碳交易案例[124]。为推动普惠市场的良性运行，应利用大数据、区块链等技术建立普惠市场运行平台，开设个人海洋碳账户，包含碳排放场景应用、数据采集核算以及积分跨界兑换等碳减排体系，与日常生活进行绑定。同时，推动海洋碳账户与商业应用场景关联，碳积分不仅可以兑换景区门票、酒店、餐饮等优惠券，还可以兑换海洋工艺品、食用品等海产品，带动海洋相关产业发展，实现海洋碳汇生态产品经济效益、生态效益、社会效益的协同发展。此外，可借鉴“蚂蚁森林”模式，公众凭借个人海洋碳账户积分在红树林、盐沼等生态保护区认领植被和捐种，保护海洋生态。普惠市场的构建需要国家政策的支持和科普宣传教育，鼓励社会公众积极行动，共建节能减排、绿色环保的新型环境友好型社会[40]。值得注意的是，大部分蓝碳开发的固定成本是在项目登记之前发生的，而碳收入只有在项目注册和市场交易后才能获得，高昂的认证费用可能对项目构成另一个挑战，为了支付交易成本，项目必须达到一定规模才能产生足够的信用额度，这意味着小型碳汇项目面临很大的资金压力，特别是对发展中国家的小型项目，需要出台合适的政策提供支持[125，126]。

5.4.2　非碳的间接交易

蓝碳资源在资本化过程中，其资本属性显现，各类气候资金机制和金融工具能够出现在蓝碳市场中，得益于市场机制将生态资本变为一种新的投资领域，基于蓝碳的气候资金支持和金融创新将对市场主体产生极大的充实丰富作用，通过连贯的政策体系谨慎调配公共资本，也将为蓝色经济领域催化和激发更多的私人资本进入。

《联合国气候变化框架公约》（UNFCCC）下的“议定书”和“协定”为蓝碳项目资金支持提供了丰富的机制选择，包括适应基金（Adaptation Fund，FA）、绿色气候基金（Green Climate Fund，GCF）、全球环境基金（Global Environmental Facility，GEF）、最不发达国家基金（Least Developed Countries Fund，LDCF）和特别气候变化基金（Special Climate Chang Fund，SCCF）等专业气候资金[127]。近年来，这些国际气候融资渠道已经支持了许多的海洋气候项目，如塞内加尔脆弱地区社区适应海岸侵蚀的项目、古巴基于生态系统的适应以减少沿海粮食供应脆弱性的项目、印度有关保护和恢复红树林和海草床以提高沿海社群恢复能力的项目等。蓝碳项目资金支持的重要来源还有 UNFCCC 框架以外的国际多、双边气候投融资机制，如多、双边开发银行和发展金融机构提供的气候发展融资等。以亚洲开发银行为例，2019 年，该银行宣布了健康海洋和可持续蓝色经济行动计划，预计到 2024 年，海洋健康和海洋经济项目的融资和技术支持将增加到 50 亿美元。在该行动计划中，“保护和恢复沿海和海洋生态系统以及关键河流”是重点领域之一[128]。

（1）绿色发展基金

绿色金融服务创新包括绿色发展基金、绿色债券、绿色信贷、绿色保险等。蓝碳项目以轻资产为主，绿色发展基金更适合投资周期长、回报率较低的生态保护修复领域，可以长期为海岸带蓝碳项目提供从项目建设到运营的稳定的资金支持。通过构建不同结构的绿色发展基金，包括中央财政专项支持、地方政府和社会资本支持、社会资本和国际资本支持等多种渠道，深化政府和社会资本合作模式，并鼓励沿海各地方政府通过放宽市场准入、完善公共服务定价、实施特许经营模式和落实财税土地政策等措施，完善收益和成本风险共担机制，支持由绿色发展基金做投资的蓝碳项目落地。

（2）债券

债券是一种常见的获得投融资的机制，能帮助投资者免于面临较高的兑付风险，在不改变自身内部结构的前提下，发行方能够获得较低成本代价的资金支持。其中，绿色债券一般指的是其收益用于为具有明显环境效益的项目融资或再融资的债券，蓝色债券专门支持那些有助于蓝色经济的可持续活动，气候债券则侧重于气候缓解和/或适应投资[47]。塞舌尔推出了10年期1 500万美元的“塞舌尔蓝色债券”；北欧投资银行发行了5年期20亿瑞典克朗（2亿美元）的蓝色债券，用来保护和修复波罗的海[48]；中国银行2020年9月定价发行双币种蓝色债券，是中资及全球商业机构首支蓝色债券[129]。尽管境内贴标绿色债券募集资金目前在生态保护和适应气候变化领域只投入了3%[130]，但能够预见的是，未来蓝色债券将为蓝碳保护和修复领域带来更多的资金活力。当然，由于相关蓝色债券标准和认证体系尚不完善，在蓝色债券发行时仍然需要积极防范项目“漂蓝”等风险。

（3）绿色信贷

绿色信贷作为绿色项目融资的重要渠道，可利用金融杠杆对资金进行筹集和分配，调控信贷资金流向实体经济，推动绿色转型升级。根据中国人民银行《绿色贷款专项统计制度（2019年版）》的规定，国内绿色信贷业务主要投向节能环保、生态环境、清洁生产、基础设施绿色升级、清洁能源及绿色服务等绿色产业领域。目前，绿色交通和可再生能源领域仍然是国内绿色信贷募投的重点，但部分绿色金融改革创新试验区已经开始结合所在地产业发展特色及产业支持政策，创新绿色信贷产品，扩大绿色信贷范围[131]。广州市开创性地建立以碳排放权为质押物的融资机制和实施标准，构建基于林业碳汇的生态补偿机制[132]。部分地区也开始尝试特许经营权质押、林地经营权质押、公益林和天然林收益权质押等信贷担保方式的一系列创新方式，未来自然保护和生态修复行业将会受到更多资金投资，尤其是具有多重效益优势的蓝色领域。

（4）绿色保险

绿色保险是市场机制下进行环境风险管理的基本手段，能够在支持环境改善、应对气候变化和资源节约高效利用等方面提供保险风险管理服务及保险资金支持[51]。基于蓝碳项目风险管理开发的绿色 / 蓝色保险项目也可以成为海洋生态系统保护和恢复工作的良好资金来源。太平洋共同体和联合国太平洋地区普惠金融方案目前正在研究为太平洋岛国设立渔业保险方案的可能性；加拿大、安盛集团（AXA）和海洋联合组织（Ocean Unite）共同成立了海洋风险与复原力行动联盟（ORRAA）。尽管绿色保险具有长足的发展潜力，但在我国尚处于起步阶段，巨灾指数保险、船舶污染责任保险、海水养殖气象保险、碳保险等产品的开发和运营为更多基于海洋生态保护和修复领域的产品创新提供了良好、丰富的实践经验，未来需要汇集公共部门、私营部门和社会组织，整合来自海洋界、气候界、保险业和更广泛金融界的经验和专业知识，制定有关蓝碳发展的风险管理战略和政策支持体系，引导和激励更多规范的绿色 / 蓝色保险产品创新。

第 6 章　海岸带蓝碳市场交易机制构建

6.1　构建海岸带蓝碳市场交易机制的意义

我国海洋碳汇潜力巨大，在近海的生态系统中，红树林、海草床、盐沼等以不到 0.5% 的海床覆盖面积，构成了海洋沉积物中 50% 以上的碳储存量[133]。受纬度地带性影响，各海域情况不尽相同，各地生态系统的碳储量及碳汇功能存在一定差异。自《哥本哈根协议》（*Copenhagen Accord*）和《京都议定书》相继生效以来，低碳经济已成为当前国际经济发展的主流方向。为推进国内海洋碳汇开发，我国越来越关注海洋在增加碳汇、缓解气候变化影响方面的重要作用，密集出台多项支持海洋碳汇开发的政策，国内各个沿海省市纷纷加大海洋碳汇的开发力度，积极构建海洋碳汇信息共享平台、建设海洋碳汇交易平台。由于海洋碳汇交易尚未纳入全国碳排放权交易市场体系，相关实践目前仍以地方先行先试为主，探索在蓝碳交易试点开辟出新的发展路径。因为我国蓝碳市场建设正处于试点阶段，缺乏相关的实践经验，加之现有研究成果尚不足以为蓝碳交易机制的构建提供较为全面的理论指导，以致相关实施机制的配套未成体系，而成为制约我国海洋蓝碳市场建设的制度难题。因此，构建海岸带蓝碳市场交易机制具有重大意义。

（1）积极落实“双碳”战略

2021 年 3 月 15 日，习近平总书记主持召开中央财经委员会第九次会议并发表重要讲话强调，实现碳达峰、碳中和是一场广泛而深刻的经济社会系统性变革，要把碳达峰、碳中和纳入生态文明建设整体布局。海洋作为全球最大的二氧化碳吸收汇，是碳循环的重要组成部分，发展海洋碳汇已成为全世界减缓和适应气候变化的重要举措。党的十八大以来，党中央、国务院高度重视蓝碳经济发展，作出了“增加海洋碳汇”“探索建立蓝碳标准体系和交易机制”等一系列部署。党的二十大报告中明确提出“发展海洋经济，保护海洋生态环境，加快建设海洋强国”“完善碳排放统计核算制度，健全碳排放权市场交易制度”。因此，构建海岸带蓝碳市场交易机制，作为贯彻落实党中央战略部署的重要行动的具体实践，对助力实现“双碳”目标具有重要意义。

（2）规范海岸带蓝碳市场交易行为

随着国家对海洋碳汇开发的重视及多项支持海洋碳汇开发政策的出台，国内各个沿海省（自治区、直辖市）积极成立海洋碳汇交易服务平台；以地方先行先试为主，完成了海南、广西、福建等地海洋碳汇交易项目；积极探索海洋碳汇核算与交易前期研究及标准设立。具体到蓝碳市场交易机制研究方面，我国学者提出了宏观构想，但仍缺乏针对蓝碳交易中交易原则、信用及其核证流程等具体事项的研究，未能用于指导蓝碳市场交易行为。总体而言，当前我国的蓝碳市场仍处于萌芽状态，海岸带蓝碳纳入全国碳市场处于探索阶段。推动海岸带蓝碳纳入我国碳市场，进一步研究明确海岸带蓝碳市场交易机制，是统一规范海岸带蓝碳市场交易行为的重要保障。

（3）助力蓝碳产业化加速发展

目前在我国，一个多层次、多元化的碳汇交易市场正在构建，随着《碳排放权交易管理暂行条例》的正式印发实施，碳排放权市场交易制度被首次以行政法规的形式明确，碳产业化正逐步发展。充分挖掘海洋资源优势，围绕海洋生态系统开展的进一步激发国内蓝碳碳汇潜力，提高海洋碳汇价值的市场化程度等一系列活动，正推动蓝碳朝产业化发展。从我国碳市场发展历程来看，蓝碳交易工作起步相对较晚，海岸带蓝碳作为其中的主要部分，也正朝着助力蓝碳交易市场建立及蓝碳产业化的方向发展。海岸带蓝碳交易机制的建立，从经济激励到政策支持，再到技术创新和国际合作，都有助于蓝碳项目的发展和场景应用，对蓝碳产业化加速发展产生重要影响。

6.2 海岸带蓝碳市场交易机制设计原则

（1）独立性原则

当前，我国温室气体自愿减排机制已获重新启动，并与全国碳排放权交易市场联动挂钩，并明确经温室气体自愿减排机制核证的温室气体减排量可供重点排放单位清缴其碳排放配额。温室气体自愿减排机制涉及能源产业、能源分配、能源需求、制造业、林业、农业等多个领域，其中包含红树林等海岸带蓝碳领域，但难以全面支持海岸带蓝碳资源开发和利用。

构建海岸带蓝碳市场交易机制可对标现有温室气体自愿减排机制，从搭建一套与温室气体自愿减排机制并行的独立管理体系的角度出发，聚焦海岸带蓝碳资源，以项目为主体，设计涵盖蓝碳方法学准入、项目开发、评估、登记、交易、管理等一系列功能的管理体系，以最大化支撑海岸带蓝碳项目的开发和应用。

（2）自愿性原则

海岸带蓝碳市场交易机制可遵循国内外自愿减排机制的内涵，以自愿性为原则，以鼓励项目参与方加强对蓝碳资源保护为目的，由项目参与方结合项目自身情况开展海岸带蓝碳开发和交易，并基于此获得交易收益，作为提升海洋生态系统固碳水平行为的经济回报。在此过程中，承担购买方角色的交易主体主要基于体现社会责任、实现碳中和目标、承担环境损害赔偿司法责任或公益等目的，自愿购买符合自身需求的蓝碳产品。此外，结合《碳排放权交易管理暂行条例》中提出的“重点排放单位可以按照国家有关规定，购买经核证的温室气体减排量用于清缴其碳排放配额”，海岸带蓝碳市场交易机制寻求与全国碳排放权交易市场联动挂钩具有可行性，由重点排放单位结合自身履约需求，自愿购买海岸带蓝碳，促进蓝碳协作保护机制与碳交易管理机制有序融合。

（3）科学性原则

海岸带蓝碳项目的固碳机理具有较强的理论性、专业性、科学技术性，其固碳量的科学核算是海岸带蓝碳市场交易机制有序运行的技术基础。开展蓝碳交易的项目需要具备合法合规、真实已发生、可识别监测、可溯源量化、可报告核证等特征，并符合一定的项目额外性，在开发管理的过程中需考虑碳泄漏、碳逆转等情况，使用谨慎的价值评估程序，确保核算的碳汇量不被夸大。其中，额外性作为国内外温室气体减排机制的核心概念和要求，可保障温室气体减排项目对气候贡献的真实性和有效性，是保障机制完整性、科学性和可持续运行的重要基石。但国外自愿减排机制中的额外性论证往往过于复杂，容易导致开发成本高、效率低等问题。

海岸带蓝碳市场交易机制可结合蓝碳领域项目类型特点，设置适当的额外性要求及论证工具，在保障海岸带蓝碳市场交易机制项目真实、科学、有效的前提下，适当简化额外性论证要求，提升海岸带蓝碳项目开发效率。

（4）透明化原则

海岸带蓝碳市场交易机制在涉及蓝碳方法学准入、项目开发、评估、登记、交易、管理等一系列过程中，应强化信息披露制度，尽可能地公开披露机制管理规则、操作指南、技术标准等相关文件、项目设计文件、监测文件、审定核证文件等项目数据情况、蓝碳项目登记及交易等信息，强化社会及利益相关方主体对蓝碳项目信息的了解，充分保障项目真实性和科学性，以有助于海岸带蓝碳项目在社会公众的监督下有序规范地开发和交易，有利于海岸带蓝碳交易机制运行的可靠性和可持续性。

（5）可追溯原则

海岸带蓝碳市场交易机制应建设与蓝碳项目开发和交易对应的注册登记系统和交易系统，通过数字化手段加强机制的严谨性和安全性。蓝碳项目开发成功后通过注册登记系统登记至项目业主的账户，并且为每吨蓝碳产品分配唯一序列号，并确保每吨蓝碳产品经过一系列交易流转后，仍可追溯至项目原始开发情况。此外，针对蓝碳项目开发需加强项目本身的审核评估，制定关键追溯保障措施，防止同一项目、同一时间段产生的碳汇量在不同减排标准或体系下重复计算。

（6）可持续发展原则

海岸带蓝碳市场交易机制旨在推动海洋资源、环境、经济的协同发展，要求项目实施有利于促进我国实现联合国可持续发展目标，并且可持续发展的贡献是明确、直接、可论证的，项目开发应在最大限度地保护海洋生态环境系统不受损害的前提下进行，最大化地避免对海洋资源产生不利影响。

6.3 蓝碳信用及其核证流程设计

（1）蓝碳各领域方法学准入

海岸带蓝碳市场交易机制需针对红树林、盐沼、海草床等海岸带蓝碳领域方法学设置一系列准入条件及流程，可通过方法学编制、申报和审核备案的形式备案一批符合科学性、准确性、保守性、适用性、可操作性的方法学，并公开发布，作为适用蓝碳项目开发的技术支撑。方法学是项目开发的重要依据，若已备案的方法学不适用于拟开发的蓝碳项目，则项目开发者可自行提出适用相关项目的方法学，并申报备案。

（2）项目识别与项目设计

拟开发的蓝碳项目由项目业主进行项目识别，匹配海岸带蓝碳市场交易机制备案的方法学，即根据各方法学对项目的适用性予以选定。项目业主按照选定的方法学和机制相关规定的要求，确定项目边界，确定项目与基准线情景有关的温室气体排放源和吸收汇，以及涉及温室气体的种类，预估基线情景和项目情景的碳汇量，列出项目过程中需监测的数据和参数等，按规范编写项目设计文件。

（3）蓝碳项目第三方审定

项目业主需聘请海岸带蓝碳市场交易机制认可的第三方机构对项目设计文件进行验证，就项目设计文件、项目资格条件、项目描述、项目边界、基准线识别、额外性、碳汇量估算等情况进行独立、客观的评审，并且出具项目审定报告。

（4）蓝碳项目注册

项目业主需向海岸带蓝碳市场交易机制管理方提交包含项目设计文件、第三方项目审定报告在内的项目注册申报材料，由管理方进行审核评估后，对符合要求的项目予以注册，并将相关申报材料向社会公开披露。

（5）蓝碳碳汇量监测

项目启动后，项目业主需在计入期内选择监测期，按项目设计文件中的监测计划监测和核算蓝碳碳汇量，并编写碳汇量监测文件，描述项目活动的实施情况，提供记录监测的所有数据和参数，计算此期间产生的碳汇量。

（6）蓝碳碳汇量第三方核证

项目业主需聘请海岸带蓝碳市场交易机制认可的第三方机构就碳汇量监测文件进行验证，就监测计划实施情况、监测数据的准确性、碳汇量计算等情况进行独立和客观的评审，并且出具项目碳汇量核证报告。需要注意的是，项目业主不得聘请出具项目审定报告的第三方机构进行该项目碳汇量核证。

（7）蓝碳碳信用登记

项目业主需向海岸带蓝碳市场交易机制管理方提交包含碳汇量监测文件、碳汇量第三方核证报告在内的碳信用登记申报材料，由管理方进行审核评估后，将符合要求的项目碳汇量登记为相应数量的碳信用，并登记至项目业主的登记账户中。

6.4　海岸带蓝碳市场交易机制的实施路径

蓝碳市场交易机制以科学理论为基础，考虑多重效益，按照“科学研究—方法学研发—项目开发—审定核证—交易结算”的发展路径，构建完备的项目认证机制及多元化交易机制。

（1）科学核算

科学核算是蓝碳交易的基础，蓝碳交易的有序开展离不开行之有效的核算制度。进入交易的蓝碳必须具备可识别监测、可溯源量化、符合额外性等特点，并动态监测蓝碳固碳量、碳汇新增量及生态系统生物量变化等情况。应构建全序列蓝碳生态产品清单，应利用现有的自然资源、国土空间等调查及规划活动，加速推进全国范围内的蓝碳资源调查工作，掌握蓝碳资源的分布、数量、权属权能、开发利用、保护等状况，构建动态化的监测机制。进一步厘清蓝碳交易核算制度中的项目监测、报告、核查、评估等方面的操作指南、技术标准，确保蓝碳交易的透明度、可靠性和可持续性。2014 年，世界自然保护联盟（IUCN）等发布《滨海蓝碳：红树林、盐沼和海草床碳储量与释放因子评估方法》，为全球海岸带蓝碳生态系统碳汇评估方法的业务化应用提供了操作指南。2022 年 9 月 26 日，自然资源部发布了《海洋碳汇核算方法》(HY/T 0349—2022)，这是我国首个综合性海洋碳汇核算标准，为海洋碳汇核算具体实践提供样本指引。要进一步加快推进蓝碳资源的生态价值测算，完善蓝碳资源资产化进程，建立全国统一的蓝碳资产核算、信息发布及共享体系，在蓝碳减排总量确定的基础上，进一步探索各城市、企业与组织间的蓝碳免费分配及基于拍卖和政府定价的有偿分配核算方法。

（2）项目认证

项目认证是交易机制构建的基础性环节，也是基于碳信用的各类衍生性金融服务的前提。构建海岸带蓝碳碳汇项目认证机制，包括对方法学的科学评定、对审定和核证机构的资质审核和规范管理、对海岸带蓝碳项目实施方案的评估及实施过程的有效监督、对海岸带蓝碳项目减排量的监测和核算。建议加快研发适用于交易认证活动的海洋碳汇方法学，用于规范蓝碳项目设计文件的编制和计量监测工作，有效测量、追踪、核查有关项目的碳汇量及减排量。现阶段海洋碳汇交易渠道有限，更多在自愿碳市场进行交易，缺乏系统性组织和管理，影响了各方参与开发海洋碳汇项目的积极性。缺乏经过政府部门备案、具有公信力的海洋碳汇项目方法学，国内相关科研机构目前研发的海洋碳汇方法学涉及领域并不全面。

目前，我国蓝碳领域的方法学主要包括自然资源部办公厅印发的《关于红树林、盐沼、海草床等蓝碳生态系统的碳储量调查评估、碳汇计量监测技术规程》；海南省生态环境厅通过的《海南红树林造林 / 再造林碳汇项目方法学》；福建省出台的《福建省修复红树林碳汇项目方法学》；广东省生态环境厅印发的《广东省红树林碳普惠方法学（2023 年版）》；厦门产权交易中心委托厦门大学开发的《红树林造林碳汇项目方法学》；深圳市规划和自然资源局印发的《红树林保护项目碳汇方法学（试行）》。国际上，蓝碳领域的标准或方法学主要包括国家温室气体清单编制、碳储量调查与监测和碳交易方法学等，相较于盐沼和海草床生态系统，针对红树林碳汇的方法学更多。

（3）碳信用机制

现阶段全球范围内应用最广泛的碳信用机制主要包括基于《联合国气候变化框架公约》的清洁发展机制（CDM）以及独立机制核证碳标准（VCS）和黄金标

准（GS）。此外，国际上还有“维沃计划”（Plan Vivo）等小范围认证机制，专注于农林领域，为碳汇项目交易认证拓宽渠道。CDM、VCS是开展蓝碳项目的两大市场机制。在CDM机制下，有《在湿地上开展的小规模造林和再造林项目活动》和《退化红树林生境的造林和再造林》两个方法学，指引有关红树林生态修复的碳汇项目顺利开展；在VCS机制下，开发了《REDD+方法学框架》《潮汐湿地和海草恢复的方法学》《滨海湿地构建的方法学》等涉及红树林生态系统的方法学。而泥炭地的方法学也具备适用于红树林和盐沼泥炭地碳汇项目开发的可能性。截至2021年年底，上述海岸带蓝碳信用机制有10多项交易项目，项目内容主要涉及红树林的保护修复，或者在退化的红树林区域新增种植。

（4）蓝碳交易市场

目前，我国的碳交易市场主要以配额交易为主。由于交易量小等原因，国家核证自愿减排量（CCER）机制于2017年起暂停实施，2023年10月重新启动CCER市场，蓝碳项目的减排量有望纳入CCER交易市场中。主管部门应当从项目的申报、入市、议价、交易等方面入手，为碳普惠市场的蓝碳项目制定专门的规则，推动蓝碳项目在碳普惠市场的规范化发展。各级政府应加速推进蓝碳示范项目的建立，通过蓝碳示范项目的建设和推广，积极总结相关的经验，特别是要加强收集项目运营、市场交易、对经济社会影响等方面的数据，从而为蓝碳市场运行的成本收益、投资预期等提供决策参考。

在构建完善的海岸带蓝碳市场体系过程中，亟须从法律层面对蓝碳资源及其相关权益进行清晰界定与规范。具体而言，需在法律框架内明确蓝碳资源、蓝碳生态系统碳汇及其生态产品价值的所有权、使用权、收益权与转让权等核心权益的归属与边界，并对上述权益的分割、流转及交易等关键环节作出精准释义与制度安排。法律层面的系统性规范，为蓝碳市场的健康发展提供坚实的制度保障，进而推动蓝碳资源的可持续利用与生态产品价值的有效实现。应当依据《中华人民共和国民法典》的规定，将蓝碳的所有权分配给所有权人或用益物权人，同时规范蓝碳项目的交易方式，从而让参与者更加公平地参与自愿减排市场的交易。应当在蓝碳项目建设中适时引入环境影响评价机制，避免忽略其他环境利益的损失，如生态完整性和物种多样性等层面的保护。

（5）市场监管

严格的市场监管是实现蓝碳交易的重要保障。除政府有关部门、公众对蓝碳交易进行协同监管以外，适宜通过具有专业性、公正性、独立性的第三方专门机构对蓝碳交易市场的运行进行监督管理，实现对市场准入、公平竞价、相关主体履约、碳汇数据造价等交易行为进行全过程监管。对参与市场监管的第三方专门机构也应当进行严格的资质审查以保证其权威性和公正性。

（6）信息披露制度

完善的信息披露制度有利于营造良好的蓝碳交易环境。融合多学科的技术与方法对我国现有蓝碳储量和分布进行合理测算、披露具有重要意义。通过信息披露制度的施行，促进社会多主体对蓝碳信息的掌握，为科学系统地开展蓝碳保护和开发活动提供有力支撑。对企业、第三方专门机构等主体的信息披露责任进行明确规定，有利于提高蓝碳交易市场的透明度，推动蓝碳交易向低成本、高持续性的发展方式转变。

（7）准入标准化制度

试点推进蓝碳交易准入标准化制度。选择蓝碳资源丰富的地区，依托碳排放权交易所，率先开展蓝碳交易试点，加快蓝碳资源变资产、资产变资本，并及时形成相关示范项目案例库成果，推广可复制的交易制度，推动蓝色碳汇交易市场发展。

（8）风险预防机制

有必要构建“风险识别—风险分析—风险应对”的风险预防机制，以实现政府的宏观调控和市场的动态平衡。例如，设立蓝碳交易专项基金制度，可以在相关主体遇到风险时提供资金保障和支持。为充分释放蓝碳资源的投资潜力，需通过构建多层次、市场化的蓝碳金融体系，引导和激励更多私人资本进入蓝碳领域，从而有效地缓解财政主导型生态补偿机制的压力。在此基础上，可通过设立蓝碳交易保险制度，将蓝碳交易过程中可能产生的风险转移至第三方机构，降低投保人在交易环节及蓝碳资源受损时的经济负担，同时，确保受损的海洋生态系统能够获得及时、高效的修复与救济。此外，应进一步健全生态补偿机制，将生态系统服务支付制度具体化、法治化，为蓝碳资源的可持续利用提供制度保障。国务院及相关部门可出台专项产权激励政策，鼓励地方政府基于区域蓝碳资源禀赋，吸引私人资本参与生态修复与保护工作。具体而言，可依托现有的国家公园、自然保护地、海洋综合养殖示范点等项目，深化当地社区与私人资本的合作关系，提升其在蓝碳项目监测、运营及管理中的参与度与主导地位，从而形成政府引导、市场驱动、社会参与的多元化蓝碳治理格局。通过制度创新与政策支持，推动蓝碳资源的高效开发与生态价值的最大化实现。

6.5　海岸带蓝碳市场交易机制实施面临的挑战与方案构想

6.5.1　海岸带蓝碳市场交易机制实施面临的挑战

我国蓝碳市场建设正处于试点阶段，缺乏相关的实践经验，加之现有研究成果尚不足以为蓝碳交易机制的构建提供较为全面的理论指导，导致相关实施机制的配套制度未成体系，成为制约我国海洋蓝碳市场建设的制度难题。

（1）在依据上尚无政策和立法支持

鉴于当前我国海岸带蓝碳尚未纳入全国碳市场交易，且全国碳市场的建立及相关政策的制定实施与立法工作也处于完善阶段，海岸带蓝碳纳入全国碳市场及其市场交易机制的构建，目前仍需要有相关政策及立法支持作为依据来进行。尽管国际社会已经将海洋与海岸带生态系统所具备的碳汇能力纳入现有的政策框架，但我国在海洋碳汇交易方面的立法工作仍在进行中。2015 年以后，我国加快推进生态文明建设，启动生态文明体制改革，对海洋碳汇建设的要求开始出现在国家级政策体系中。2015 年，《中共中央 国务院关于加快推进生态文明建设的意见》要求“增加森林、草原、湿地、海洋碳汇等手段，有效控制二氧化碳、甲烷、氢氟碳化物、全氟化碳、六氟化硫等温室气体排放”。此后，《生态文明体制改革总体方案》《“十三五”控制温室气体排放工作方案》《关于完善主体功能区战略和制度的若干意见》《国家生态文明试验区（海南）实施方案》等陆续对建立海洋碳汇机制、开展海洋生态系统碳汇试点、建立海洋碳汇标准体系和交易机制提出要求。

在自然资源部等四部门联合印发的《生态系统碳汇能力巩固提升实施方案》中，初步提出了“推进试点示范，鼓励有条件的地方先行先试”，但仍以指导性意见为主，具体的政策和立法支持尚未完善。当前，广东、福建、海南、山东等海洋大省以及厦门、深圳、威海及湛江等沿海城市在蓝色碳汇方面开展先行探索。海南省出台了《海南省海洋生态系统碳汇试点工作方案（2022—2024 年）》，旨在通过试点工作形成可推广可复制的碳汇产品价值实现新模式。深圳大鹏区生态环境局编制完成全国首个《海洋碳汇核算指南》，构建了滨海地区海洋碳汇核算方法。广东省生态环境厅印发了《广东省红树林碳普惠方法学（2023 年版）》，规定了广东省（不含深圳市）红树林生态修复过程中实施增汇行为产生的碳普惠核证减排量的核算流程和方法。一系列实践探索为海洋碳汇交易的发展提供了有益的参考和借鉴，同时也暴露了当前政策和立法支持在一定程度上的不足，在立法顶层设计上缺乏指引和依据。

（2）海岸带蓝碳评估与交易机制尚未标准化和制度化

目前，尽管海岸带蓝碳相关的技术规程和标准开始实施，如《海洋碳汇核算方法》《红树林生态系统碳储量调查与评估技术规程》等针对红树林、滨海盐沼和海草床等生态系统的碳储量调查与评估技术规程，但这些规程仍处于试行阶段，覆盖面有限，且针对海岸带蓝碳评估的标准体系尚不完善，目前还停留在各生境的定性认识和初步研究方面，定量分析、系统研究和核算评估所需的标准化调查、监测方法还处于空白阶段。与林业碳汇相比，在深入探究海洋生态系统的碳汇储量、速率、过程机制及其功能方面，研究成果尚显不足。关于此领域的标准制定工作仍处于初始阶段。鉴于当前蓝碳计量标准及监测机制的缺失，相关部门在蓝碳的整体量化、实际损失、恢复成本等方面面临如何精确地评估和计算的挑战，进而难以细化责任条款并明确相关交易主体的责任范围。

由于海洋碳汇交易尚未纳入全国碳排放权交易市场体系，相关实践目前仍以地方先行先试为主，海南、广西、福建等地立足区域特色，广泛参与蓝碳市场建设以及蓝碳金融产品开发，不断拓展蓝碳创新发展的广度和深度，探索在蓝碳交易试点开辟出新的发展路径。但从市场现状方面来看，我国海洋碳汇市场起步较晚，海岸带蓝碳示范项目较少，导致市场存量有限。尽管各地政府积极倡导并推出海洋碳汇先行方案或海洋碳汇交易市场，然而，实际落地实施的项目数量有限，特别是在海岸带蓝碳的市场供给方面，更是呈现出相对不足的状况。此外，交易规则、标准等关键要素尚需进一步完善和协调统一，以确保市场运行的稳定性和效率。在此过程中，需警惕可能出现的混乱和分歧，并努力消除其潜在的负面影响。同时，在市场交易机制设计上，应审慎考虑初始海岸带蓝碳价格的设定，避免过高或过低的价格对交易活跃度产生不利影响，从而促使海岸带蓝碳交易机制更为标准化和制度化。

（3）海岸带蓝碳产权归属与市场交易信息透明度问题需明确

海岸带蓝碳交易的首要条件在于明确的产权归属和范围界定，但当前蓝碳产权不明、边界模糊，导致海岸带蓝碳交易活动受阻。尽管《中华人民共和国海洋环境保护法》和《中华人民共和国海域使用管理法》对海洋资源的所有权和使用权有所规定，但尚未对海岸带蓝碳权属作出具体界定，无法清晰划定海岸带蓝碳交易各方主体权利行使的界限。在海岸带蓝碳产权归属层面，蓝碳与林业碳汇的显著区别在于，林业碳汇所依附的林地产权往往已由现行法律明确，如我国林地所有权分为国家所有和集体所有，通过集体林权改革实现承包到户，产权归属清晰具体。而蓝碳交易所依托的海域长期属于公法管辖范畴，国家拥有对海洋资源的支配权和管理权，因此并不构成私法上的财产权利客体。海洋生态系统中不同利益相关方的权利和责任划分较为复杂。在产权界定上，可能出现多个部门或群体对同一片红树林的管理权和收益权存在争议。在海岸带蓝碳产权流转层面，除了买卖交易，关于抵押、质押等权利的行使也需要深入探讨。这涉及海岸带蓝碳的法律性质问题，蓝碳作为特殊的财产权利标的物，在学界对其定性存在“用益物权”与“准物权”的争议。因此，确立海岸带蓝碳相关权利的法律属性、厘清公私利益分配比例及责任承担方式，对海岸带蓝碳的有效保护及构建科学合理的海岸带蓝碳交易体系至关重要。海岸带蓝碳的产权尚未通过立法明确，这导致在交易过程中存在产权归属的模糊性，增加了交易的不确定性和风险。

另外，在后期实际交易过程中，关于交易相关信息透明度的问题也是即将面临的挑战之一。目前，在全球范围内，蓝碳市场尚属于初期发展阶段，各国在信息披露方面的标准和规范尚未形成统一体系。这一现状可能导致在海岸带蓝碳纳入全国碳市场交易后，市场参与者在信息披露上产生差异，从而削弱信息的可比性和透明度。在海岸带蓝碳市场交易中，买卖双方也会面临信息不对称的挑战。

具体而言，卖方可能对项目的实际碳汇能力、潜在风险等信息掌握不足；而买方则可能对项目的可行性、预期收益等关键信息了解不够全面。这种信息不对称现象可能引发市场失灵，对交易的公平性和效率造成负面影响。为确保蓝碳项目的真实性和有效性，引入独立的第三方机构进行评估和认证显得尤为重要。然而，当前市场上缺乏此类机构，导致项目质量和效果难以得到可靠保障，进一步加剧了信息透明度的问题。

（4）企业与社会公众对海岸带蓝碳市场的认知度不高

蓝碳是利用海洋活动及海洋生物吸收大气中的二氧化碳，并将其固定、储存在海洋中的过程、活动和机制。与林业碳汇这样的绿碳相比，人们对于蓝碳较为陌生[134]。由于海岸带蓝碳市场是一个相对较新的概念，其重要性和潜力尚未得到广泛认识，企业和公众对海岸带蓝碳市场的认识仍然不足。海岸带蓝碳市场作为一个极具专业性的领域，其知识及信息的普及程度尚显不足，这在一定程度上影响了企业和社会公众对该领域的认知。当前，大众普遍缺乏对蓝碳市场的了解，对其运行机制及其在全球气候变化应对中所扮演的角色了解甚少，对海岸带蓝碳的认知更是显得模糊与不足。此外，有部分人可能将海岸带蓝碳市场与传统碳交易市场混淆，误以为其仅为碳排放权交易场所，而忽视了其通过保护和恢复海岸带生态系统来实现碳储存和减排的独特价值。针对以上海岸带蓝碳市场认知上的误区及认知度偏低的问题，需要采取措施加以纠正，以提高公众对海岸带蓝碳市场的正确认识。

6.5.2 推动海岸带蓝碳市场交易机制实施的方案构想

（1）出台支持海岸带蓝碳交易的相关政策和法律法规

为了深入推进海岸带蓝碳与生态环境保护等领域的深度融合，需从可持续发展、生态补偿及激励性补贴等多个维度，制定并推行一系列与国家发展战略规划相协调、衔接紧密的政策规划，以助力海岸带蓝碳的健康发展。为确保海岸带蓝碳交易市场的长期稳定发展，需制定长期稳定的政策导向，以减少海岸带蓝碳交易市场的不确定性。通过加强政策引导，出台一系列支持海岸带蓝碳开发和交易的相关政策，鼓励和支持海岸带蓝碳项目的开发和交易，利用税收减免、碳排放权配额、优惠贷款等政策工具，激励企业、个人和社区参与蓝碳交易，推动海岸带蓝碳项目的市场交易。积极探索建立各级政府间的协同合作模式，优化海岸带蓝碳资源及交易项目的管理。同时，为提供有效的经济支持并降低交易成本，建议设立专门的海岸带蓝碳交易专项资金。此资金将通过财政拨款、税收优惠等多元化方式筹集，旨在鼓励企业积极参与海岸带蓝碳交易，共同推动蓝碳市场的健康发展。

为切实推动海岸带蓝碳市场化交易，有必要通过立法手段针对蓝碳自然资源保护进行立法，将海岸带蓝碳资源单独列出，作为需要保护的法律对象并给予高度重视。进一步完善海洋环境保护、渔业资源保护方面的法律法规，保障海岸带蓝碳资源的保护与修复。特别强调对红树林、盐沼和海草床等海岸带蓝碳生态系统的保护力度，以维护其生态平衡与功能完整性。聚焦海岸带蓝碳市场交易，修订或完善与海岸带蓝碳交易相关的法律法规，确保蓝碳交易与现有法律框架相协调。探索制定专门的海岸带蓝碳市场交易法律法规，明确海岸带蓝碳的定义、交易的基本原则、交易主体、交易方式、监管机制等，为市场运作提供法律依据。通过立法明确海岸带蓝碳资源的法律地位和保护方向，以确保其在应对气候变化中的积极作用得以充分发挥。此外，进一步对海岸带蓝碳资源的保护和救济措施作出详细规定，包括但不限于海岸带蓝碳资源的调查、评估、保护措施、修复方法以及损害赔偿等方面的具体规定，以确保海岸带蓝碳资源的合法权益得到切实有效的保护。

（2）逐步构建海岸带蓝碳评估标准体系及交易机制

目前，对海岸带蓝碳的研究，大多数还只是停留在对各个生境的定性认识和初步研究阶段，对蓝碳的定量分析、系统研究和核算评估，还缺乏必要的标准化调查和监测方法。因此，当前亟须推动海岸带蓝碳基础理论的发展，进行全面的调查监测和评估标准体系建设，以便科学地指导海岸带蓝碳资源的保护和利用。具体而言，依据《海洋碳汇经济价值核算方法》及其编制说明等文件，结合海岸带生态系统实际，从致力于推动海岸带蓝碳基础理论、评估技术、增汇方法等方面入手开展深入研究。积极联合相关科研院所和国际标准核算机构，研究海岸带蓝色碳汇的扩增潜力和发展前景，为发展海岸带蓝色碳汇提供科研保障和技术支持[135]。依托国内现有蓝碳相关实验室，设立相关重大专项研究。同时，充分借鉴并吸收国际已有的方法标准体系，基于对红树林、海草床、盐沼等典型海岸带生态系统的全面调查与监测，逐步构建我国海岸带蓝碳调查、监测、评估和核算的标准化方法体系，并努力推动其成为国际标准，促进全球范围内的蓝碳研究与应用。

在遵循《碳排放权交易管理暂行条例》相关条款的前提下，探索建立系统的海岸带蓝碳排放权交易管理制度，在此基础上增设海岸带蓝碳项目交易管理的规定，将海岸带蓝碳交易纳入全国碳排放权交易市场。在深入研究和参考国内外碳交易市场实践经验的基础上，特别是在汲取我国森林碳汇项目交易市场在顶层设计、政策法规体系完善、技术支撑体系构建及市场运行管理等方面的成熟经验后，严谨地制定并发布海岸带蓝碳相关交易规则。鉴于海岸带蓝碳市场的独特区域性特征，特别是针对当前在国际上尚缺乏实践先例，整体处于研究阶段的海岸带蓝碳项目，应加大科技支撑力度，积极推动理论创新、技术研发与应用示范工作[136]。同时，为逐步探索和完善海岸带蓝碳市场交易机制，可通过地方先行先试的方式，鼓励具备条件的沿海省市率先开展海岸带蓝碳市场试点建设。借鉴北京成立中国绿色碳汇基金会，将林木吸收的二氧化碳记入企业和个人碳汇账户，推动碳汇成为商业性项目[137]等做法，推动海岸带蓝碳实现市场化交易。同时，积极落实《关于改进和加强海洋经济发展金融服务的指导意见》等文件精神，加大对海岸带蓝碳金融创新的支持力度，并强化金融资源的投入。结合海岸带蓝碳项目的具体开发情况，充分发挥市场在资源配置中的决定性作用，创新金融模式，以更好地服务于海岸带蓝碳项目交易。同时，强化海岸带蓝碳交易金融监管，确保市场交易的规范性和有序性。

（3）明确海岸带蓝碳产权归属与市场交易信息透明度

海岸带蓝色碳汇权具有不同于知识产权和债权的物权属性，但因其客体的特殊性以及一定的公法色彩，使其区别于完全意义的“物权”[138]。海岸带蓝色碳汇权的价值，在于天然的、自然形成的植被和土壤吸碳、储碳的基础上产生的“增量”，或者符合“额外性”要求的核证减排量。为实现海岸带蓝碳资源的资本化闭环，明确其产权归属是不可或缺的前提。在此基础上，需在海域使用权的框架内进行制度创新，并通过立法手段精确界定海岸带蓝碳资源的产权归属，涵盖碳汇的所有权、使用权、收益权以及相应的管理责任，确立其法律地位，确保权益保护有法可依。可参照现有的海域使用权管理实践，进一步完善自然资源资产使用权转让、出租、抵押等市场规则，通过法律文本的形式，清晰界定海岸带蓝碳资源资产的法律属性，解决海岸带蓝碳生态系统碳汇及其生态产品价值的权利流转等问题，为海岸带蓝碳碳汇交易市场主体提供更加规范的服务。同时，建立海岸带蓝碳资源的产权登记制度，并开发一套适应其特性的登记系统，用于记录产权信息、资源状况、碳汇潜力等关键数据。确保所有利益相关者，特别是原住居民、当地社区、企业及政府等，在产权归属确定过程中有发言权，以此进一步激励所有者和管理者更好地保护和利用海岸带蓝碳资源，推动海岸带蓝碳纳入全国碳市场，实现海岸带蓝碳资源的交易和流转。

海岸带蓝碳市场交易的透明度是确保市场公正、公平和效率的关键因素之一。可从健全市场交易监管机制及加强信息披露制度建设等方面开展相关工作。在完善交易监管方面，宜建立分级监管机制。国家及地方碳排放权交易主管部门应紧密合作，共同承担起监管职责，确保海岸带蓝碳市场交易监管机制的有效实施。由国家碳排放权交易主管部门统领全国碳排放权交易事宜，涵盖海岸带蓝碳碳汇交易。同时，协同相关行业主管部门，制定详尽的配额分配方案和核查技术规范，并监督其执行，确保交易的规范性和公正性。在监管实施过程中，应明确第三方机构的职责，负责海岸带蓝碳市场的运行监管，包括对项目开发、市场准入、货款交接等交易全过程的严格监管，以保障交易的真实性和合理性。各相关部门依据职权职能分工，对海岸带蓝碳项目的审定与核查、市场交易、交易平台及第三方核证机构等进行全面、持续的监督，确保市场的健康运行。在实际交易过程中，强化监测、报告和验证系统，确保所报告的海岸带蓝碳项目数据的真实性、准确性和完整性，为交易提供可靠的数据支持。制定统一的信息披露标准，参照国内外先进的信息披露评价体系，如深圳证券交易所的信息披露考核办法，从真实性、准确性、完整性、及时性、合法合规和公平性等方面设定标准。同时，各地省级主管部门根据国家规定及实际需求，建立相应的监管和执行机制，对参与海岸带蓝碳市场交易的责任主体的市场活动进行严格监管，对于违法违规行为，将依法进行严厉查处。鼓励社会公众、行业协会、新闻媒体等对海岸带蓝碳交易行为进行监督，充分发挥舆论监督作用。

（4）提高企业与社会公众对海岸带蓝碳市场的认知度与参与度

针对当前公众对于海岸带蓝碳市场认知度与参与度的问题，可从以下几个方面着手：一方面，加强政策引导与宣传工作，通过政府官方渠道、媒体平台以及社会组织的协助，广泛普及海岸带蓝碳的概念、海岸带生态系统的重要性以及海岸带蓝碳交易机制对环境保护和气候变化的积极影响。重点介绍红树林、盐沼和海草床等典型的海岸带蓝碳生态系统，并强调它们在固碳、海水和空气净化等方面的重要功能。同时，积极宣传国内外成功的海岸带蓝碳生态系统保护和蓝碳碳汇交易项目案例，以展示蓝碳市场的潜力和价值，进而提升企业和公众对海岸带蓝碳的关注度。另一方面，为了鼓励企业和个人积极参与海岸带蓝碳项目，可加大政策激励与扶持力度，包括实施税收减免、补贴和优先贷款等优惠政策，以降低投资成本，提高项目的吸引力。同时，简化项目审批流程，提供必要的技术支持和咨询服务，进一步降低参与门槛。允许公众直接参与海岸带蓝碳项目的投资或志愿活动，参与探索海岸带蓝碳市场的商业模式和交易机制，进而提高公众的参与度和投入感。

第 7 章　海岸带蓝碳市场交易调控机制构建

7.1　国内外海岸带蓝碳市场交易调控机制案例分析

在蓝碳市场交易机制建设上，虽然全球尚无以蓝碳为主的强制性碳排放交易市场，但澳大利亚、印度尼西亚、新加坡等国家先后提出了建立蓝碳交易的构想和计划。在全球范围内，海岸带蓝碳市场的交易调控机制正在不断发展和完善。这些机制旨在通过监管和规范市场行为，确保蓝碳市场的公平、透明和可持续性。以下是一些国内外海岸带蓝碳市场交易调控机制的案例分析。

7.1.1　国外海岸带蓝碳市场交易调控机制案例分析

（1）印度尼西亚

印度尼西亚基于生态系统的气候变化缓解与经济复苏和环境条件改善相结合的需求，改变了红树林恢复的动机，并加大了红树林恢复的力度。作为世界上红树林资源最丰富、红树林碳储量最大的国家，印度尼西亚的红树林总面积为 330 万公顷，占全球红树林面积的 22% 以上，其蓝碳含量比其他任何国家都多 [139]。印度尼西亚颁布的《碳定价条例》提出实施温室气体减排框架，以实现国家自主贡献目标和低碳发展，并制定了气候行动计划，其中包括对蓝碳资源的保护和恢复。虽然在土地利用部门取得了重要突破，通过承认红树林碳的“真实”价值，并在印度尼西亚的气候行动中确定了红树林保护和恢复的优先事项，以应对气候变化和改善自然环境，然而《碳定价条例》并没有更新机制将这些湿地纳入气候战略，并且红树林项目隶属不同部门协调，在项目实施中容易造成政策冲突。因此，印度尼西亚政府计划建立“印度尼西亚蓝碳战略框架”（The Indonesia Blue Carbon Strategy Framework，IBCSF）来支持国家蓝碳战略。国家发展规划部正在着手实施印度尼西亚蓝碳战略框架，作为协调各利益攸关方参与印度尼西亚蓝碳管理的工具。印度尼西亚蓝碳战略框架的设计旨在解决印度尼西亚蓝碳事业的五个关键战略问题，包括政策、科学、推广和沟通、可持续融资和试点项目地点。印度尼西亚蓝碳战略框架通过三个主要战略解决红树林和海草床蓝碳问题：制度框架、政策和指导以及融资。因此，在蓝碳项目范围内的红树林保护和恢复不应仅仅与减排联系起来，还应重视其他重要利益，如支持渔业、保护海岸线和为当地社区提供替代收入。

（2）澳大利亚

澳大利亚作为全球蓝碳资源最为丰富的国家之一，其蓝碳储量约占全球的5%～11%[140]。澳大利亚被认为是全球蓝碳热点，有专家对澳大利亚的海岸带生态系统（Vegetated Coastal Ecosystems，VCE）包括盐沼、红树林及海草床的地上生物量和土壤中的碳储量进行了最全面的评估，发现澳大利亚贡献了全球海岸带生态系统中 5%～11% 的碳储量[141]。澳大利亚在蓝碳领域已深耕多年，发布了蓝碳战略计划，旨在解决现有海洋生态系统遭受气候变化和人类干扰影响的问题。澳大利亚政府重点支持的是海草床、珊瑚礁和盐沼的保护和恢复。澳大利亚制定了蓝碳生态系统潮汐恢复方法，在 2022 年 1 月制定了蓝碳方法学，包含项目要求、蓝碳计算、蓝碳开发流程以及立法要求[142]。澳大利亚的大堡礁（The Great Barrier Reef，GBR）集水区拥有世界上最完整的滨海湿地，包括各种红树林、海草床和盐沼生态系统[143]。2023 年 9 月，大堡礁基金会（The Great Barrier Reef Foundation）与大自然保护协会（The Nature Conservancy）合作，启动亚太地区的蓝碳项目。在澳大利亚，蓝碳信用可以通过恢复潮汐流来产生，但湿地恢复的好处远不止创造碳信用，世界各地的沿海社区直接依赖蓝碳生态系统来满足其福祉、生计和日常需求，大堡礁上的鱼类、螃蟹、海龟和其他水生物种需要蓝碳生态系统才能生存。事实上，确保传统业主团体处于蓝碳项目设计、创建和实施的核心位置，是大堡礁基金会研究的关键议题之一。其他关键议题包括扩充潮汐恢复方法以产生碳信用额度、设计海草蓝碳方法以及堆叠生物多样性信用额度以最大限度地提高蓝碳项目可行性[144]。

（3）马达加斯加

在马达加斯加西南海岸的刺客湾，英国非营利组织 Blue Ventures 发起了 Tahiry Honko 红树林蓝碳项目。该项目旨在通过建立系统的红树林碳汇交易和利益分配机制，实现红树林资源的可持续利用[145]。该项目的核心内容包括：制定红树林碳储量测算标准，加强科技能力建设，为交易奠定技术基础；根据 Plan Vivo 计划开展红树林碳信用额交易，实现红树林固碳价值；建立当地社区参与的机制，将碳交易收益直接反哺给当地社区；采取措施，如造林、建立保护区、改善法规等，促进红树林生态系统的恢复和保护。在项目实施中，组织特别重视妇女和青年的参与，他们不仅接受培训参与碳监测、造林等工作，还参与环境教育，提高保护意识。通过建立这一市场交易调控机制，蓝碳资源的货币化价值为资金贫乏地区的环保事业提供新的资金渠道，为项目实现红树林资源保护和当地社区发展的有机结合提供可能。Blue Ventures 与地方管理协会合作进行项目规划、管理和监督，完善相关保障措施，让刺客湾沿海社区居民在蓝碳项目中作出有意义的贡献并得到公平的收益分配。通过 Plan Vivo 计划出售碳信用额获得的财务收益将惠及整个社区，并将用于资助急需支持的社区基础设施建设，如学校、水井和太阳能发电设施。

然而，Tahiry Honko 项目也存在很大的争议，包括新政策、法律法规的不确定和不完善，马达加斯加政府开始将碳排放权国有化，拒绝承认与碳信用买家达成的协议，碳信用额收入不足以覆盖社区居民的生活起居需求等问题的存在，使得 Tahiry Honko 红树林蓝碳市场交易的调控机制面临巨大的压力。目前，Blue Ventures 等国际非营利性组织仍然在为此努力，尽管项目实施艰难，但像 Blue Ventures 这样成熟的非政府组织的存在，可以吸引国际碳信用买家，从而实现当地蓝碳市场的正常运转[146]。

（4）越南

位于越南南部的金瓯省拥有 65 500 公顷沿海红树林，约占湄公河三角洲红树林面积的 72%，占越南红树林总面积的 39%。为了恢复红树林的面积，越南政府在 2012 年采取了“红树林与市场”项目（MAM）融资机制。通过该机制，参与并通过认证计划的本地社区可以获得批量出售有机虾的渠道。通过与欧洲有机虾进口商合作，越南全球海产品出口公司 Minh Phu 出面收购红树林地区养殖的有机虾，并为农民保护红树林付费。虽然“红树林与市场”项目和蓝碳市场付费没有直接关系，但该项目的一个重要目标是避免砍伐森林，从而增加碳储存，也属于一种生态系统服务支付（PES）机制[89]。尽管是一种间接形式，但通过确保项目所在地 50% 的红树林覆盖率，“红树林与市场”项目既防止了森林砍伐，又保护了现有森林，提高了该地区创造更多碳汇的潜力。荷兰发展组织（Netherlands Development Organization）建议将“红树林与市场”项目和“联合国减少毁林与森林退化造成的排放”（United Nations Reducing Emissions from Deforestation and Forest Degradation，UN–REDD）计划、核证碳标准（VCS）或 Plan Vivo 计划联系起来，通过出售碳信用额为当地社区创造更多的激励机制。迄今为止，金瓯省有数千名农民获得了国际公认有机农业认证机构 Naturland 组织的认证。由于项目的成功，“红树林与市场”项目计划将参与农户的数量进一步扩大。虽然该项目没有纳入《联合国气候变化框架公约》（UNFCCC）碳融资机制，但它通过替代手段实现了相同的减排目标，同时提高了越南虾业的盈利能力。有学者研究了生态系统服务支付在越南蓝碳交易实施的可能性，建议地方政府在进行蓝碳交易前开展教育培训，以增强利益相关者的认知，提高其参与项目的积极性，并且建议扩大目前越南生态系统服务支付范围，允许金瓯省以外的实体参与，包括私营公司、政府机构和国际投资者[147]。

（5）美国

在 2015 年，美国佐治亚州提出了“蓝色碳汇市场交易计划”，旨在保护和培育海岸带红树林生态系统。这一计划标志着国际上蓝碳交易市场构建的初次尝试，并提出了海洋蓝碳交易市场建设框架的“三步走”战略。首先，该计划要求佐治亚州通过州立法，将海岸带红树林生态系统纳入佐治亚州碳抵消注册登记系统，明确蓝碳的法律地位。其次，在科研部门的技术支持下，该计划要求尽快制定符合本地红树林生态系统的蓝碳核算标准，并将其作为签发碳抵消信用的强制标准。最后，该计划对开发佐治亚州红树林项目的投资人进行资质审查，合格者可成为蓝碳交易市场中的卖方。在蓝碳交易市场的收入分配方面，佐治亚州借鉴清洁发展机制（CDM）的做法，规定蓝碳项目投资者须按一定比例将未来的碳抵消信用收益缴纳给佐治亚州政府，用于应对气候变化、新能源技术开发等相关支出，或用于向佐治亚州受气候变化影响的居民发放补贴。此外，该计划还提出蓝色碳汇抵消信用可用于未来可能启动的美国统一碳排放总量控制与交易项目，在佐治亚州范围内供排放方抵扣应缴的碳税 [148]。

7.1.2　国内海岸带蓝碳市场交易调控机制案例分析

（1）海南

海南省受权管辖约 200 万平方千米海域，占全国海域面积的 2/3，具备发展蓝色碳汇独特的先天优势。海南省滨海湿地、红树林、海草床星罗棋布，“十四五”期间建成了 12 个现代化海洋牧场，全省海洋固碳潜力巨大。近些年，海南省高度重视蓝碳生态系统的保护和修复，大力推进蓝碳基础研究和机制创新。2022 年 2 月 24 日，海南国际蓝碳研究中心成立。2022 年 5 月 31 日，海南首宗蓝碳生态产品交易项目完成签约，交易碳汇量 3 000 余吨，交易额 30 余万元，卖方为三江农场，买方为紫金国际控股有限公司。此次交易的蓝碳生态产品来自三江农场的红树林修复项目，由海南东寨港国家级自然保护区管理局组织实施。据预计，该项目在未来 40 年可产生 9 万余吨碳汇量，此次纳入交易的是该项目近 5 年的碳汇量。这一蓝碳生态产品，是在海南省政府相关部门及海口市政府共同推动下，由海南省环境科学研究院联合厦门大学、海南东寨港国家级自然保护区管理局、三江农场等单位，依照国际认可的方法学共同开发，并由中环联合（北京）认证中心完成审核。该笔收益，将投入项目区红树林管护工作及周边社区和学校的公益项目 [149]。

海南省采取了多方面的措施来促进蓝碳的发展和交易。首先，海南省政府发布了《海南省碳达峰实施方案》，提出多措并举推动蓝碳增汇，高标准建设蓝碳研究中心，搭建科研创新交流平台，开展蓝碳核算与监测技术、增汇方案、投融资机制等研究；积极参与蓝碳标准制定，开发各类碳汇方法学，开展试点示范，挖掘海南省蓝碳潜力 [150]。其次，海南省部署推动蓝碳发展构建协调机制，明确了 7 个方面 25 项工作任务，包括加强蓝碳科技与应用创新等 [151]。2022 年 7 月，海南国际碳排放权交易中心有限公司正式在三亚注册成立，立足国际碳市场，进一步完善蓝碳交易平台的市场规则和交易机制，规范蓝碳信用的发行、登记、交易和转移流程。通过开展国际碳信用资产交易，推动我国和国际市场间蓝碳信用产品互认，实现碳中和结果互通，助力我国与国外企业利用市场手段实现全球范围内的低成本碳减排和自身碳中和目标。同时，加强信息披露与交流合作，消除碳交易信息壁垒，促进蓝碳资产跨境流通，形成公开、透明、高效的交易市场。吸引社会资金通过多种融资渠道支持蓝碳项目，将蓝碳纳入滨海湿地规划，建立可持续市场机制，授权公益组织参与蓝碳开发和收益管理，制定信用认证标准[152]。

（2）福建

福建是海洋大省，海域面积 13.6 万平方千米，大陆海岸线长度 3 752 千米，居全国第二位，具有得天独厚的蓝碳发展基础，是全球为数不多拥有红树林、盐沼和海草床三大滨海蓝碳生态系统的重要区域。2021 年 7 月，厦门产权交易中心设立了全国首个海洋碳汇交易平台。2021 年 9 月 12 日，泉州洛阳江红树林生态修复项目 2 000 吨海洋碳汇在厦门产权交易中心海洋碳汇交易平台顺利成交，这是福建首宗海洋碳汇交易[153]。厦门产权交易中心的海洋碳汇交易服务平台的海洋碳汇交易成交量约占全国八成。目前存在蓝碳交易市场机制模糊，产权确权、生态技术创新、价值核算与评价不清晰等问题，并且蓝碳市场机制间的互认互通存在限制和壁垒，导致对不同机制下的供需误判，从而制约蓝碳市场规模及有效性。福建省本身作为碳交易试点之一，出台有《福建省碳排放权交易管理暂行办法》，其中提及“探索发展碳排放权交易下的林业碳汇交易和海洋碳汇核算方法学研究，引导重点排放单位节能减排”。有学者认为，应该通过鼓励社会力量参与蓝碳市场交易，引入社会资金支持红树林修复，设立“红树林生态银行”等融资渠道，将蓝碳项目纳入滨海湿地规划，进而建立可持续的市场机制。授权公益组织参与蓝碳项目开发和收益管理，制定信用认证标准。加强蓝碳市场科技支撑，产业企业与科研机构合作调查碳汇分布，推动科技创新，研究增汇技术。建立技术推广体系，推进高固碳海洋修复工程，支持碳汇型海洋牧场发展。加强蓝碳市场国际合作，在“一带一路”框架下，与岛屿经济体开展蓝碳合作项目，推广现代渔业技术。推动绿色能源产业对外合作，共建能源基础设施，加强蓝碳伙伴关系[154]。

（3）山东

山东是海洋大省，拥有盐沼、海草床、藻类和贝类养殖等丰富的蓝碳资源，在发展海洋碳汇方面具有先天的优势。目前，依托山东省海洋资源与环境研究院成立了黄渤海蓝碳监测和评估研究中心，系统开展山东省海洋碳储量调查评估及其方法学等研究。威海等市已经在海洋碳汇建设方面开展了先行先试工作，取得了一定成效。

（4）广 东

2021 年 6 月，自然资源部第三海洋研究所、广东省湛江市红树林国家级自然保护区管理局、北京市企业家环保基金会联合举行“广东湛江红树林造林项目”碳排放量转让协议签约仪式，标志着中国首个蓝碳碳汇项目交易正式完成[155]。该蓝碳项目通过核证碳标准开发和管理组织 Verra 的评审，是我国首个符合核证碳标准（VCS）及气候、社区和生物多样性（CCB）标准的红树林碳汇项目。通过市场机制开展蓝碳碳汇交易，引入社会资金投入蓝碳生态系统的保护修复，可以减轻政府财政投入生态系统保护修复工作的压力[156]。

当前，我国红树林开发项目存在资金投入不足和可持续性欠佳的问题，可以通过引入企业碳信用流投资、挖掘生态系统服务价值、吸引周边企业参与等方式拓宽融资渠道，同时借鉴国际标准引入第三方机构对项目可持续性进行评估认证，从而提高项目的资金保障能力和可持续发展能力。

7.2 构建海岸带蓝碳市场交易调控机制的原则和目标

7.2.1 调控机制的原则

（1）科学性原则

科学性是蓝碳市场交易调控机制的基础，这意味着在设计和实施调控机制时，必须严格遵循科学方法。科学方法包括观察、收集数据、建立和验证模型、实验验证等步骤。这些步骤不仅确保了调控机制的有效性，也提供了一个系统性的框架来理解和评估蓝碳资源开发对生态系统的影响。生态系统的复杂性和动态性是蓝碳资源开发的关键因素。在设计调控机制时，必须考虑到海岸带生态系统的多样性和变化性。这意味着需要设计出能够适应海岸带生态系统特性和动态变化的调控机制。因此，调控机制要能够灵活地适应这些差异，以确保蓝碳资源开发不会对生态系统的健康和可持续性造成负面影响。科学研究不断发展，新的研究成果可以提供更准确的评估方法和理论框架。应结合最新的科学研究成果，如生态系统服务评估、生态系统健康指数等[157，158]，这些成果可以帮助我们更准确地评估蓝碳资源的价值和影响，从而设计出更有效的调控机制。在数据应用方面，科学性原则要求调控机制利用高质量和实时的数据来指导决策。例如，监管机构可以建立一个数据库，收集和整理关于蓝碳项目的各种数据，包括项目地点、类型、规模、预期固碳量等，以及交易数据，如交易量、价格等。通过数据分析，可以揭示市场趋势，预测未来发展方向，并为政策调整提供依据。为保护红树林和盐沼等蓝碳生态系统，政策需要明确这些系统碳汇服务的计量标准、交易规则、价格机制等关键要素。在海岸带蓝碳市场中，这要求采用国际认可的、经过验证的方法来评估和监测蓝碳项目的碳存储能力，例如，利用遥感技术监测红树林和海草床的面积和生物量变化。

（2）公平性原则

蓝碳交易调节机制的公平性原则是其核心设计和实施的基础。这一原则要求调控措施不仅确保交易过程的公正性，而且促进所有利益相关方在资源分配、收益共享和决策过程中的平等参与，避免市场垄断和不公平竞争，从而实现公正的资源分配和助力蓝碳价值的真实反映。这一原则不仅包括保护生态系统的公共利益，如防灾减灾价值、海洋资源管理和生态系统服务，还要考虑到当地居民利益的保护，如农民和渔民的生计保障[159]。为了实现这一原则，需要设计出能够平衡各方利益的调控机制，这可能包括设立公平的市场规则、提供公平的补贴和投资机会，以及建立有效的监管和监控机制。此外，为加强公平性原则的实施，调控机制还需要设置适当的监管措施以防止市场操纵和不公平竞争，这包括监控市场活动、发现和惩处不正当交易行为，确保市场的整体公正性和有效性。在这一过程中，独立的第三方监管机构可能扮演关键角色，负责监督蓝碳项目和市场的合规性，确保所有操作均符合既定的公平性原则和标准。通过这些措施，可以确保所有相关方的利益得到公平保护，避免利益冲突和不公平的结果。此外，持续的公平性评估和调整是必要的，以确保调控机制能够适应时间的推移和环境变化，始终保持其公平性原则的实施。这一过程不仅需要对现有机制的评估，还需要对新的挑战和机遇作出响应，以确保蓝碳交易调节机制能够持续地服务于公平性目标。

（3）公开性原则

公开性原则，或透明性原则，要求蓝碳市场调控机制的运作过程和结果都应公开透明，包括政策制定、交易规则、市场数据以及监管行为都对市场参与者和公众透明，从而增强市场信任、促进参与者合规、支持市场的有效运行。

首先，蓝碳市场的政策制定和调整过程都应公开进行，包括政策制定的背景资料、决策过程、参与方意见以及最终政策文本等。例如，欧盟排放交易体系（EU–ETS）在修订其市场规则时，通常会进行广泛的公众咨询，收集来自不同利益相关方的意见和建议，然后将咨询结果和最终政策决定公布，确保过程的透明性。

其次，蓝碳交易的所有关键信息，包括交易规则、交易记录、价格信息和市场分析报告，以及重大市场事件的通知，都应定期公开发布。在海岸带蓝碳市场中，这意味着项目的评估报告、验证文件和交易记录等都应及时公开，确保市场的透明度和公信力。

再次，监管机构还应确保对市场的监管行为和结果具有高度的透明度，监管机构需要公布监管框架、合规审查流程以及应对市场异常的措施，确保市场参与者和公众了解监管机制并能监督其执行。

最后，实施公开性原则还需要依靠现代技术手段的支持。采用先进的信息发布系统和数据共享技术可以确保信息的即时更新和广泛传播。同时，监管机构可以利用数据可视化工具提升数据报告的可读性，使市场信息更易于被公众理解。利用现代技术提高信息发布的及时性和访问性，也是实现公开性原则的关键一环。通过在线系统和数据可视化工具，监管机构能即时更新市场信息，提高数据报告的可读性和易理解性，从而保障所有利益相关方能够获取及时、准确的市场信息，支持蓝碳市场的公正和高效运行。

（4）动态调整性原则

在我国蓝碳市场乃至整个碳市场初步启动阶段，考虑到生态系统的复杂性和不确定性以及全球气候政策和市场需求的迅速变化，海洋碳汇产品在项目开发与交易过程中面临多重自然风险与人为风险[58]。动态调整性原则是确保蓝碳市场交易调控机制有效的重要组成部分。这一原则强调蓝碳市场调控机制需要根据外部环境和内部运作的变化进行及时有效的调整，以灵活响应市场变化、政策更迭、科技创新以及生态环境的转变，确保蓝碳市场的健康运行。这不仅涉及政策和措施的定期评估与修订，还包括引入新技术和新方法、调整市场激励措施等，以保证政策的持续适应性和有效性。

动态调整性原则要求蓝碳交易调控机制具备灵活应对各种内外部变化的能力，通过设定明确的监测、评估和调整流程，确保机制始终有效、及时和适应性强。这种动态性不仅体现在对市场数据的实时响应上，也体现在对政策、技术和环境变化的适应上，保证蓝碳交易能够在不断变化的环境中实现其环保和经济目标。监管机构应设立一个专门的监测系统，这个系统应收集蓝碳交易的关键数据，包括交易量、价格、市场参与者行为等。通过这种持续的市场监测，监管机构可以及时发现潜在的市场失衡或不规范的交易行为，也能及时评估调控措施对市场行为的影响，并据此调整交易规则或引入新的监管措施。

此外，监管机构还应定期进行周期性评估与调整，应设定明确的时间表，定期对当前的调控规则、标准和政策进行评估。这种评估应基于收集的市场数据、科学研究进展、技术创新以及政策变动等，确保调控措施反映最新的市场和科学现状。如发现现有规则不再适应市场或科学发展，应及时进行必要的调整。例如，如果新的研究发现某种蓝碳生态系统的碳储存能力高于先前估计，调控机制需要相应调整碳信用的评估标准和发放量，以保证市场的公正性和科学性。

在必要时，监管机构还应准备启动应急措施，应对市场突发事件或重大变化。这些措施可能包括暂停交易、调整交易限额或介入价格调节等，旨在防止市场异常波动对蓝碳项目和交易参与者产生不利影响。总的来说，动态调整性原则要求蓝碳交易调控机制具备高度的适应性和灵活性，通过持续监测、定期评估和及时调整，确保机制始终符合市场发展的实际需求，有效地促进蓝碳交易的公平、透明和有效运行。例如，在发现市场操纵或价格异常波动时，可能需要暂停交易，或是调整交易规则以稳定市场，这些措施应在事先规划并能快速实施。

动态调整性原则也要求及时性，即蓝碳市场的信息发布、调控机制的执行和更新需要快速响应市场变化，高效提供给市场参与者和公众信息。这对于维持市场的活力和透明度至关重要，能够帮助参与者作出及时的决策，优化资源配置。及时性也意味着监测和报告体系需要能够迅速捕捉和反映蓝碳项目的最新进展和成效，以确保政策和市场调控措施的时效性。

动态调整性原则还要求监管机构能够快速收集和处理市场信息，及时识别和响应市场变化或潜在风险，防止问题的扩散或加剧。时效性的实现依赖于高效的信息系统和决策流程，确保能够在最短时间内作出准确的判断和反应。随着监测和数据处理技术的进步，调控机构应不断探索和采纳新技术以提高监管效率和准确性。例如，可以利用区块链技术来增加交易的透明度和可追溯性，使用人工智能来预测市场趋势，或利用人工智能辅助决策优化调控机制。此外，时效性还意味着调控机制中的各项政策和措施需要快速传达到所有市场参与者，并能及时执行。这包括政策的发布、市场信息的披露、交易的确认等，所有环节都需要确保信息的快速流通和操作的迅速进行，以维护市场的秩序和效率。

7.2.2　调控机制的目标

作为地球生态系统中最大的碳库，海洋是应对气候变化与实现可持续发展目标的关键，蓝碳交易是实现我国碳达峰碳中和目标的重要举措。此外，合理开发利用海洋碳汇还具有多样化的生态系统服务功能，包括缓解污染、海洋资源养护、提供栖息地、保护生物多样性、休闲游憩等，对促进经济、生态、社会可持续发展具有重要意义 [160]。调控机制的目标是促进蓝碳交易更好地引导市场实现海洋生态系统的保护和可持续利用，同时促进减缓和适应全球气候变化，可以促进海洋生态系统的保护和恢复，提高海洋碳汇的固碳能力，从而帮助减少二氧化碳的排放。调控机制的目标包括促进蓝碳项目的发展、实现“双碳”目标、维护市场公平有序、提升国际合作和国际影响力。

（1）促进蓝碳项目的发展

促进蓝碳项目的发展是实现环境保护和气候变化应对目标的关键策略。蓝碳项目主要涉及海洋和沿海生态系统的保护与恢复，如红树林、盐沼和海草床等，这些生态系统对固碳和储存二氧化碳具有天然的能力。通过蓝碳项目，可以增强这些生态系统的服务功能，提高其对温室气体的吸收和储存能力，从而对抗全球变暖。此外，蓝碳项目的发展还能够带动当地经济的增长，创造就业机会，尤其是在海洋管理和生态保护领域。通过提供资金支持和市场激励，蓝碳项目鼓励社区参与和公众意识的提高，促进可持续的海洋资源管理和海洋生态系统的长期健康。同时，蓝碳项目还有助于提升国家在国际环保舞台上的形象，加强国际合作，共同推动全球气候行动的进程。因此，蓝碳项目不仅对环境有益，也对经济和社会的可持续发展具有重要意义[105]。

（2）实现“双碳”目标

“双碳”目标，即碳达峰碳中和，是全球应对气候变化的关键承诺，而蓝碳交易在这一过程中扮演着至关重要的角色[117]。蓝碳交易通过市场化手段激励保护和修复海洋生态系统，通过这种方式，蓝碳交易不仅有助于维护和增强这些生态系统的自然固碳功能，而且能够为海洋环境保护和生物多样性的维护提供资金支持。此外，蓝碳交易还能够推动相关技术的研发和创新，提高海洋碳汇的量化和监测能力，确保交易的透明度和可靠性。这不仅有助于实现国家的减排承诺，还能够在全球范围内推广最佳实践，促进国际合作，共同应对气候变化。通过这些综合性的努力，蓝碳交易成为连接环境保护、生态恢复与气候变化减缓目标的桥梁，为实现全球“双碳”目标提供了切实可行的路径[161]。

（3）维护市场公平有序

蓝碳市场的公平有序确保所有参与者能够在公平、透明的环境中交易，避免了垄断和不正当的竞争行为，从而最大化蓝碳项目的社会效益和经济效益。一方面，蓝碳项目的社会效益和经济效益公平地分配给所有相关方，特别是原住居民和其他弱势群体，这不仅提升了项目的社会接受度，还增强了当地社区对蓝碳项目的支持与参与力度。另一方面，公平有序的市场减少了垄断、市场操纵和不正当竞争等行为的发生，提升了市场的公信力，从而吸引更多投资者和资金进入蓝碳领域，促进蓝碳市场的可持续发展。总之，公平有序的蓝碳市场通过科学合理的规则，减少了信息不对称，提高了交易效率，确保资源有效配置于优质的蓝碳项目，推动蓝碳市场整体水平的提升，有利于生态保护与经济效益的协同发展。

蓝碳市场的调控机制包括：持续深化碳汇交易市场需求，将海洋碳汇纳入全国碳交易市场，逐步转化为碳汇经济效益。同时，建立和完善蓝碳产品交易平台，由政府、市场、社会多元共治，健全蓝碳生态产品监管机制，设立碳汇核算标准规则及绩效考核机制，规范交易行为，稳定市场秩序。

（4）提升国际合作水平和国际影响力

蓝碳交易作为全球气候治理的新领域，为参与国家提供了一个履行环境保护承诺和展现应对气候变化行动的重要平台。通过积极参与蓝碳市场，国家不仅能够表明其对减少温室气体排放和促进海洋生态系统健康的决心，还能够在全球环境保护议题上发挥更加显著的领导作用。这种积极的参与态度和实际行动有助于塑造国家在国际社会中的负责任形象，增强其在环境政策制定和全球气候谈判中的影响力，而且蓝碳交易的国际化是推动全球环境保护和气候变化应对合作的重要途径。通过跨国界的蓝碳项目和交易机制，不同国家能够共享海洋碳汇保护的最佳实践、技术和经验。这种国际合作有助于构建统一的碳交易市场框架，促进全球碳定价机制的形成，从而为海洋生态系统的保护提供稳定的资金来源 [162]。蓝碳交易的成功案例能够吸引国际资本和合作伙伴，推动绿色金融和可持续发展项目的实施，为全球环境保护和气候变化应对贡献力量。因此，蓝碳交易不仅是环境保护的实践，也是提升国家国际地位和影响力的战略举措。

7.3　海岸带蓝碳市场交易调控机制的设计要素

从基于生态资源资本化的蓝碳市场建设总体框架可以看出，通过市场建设推动蓝碳资源实现资本化闭环，必须完整经历资产化过程、产品化过程、市场化过程和投资运营过程，而产权确权、生态技术的创新和应用、价值核算与评价、市场交易与监督管理、投资运营等相关制度的建立健全是保障上述过程顺利进行的核心。当前，上述制度基础还存在一些挑战 [101]，所以市场交易的调控机制需围绕以上挑战确定设计要素，进而发挥调节机制的作用。

蓝碳交易调控机制的设计要素包括政策框架、监督和透明度、激励机制、技术研究以及参与者的包容性、适应性和灵活性。这些要素需要综合考虑，以确保蓝碳交易调控机制能够有效地推动环境保护，实现蓝碳交易的目标。

（1）政策框架

政策框架是蓝碳交易调控机制的基础，包括制定蓝碳交易的法律法规、政策目标、参与者范围、信用设计、市场机制等关键元素。蓝碳交易是一种市场机制，旨在通过买卖碳排放权来减少温室气体排放。政策框架为这一过程提供了规则和指导，包括如何设置碳排放权的价格、如何分配权力以及如何监督和执行这些规则。政策框架的设计和实施对于确保蓝碳交易的有效性和公平性至关重要。蓝碳交易的成功实施需要政策框架的支持，需要一个明确的法律和规则框架来保证市场的稳定性和公平性。政策框架还可以帮助确保蓝碳交易的目标与国家的气候政策和目标一致，从而提高其整体效果。我国蓝碳交易市场体系尚不完善，目前，我国的碳汇交易多以实施造林、再造林和森林管理等林业碳汇的形式出现，蓝碳交易工作起步较晚，与之相关的规章制度、行业规范相对缺乏，蓝碳市场还未形成[163]。我国的“应对气候变化法”尚处于立法论证和准备阶段，而生态环境部、国家市场监督管理总局联合发布的《温室气体自愿减排交易管理办法（试行）》属于法律位阶不高的部门规章。未来，随着相关法律法规的制定和完善，国家层面构建蓝碳交易的法律制度将迎来重要契机。

总的来说，政策框架是蓝碳交易调控机制的基础，为蓝碳交易提供了必要的规则和指导，以确保蓝碳交易的有效性和公平性，同时也是实现气候政策目标的重要工具。

（2）监督和透明度

监督和透明度是蓝碳交易调控机制中的关键组成部分，它们共同确保了蓝碳交易的公平性和有效性。

监督是指对蓝碳交易的监督机制，包括政策制定、监督、执法等。政策制定需要确保蓝碳交易的目标明确，参与者的范围广泛，以及市场机制的设计合理。监督机制的设计需要考虑到如何有效地监督蓝碳交易的实施，包括对交易活动的监控、对参与者行为的监督，以及对违规行为的惩罚。执法机制则是对违反蓝碳交易规则的行为进行惩罚的过程，以确保蓝碳交易的公平性和有效性。

透明度是指蓝碳交易信息的公开。信息公开包括对蓝碳交易的目标、参与者、市场机制、监管规则等信息的公开，以便参与者和公众都能够了解蓝碳交易的背景和目的。透明度的设计需要考虑到如何通过技术和政策来保证信息的公开和有效，以便实现蓝碳交易的公平性和有效性。对蓝碳交易的全过程，应当建立完善的蓝碳市场信息披露制度，以保障蓝碳交易各环节的透明度。这需要各级政府充分发挥其指导作用，牵头搭建统一的蓝碳交易信息公开平台，由各蓝碳市场主管机构自主申报项目信息，经权威机构检测评估认定后予以发布，并通过定期复核的方式来实现蓝碳项目信息更新的准确性与动态化[59]。

（3）激励机制

尽管各地先后出台了相关鼓励开展蓝碳开发的工作方案，但蓝碳市场并不活跃。激励机制是蓝碳交易调控机制中的一个关键组成部分，它通过设计各种激励措施来推动参与者积极参与蓝碳交易，从而实现环境保护目标。激励机制的设计需要考虑多个方面，包括政策激励、财务激励和社会激励等。

政策激励是指通过政策手段来激励参与者。政策激励通常由政府提供，包括立法支持、税收优惠、补贴等措施，以鼓励企业和个人参与蓝碳交易。政策激励的设计需要考虑到其对参与者的影响，以及其对环境保护目标的实现程度。

财务激励是指通过财务手段来激励参与者。财务激励可以包括提供购买蓝碳信用的补贴、降低交易成本、提供财务奖励等措施。财务激励的设计需要考虑到其对参与者的经济刺激作用，以及其对环境保护目标的实现程度。例如，设立绿色专项基金，为蓝碳项目起步阶段可能遇到的各种风险提供资金支持与保障。此外，通过政府无偿分配或有偿分配的方式进行碳排放权初始配置，也是一种财务激励[152]。

社会激励是指通过社会评价和声誉来激励参与者。社会激励可以包括提供社会认可的证书、提高企业的社会责任形象、通过媒体和公众关系活动来提高企业的知名度等措施。社会激励的设计需要考虑到其对参与者的社会影响力，以及其对环境保护目标的实现程度。

激励机制的设计需要综合考虑政策激励、财务激励和社会激励等多个方面，以确保其能够有效地激励参与者积极参与蓝碳交易，从而实现环境保护目标。同时，激励机制的设计还需要考虑到其对参与者的影响，以及其对环境保护目标的实现程度，以确保其公平性和有效性。

（4）技术研究

技术研究是蓝碳交易调控机制的核心支撑，它们在确保机制的科学性、有效性和适应性方面发挥着关键作用。技术研究是蓝碳交易调控机制的基础，提供了准确的数据、分析工具和创新的解决方案。完善的蓝碳价值核算机制是推动蓝碳自愿市场发展的必要条件。蓝碳碳汇核算可以提供关于排放量和碳储存的准确数据，这对于设计和实施有效的蓝碳交易至关重要。例如，自然资源部于 2022 年 9

月发布了《海洋碳汇核算方法》（HY/T 0349—2022），其重点是对海洋生物的碳汇能力进行核算，在一定程度上填补了蓝色碳汇领域的行业标准空白[164]。海南省研究发布我国首个备案的红树林碳汇项目方法学《海南红树林造林 / 再造林碳汇项目方法学》（HN2023001–V01），全面开展红树林、海草床、大型海藻等碳汇调查，推动碳储量调查和评估；2023 年 4 月，广东省生态环境厅发布《广东省红树林碳普惠方法学（2023 年版）》；2023 年 5 月，深圳市规划和自然资源局正式发布《红树林保护项目碳汇方法学》（试行）。2023 年 10 月，生态环境部发布《温室气体自愿减排项目方法学 红树林营造》（CCER–14–002–V01）[165]，将红树林蓝碳交易纳入国家核证自愿减排量（CCER）交易，标志着蓝碳碳汇核算和交易发展进入更高层次。

同时，技术研究是蓝碳交易调控机制的深层支撑，通过提供科学的分析和理论框架，为调控机制的设计和实施提供了理论基础。例如，环境科学研究可以提供关于碳循环和气候变化的深入理解，帮助设计出更有效的环境保护策略。经济学研究则可以提供关于市场机制和激励机制的理论分析，帮助设计出更公平和有效的蓝碳交易机制。此外，社会科学研究可以提供关于社会参与和行为变化的分析，帮助理解和引导社会参与，以实现蓝碳交易的目标。

通过技术研究的支持，蓝碳交易调控机制能够更准确地识别和解决问题，提高调控效率和公平性，从而更好地实现环境保护目标。这些支持不仅增强了调控机制的科学性和有效性，也增强了其适应性和灵活性，使调控机制能够在不断变化的环境和社会条件中保持其有效性。

（5）参与者的包容性、适应性和灵活性

参与者的包容性、适应性和灵活性是蓝碳交易调控机制的核心设计要素，确保了调控机制的广泛适用性和持续有效性。

蓝碳交易调控机制需要包容各种参与者，包括政府、企业、非政府组织（Non–Governmental Organization，NGO）和研究机构等。这种包容性的设计不仅意味着调控机制需要能够容纳不同的参与者角色和贡献，而且还要确保调控机制能够激励和引导各参与方共同参与到环境保护中。例如，通过设计公平的信用交易机制，政府可以鼓励企业参与蓝碳交易，而通过提供技术和研究支持，NGO 和研究机构可以帮助企业和政府更好地实施和监督蓝碳交易。这种包容性的设计有助于实现社会参与和共赢，推动蓝碳交易的发展和实现环境保护目标。

蓝碳交易调控机制需要具有适应性和灵活性，以便在不断变化的环境条件、社会经济条件和政策环境中保持其有效性。适应性意味着调控机制需要根据不同的环境和条件调整其设计和实施方式，以适应新的挑战和机遇。例如，随着科技的进步和市场的变化，蓝碳交易的形式和方式可能会发生变化，调控机制需要适应这些变化，以保持其有效性。灵活性则意味着调控机制需要在不同的情况下灵活调整其策略和措施，以应对不同的问题和挑战。当面临新的环境问题或市场变化时，调控机制可能需要调整其市场机制设计或激励机制，以便更有效地推动蓝碳交易的发展。

通过确保参与者的包容性、适应性和灵活性，蓝碳交易调控机制能够更好地适应和应对不断变化的环境条件和社会条件，推动蓝碳交易的发展和实现环境保护目标。这些设计要素不仅增强了调控机制的有效性，也增强了其社会参与和共赢的能力，从而更好地服务于环境保护和可持续发展的目标。

7.4　相关政策和法规的制定与完善

交易机制直接决定了是否能够形成稳定的碳价激励，引导私人部门的投资结构和方向，因此恰当的交易机制选择是实现蓝碳资源资本化的关键所在。目前，海洋生态修复资金过度依赖政府财政，如何吸引社会资本参与生态建设、推进海岸带保护修复的可持续发展成为关键。要通过政策法规完善蓝碳资源管理、使用、交易的体系建设，以试点交易为依托，逐步建立健全蓝碳交易全周期管理模式，打造“可度量—可交易—可实现”的管理机制，拓展渠道增加公众对蓝碳价值的认识，提升企业和个人参与蓝碳项目的意愿，形成多元化的投资者和参与者群体，借助市场机制实现海洋碳汇价值，促进政府、企业、公众与自然保护的“共赢”局面形成。

7.4.1　健全蓝碳开发可度量的相关制度

（1）落实自然资源统一确权登记

明确的产权及归属是蓝碳市场交易活动顺利推进的保障。因此，蓝碳资源的开发和市场建设首先需要构建清晰的自然资源产权制度。随着我国自然资源资产产权制度改革相关工作的推进和完善，依据法律规定通过产权交易实现资产增值成为可能。明确蓝碳资源及其生态系统产生的碳汇的所有权、使用权、收益权和转让权的归属、分割和流转等，辅以完备的海洋生态监测和价值核算体系，以市场交易方式实现蓝碳项目的资金供给成为可选择的机制。加快建立我国蓝碳资源调查、监测与评估体系，在各地自然资源统一确权试点工作的基础上，初步构建自然资源统一确权登记的标准、方法和实现路径，进一步摸清海岸带、湿地资源，完成确权登记，明晰产权主体。在摸清实物量后，明确蓝碳资源资产的权属、使用、收益，完善海岸带资产清查价格体系，估算资产经济价值，建立清查数据库和统一管理平台，以满足交易标的产权明晰的要求。以招标、拍卖、挂牌等市场化方式，通过出让、转让、抵押、出租、作价出资（入股）等形式丰富滨海湿地使用权权能。进一步推动将海岸带蓝碳资源纳入《碳排放权交易管理办法（试行）》的适用范围，或将蓝碳这一碳汇资源单独列为需要保护的法益，针对蓝碳资源开发制定量化、监测、保护范围、产权定性等规范性内容。

（2）建立蓝碳相关的方法学和认证标准

蓝碳交易的有序开展离不开行之有效的核算制度。通过健全的核算、监测和评估体系，使蓝碳具备可量化、可核算、可监测的特征并进入交易市场。在开展蓝碳储量调查、监测与评估的基础上，建立适合我国国情的海洋增汇理论、蓝碳标准和方法学体系，实行全国统一规范的蓝碳资源调查、监测、核算和评估方法。

可借鉴国际上较为成熟的方法学，例如，政府间气候变化专门委员会（IPCC）发布的《红树林碳汇计量方法》、核证碳标准（VCS）发布的《潮汐湿地和海草恢复方法学》，以及气候、社区和生物多样性（CCB）标准等。利用已有红树林保护修复专项行动及海岸带生态保护和修复重大工程的专项建设规划实施的经验，结合清洁发展机制（CDM）和VCS机制的方法学，以及各地市探索发布的一系列蓝碳核算方法和标准，总结多类型的蓝碳碳汇计量标准、监测方法、自愿减排交易方法学等配套技术，选取红树林等典型海岸带生态系统试点开展蓝碳价值评估，建立蓝碳价值动态监测和备案体系，创造价值转化和市场交易的基础条件。同时，从生态系统角度和产业链发展角度统筹考虑海岸带碳汇产品的直接价值和生态功能提升带来的间接价值，并通过典型项目示范或试点研究探索相应的核算方法，以便通过市场机制充分实现海岸带碳汇产品的综合价值。构建全国统一的海岸带蓝碳信用评估标准，明确蓝碳交易中核算评估等方面的操作指南、技术标准，确保碳信用的量化和可靠性，建立蓝碳标准和方法学，填补蓝碳标准体系空白，推动全国统一的蓝碳排放权交易系统建设稳步推进。

7.4.2　建立可交易的市场机制和监管框架

（1）发展多种形式的市场交易机制

鼓励可持续的自愿市场。红树林保护区、国家湿地公园的管理单位，或海洋牧场、海洋立体综合养殖等项目开发单位和当地社区等蓝碳交易卖家可以通过恢复、保护和增加蓝碳资源及其生态系统来获取新增碳汇，依据不同自愿市场下的碳信用核证方法和标准开发碳信用，在相应的碳汇市场上进行交易，反哺海岸带的保护和恢复领域。随着国家核证自愿减排量（CCER）备案的重启[166]，通过完善生态补偿机制将更多的收益分流到社区，形成“投资—资源保护—蓝碳开发”的闭环体系，确保蓝碳资源的生态效益和经济效益的统一。

优化完善履约市场的配额制度。更具规模效益的蓝碳交易路径是通过抵消机制将蓝碳纳入全国碳市场。《碳排放权交易管理暂行条例》中有关抵消机制的规定，将包括蓝碳在内的生态系统碳汇增量通过抵消机制纳入全国碳市场，释放了积极的政策信号。欧洲气候交易所正是基于欧盟排放配额（EUA）和经核证减排量（CER）双体系，同时进行六种温室气体排放权产品的期权和期货合约的交易，为欧盟排放交易制度中的交易、控制风险、套期保值和减排指标的现货交割提供便利。基于监管端的总量目标制度、生产端的全额保障性收购与绿色证书制度以及消费端的绿色电价机制与净计量制度，灵活履行可再生能源配额制度，引导纳入配额市场需要强制性履约的排放企业，如电力、能源等高耗能行业的企业，通过购买一定量的蓝色碳汇配额完成清缴。

推动蓝碳普惠市场的建设。通过对小微企业、社区家庭和个人的节能减碳行为进行具体量化和赋值，建立起以商业激励、政策鼓励和核证减排量交易相结合的首创正向引导机制。广州市碳普惠制核证减排量（PHCER）的林业碳汇交易以及阿里巴巴集团旗下的“蚂蚁森林”都是碳普惠制的典型案例和优秀实践。在林业碳汇的基础上，积极推动蓝碳纳入碳普惠市场建设。例如，清华大学设计的“海星海洋”创新方案、阿里巴巴集团旗下的“神奇海洋”3D沉浸式公益互动产品对探索普惠制在可持续渔业场景下的应用以及海洋生态修复和保护方面具有重要意义。广东省碳普惠创新发展中心在向上海、河北等地拓展的同时，也积极拓展蓝碳市场，获取当地公众低碳相关数据，试点开展海洋低碳专项活动，发展蓝碳碳普惠商业联盟，吸引公众参与碳普惠行动，扩大碳普惠制的影响范围，同时普及低碳知识，推行低碳生活和低碳消费，保护海洋生态环境，从需求侧促进供给侧产品、消费端促进生产端技术创新升级，实现低碳经济的价值传递，延伸碳交易市场，形成政府、企业、公众“共同建设低碳社会，发展低碳经济”的新局面。

（2）建立稳定透明的市场监管框架

严格的市场监管是实现蓝碳交易的重要保障，可采用“专门监管与协同监管”的模式。碳市场交易仅靠政府的碳配额初始配置监管远远不够，并且政府在蓝碳项目建设初期可能会作为一方交易主体参与，其内设机构作为监管主体缺乏必要的中立性。除政府有关部门、公众对蓝碳交易进行协同监管外，还需引入具有专业性、公正性、独立性的第三方专门机构，实现对市场准入、公平竞价、相关主体履约、碳汇数据造价等交易行为的全过程监管，并定期制作评估报告。明晰第三方专门机构对蓝碳项目的审核认证规范和信息披露责任，加强社会多主体对蓝碳信息的掌握。可由政府相关主管部门构建专门的市场监管平台，针对海洋碳汇交易的全过程，建立完善的碳汇市场信息披露制度，以保障交易各环节的透明度。海洋碳汇项目的交易先通过第三方的检测评估，然后向主管机关进行申报，经主管机关审核该碳汇交易数据的真实有效性后，载入交易数据库并进行披露，确保其减排效果真实有效，提高蓝碳交易市场的市场透明度，推动蓝碳交易向低成本、高持续性的发展方式转变。

（3）畅通市场信息的获取途径

蓝碳市场还需要注重技术创新和数据共享。依托大数据和物联网等技术，建立全国蓝碳基础数据库，开发集数据收集、管理、核算和报告等功能于一体的信息系统，及时跟踪掌握各类蓝碳资源变化情况，科学监测、分析和评估典型蓝碳生态系统的碳储量及碳汇动态。推动蓝碳领域数据开放应用，促进各地方、各部门实施数据资源共享，确保跨部门、跨层级工作机制协调顺畅，同时提高社会公众对蓝碳数据的获取程度和利用效率，实现蓝碳项目和碳信用的透明高效管理。

7.4.3 构建蓝碳市场的可实现支撑体系

（1）构建风险预防机制

蓝碳交易系统面临生态系统风险和市场风险的双重风险，因此有必要构建"风险识别—风险分析—风险应对"的风险预防机制，以实现政府的宏观调控和市场的动态平衡。一方面，需要根据蓝碳生态系统的特点选择或制定相应的风险应对计划。为加强对蓝碳系统数据的动态掌握，在技术上建立立体监测网来加强对蓝碳生态系统储量的动态监测，为市场提供及时的信息，便于迅速有效地作出风险分析判断。在此基础上，鼓励引导金融机构设立蓝碳交易保险制度，以缓解相关主体承受的风险压力，并通过第三方机构及时应对风险。另一方面，还可以创新蓝碳金融保险产品，通过"生态保护 + 保险机制"的有机融合，利用保险服务手段，多维度地对海岸带碳汇提供减量风险服务，创新开发适合海岸带及生物多样性保护的保险产品。

（2）创新蓝色金融服务

探索建立蓝碳交易和新型金融业态合作机制。一方面，由政府设立蓝碳交易专项基金制度，在相关主体遇到风险时为其提供资金保障和支持，提高蓝碳主体管理者的积极性和稳定性。例如，北京成立中国绿色碳汇基金会，开展碳汇造林、森林经营等活动，将林业碳汇记入企业和个人碳汇账户，推动碳汇成为商业性的项目。通过构建不同结构的蓝碳发展基金，包括中央财政专项支持、地方政府和社会资本等多种渠道，深化政府和社会资本合作模式，并鼓励沿海各地方政府通过放宽市场准入、完善公共服务定价、实施特许经营模式等措施，完善收益和成本风险共担机制，支持蓝碳项目落地。另一方面，总结多类型的蓝色碳汇计量标准、监测方法、自愿减排交易方法学等配套技术，在自愿减排交易项目运行有效的基础上引入蓝色债券、蓝色信贷、碳排放权信用担保等蓝色金融服务方式。中国银行在 2020 年 9 月就定价发行过双币种蓝色债券，但目前国内贴标绿色债券募集资金投向生态保护和适应气候变化领域的比例较小，未来可积极创新蓝色债券，为蓝碳保护和修复领域带来更多的资金活力。此外，还可以在全国范围内建立完善统一的蓝色债券标准和认证体系，防范部分项目“漂蓝”，具体可结合所在地产业发展特色及产业支持政策。例如，广州市创新建立以碳排放权为质押物的融资机制和实施标准；上海市已试点碳排放权交易市场，推行现货交易与碳配额远期产品等金融衍生品，服务碳排放管理交易市场。地方政府可以在借鉴其他地市或者其他同类型生态产品碳汇交易机制的基础上，鼓励创新蓝色信贷产品，扩大蓝色信贷范围[101]。

7.5 海岸带蓝碳市场交易调控机制的实施过程和效果评估

蓝碳市场交易调控机制的实施包括一系列连贯且关联的步骤，旨在确保蓝碳市场公平、透明和高效地运作，进而增强蓝碳交易在促进海岸带生态环境保护和经济绿色低碳转型中的作用。确立调控机制的原则和目标是实施蓝碳调控机制的起点，明确调控的关键因素是确保实现既定目标的必要举措。在调控实施过程中，应考虑到不同市场主体的需求、潜在的违规行为，以及市场状况的多变性，通过设定具有针对性的政策并科学评估其效果，确保蓝碳交易市场高效和有序地发展。

在调控原则中，公平性原则确保蓝碳市场参与者的平等竞争，使蓝碳市场吸引更多的参与者和投资，同时促进地方社区的参与和受益。公开性原则通过大数据平台的实时数据共享、项目进展和交易数据的公开发布，强调交易过程、决策机制和结果的透明度。这不仅增强了市场的信任度，还能吸引更多的市场参与者。整个调控机制的高效性和可信赖性则依赖于整体机制的科学性，包括基于最新科研成果、采用严格的方法学和先进的技术支持，以及确保调控机制建立在坚实的科学基础和精准的数据支撑之上。此外，动态调整性原则的应用反映了市场适应政策、科研和市场需求变化的能力，而明确性原则确保市场参与者和监管者都能精确无误地理解和执行既定规则。这些规则将共同促进蓝碳市场更为稳定和长远地发展[120]。

在具体实施蓝碳交易调控策略时，需要应对不同主体、潜在违规行为，以及多变的市场状况等制定相应的策略，确保市场高效和有序发展[112]。

（1）不同主体

对于大型企业来说，在当今的全球化环境中，环境影响评估和碳汇、碳排放权的持有量报告不仅是一种责任，更是一种战略性的决策。这些报告不仅能够提供关于企业环境影响和碳排放情况的详细数据，还能够展示企业在环保和可持续发展方面的努力。通过定期公开这些信息，企业不仅能够向投资者、消费者和公众展示其环保意识和行动，也能够通过这些报告来吸引更多的投资和合作，从而提升其市场地位和竞争力。此外，公开评估所使用的方法论，确保这些信息的可验证性、透明性和一致性，也是企业在全球化环境中保持信誉和建立信任的重要手段。

对于中小企业和社区参与者来说，虽然他们的规模和资源有限，但他们同样对环保和可持续发展有着深刻的理解和决心。因此，为他们提供降低参与门槛和提供支持的机制是非常重要的[167]。例如，提供简化的报告流程和技术支持，可以帮助这些主体更容易地进入市场，参与环保和可持续发展的行动。这样的措施不仅能够激发更多中小企业和社区级项目的参与，也能够增加市场的公平性和多样性，从而推动地方海岸带经济的发展。

通过这种方式，我们可以看到，大型企业、中小企业和社区参与者在环保和可持续发展方面的共同努力，不仅能够推动环境保护和可持续发展的进程，也能够吸引更多的投资和合作，从而推动经济的发展。这种合作和共赢的模式，不仅能够增强全球的环保意识和行动，也能够帮助我们构建一个更加可持续和繁荣的未来。

（2）潜在违规行为

针对潜在违规行为，监管机构应具体定义何为违规行为，如虚假报告、市场操纵或对交易规则的违背，并为每一种违规行为类型设定明确的调查程序，以及依据违规程度不同，设定惩处措施。这些措施不仅要公开透明，也需要确保合理有效，以此威慑潜在的违规者。例如，对潜在的数据造假等行为，需建立严格的监测、报告、核查（MRV）体系，加强第三方审核监管的责任，并对违规行为责任人进行严厉惩罚，处以高额罚款、将其纳入失信名单等，切实保证交易的公正性和真实性。

在这个过程中，监管机构的角色不仅仅是规定规则，更要确保这些规则得到有效的执行。为了实现这一点，监管机构需要建立一套完整的监控和审查机制，以便及时发现并处理潜在的违规行为。这包括但不限于设立专门的监管团队，提供必要的资源和技术支持，以及建立一个透明的报告和处理机制，确保所有违规行为都能得到公正、公开的处理。

同时，监管机构还需要与其他相关机构和行业组织紧密合作，共同打击违规行为。这种合作不仅可以增强监管的效力，也有助于建立一个更加公正、公平的市场环境。

在处理违规行为时，监管机构还需要考虑到不同的违规程度和影响。对于轻微的违规行为，可能只需要进行警告或罚款；而对于严重的违规行为，可能需要采取更为严厉的措施，包括罚款、禁止交易，甚至纳入失信名单。这种灵活的处理方式可以确保监管机构能够根据具体情况采取适当的惩罚措施，从而有效地防止违规行为的发生。

总之，监管机构在防治潜在违规行为方面至关重要。通过具体定义违规行为、设定明确的调查程序和惩处措施，以及建立严格的监测、报告和验证系统，监管机构可以有效地管理和处理潜在的违规行为，从而确保市场的公正性和真实性，增强投资者的信心和市场的稳定性。

（3）多变的市场状况

针对市场状况的多变性，调控机制的动态调整性能够确保在市场发生重大变化时，监管能够进行迅速调整。这包括持续的市场监测和及时捕捉市场供需、价格等关键指标的变动，并在发现潜在的市场风险或不稳定迹象时，能够迅速作出反应。例如，在应对市场过热时，可通过调整蓝碳信用在强制碳市场的可抵消量或提高蓝碳交易成本等方式进行干预，避免蓝碳市场的价格泡沫和投机行为。在这个过程中，监管机构需要不断地评估市场的状况，以便及时调整策略。这可能包括分析市场动态、预测市场趋势，以及根据市场反馈调整监管政策。

一方面，监管机构还需要建立一个灵活的决策机制，以便在市场状况发生变化时，能够迅速作出调整。这种灵活性是确保市场稳定和公平的关键。蓝碳交易受海水涨潮等自然灾害影响较大，这就需要监管机构建立风险预警措施，事先明确蓝碳项目面临的潜在风险因子，并预定应对方案。这些风险预警措施可以包括建立早期预警系统、提供风险评估工具，以及制定应对策略，以确保在自然灾害发生时，市场能够快速恢复，避免因此而导致的损失。

另一方面，监管机构还需要与相关机构和行业组织紧密合作，共同应对市场风险。这种合作不仅可以增强监管的效力，也有助于建立一个更加公正、公平的市场环境。

总之，针对市场状况的多变性，调控机制的动态调整是确保市场稳定和公平的关键。通过持续的市场监测、及时的策略调整，以及建立风险预警措施，监管机构可以有效地应对市场变化，保护市场的公正性和真实性，增强投资者的信心和市场的稳定性[107]。

监管机构还应对调控机制的执行情况进行跟踪，并基于反馈情况和最新市场情况，分析判断调控措施是否需要进一步优化。通过持续优化调控手段，调控机制能够有效预防和应对违规行为，始终符合蓝碳碳汇的开发和蓝碳交易市场的发展需求。

（4）信息披露制度

构建蓝碳市场信息披露制度是确保调控机制高效实施和有效调整的重要环节。规范的信息披露使市场利益相关方及监管者能够获取蓝碳碳汇项目和交易的详尽信息，了解市场动态和交易细节，减少市场信息的不对称，进而促进整个市场的效率和活力[168]。因为市场参与者能够轻松访问并验证项目和交易的关键信息，信息披露制度还将极大地增强市场的信任度。这种信任是市场稳定运作和吸引更多参与者的基础，这也促进了海岸带蓝碳碳汇项目的实施和扩展，从而加快经济绿色低碳转型。

信息披露制度的实施还将促进市场自我监督和蓝碳项目质量的提升。详尽的信息披露使项目的环境和社会影响更易于被评估和监控。这种评估和监控不仅来自监管机构，还包括市场参与者和公众，这将激励参与者优化项目设计和执行，确保其环境效益和社会效益最大化[169]。从长远来看，市场的自我监督和持续改进将提升整个蓝碳市场的可持续性和吸引力，有助于实现更深远的社会经济效益。

在蓝碳市场调控中，对信息披露体系的设计应重点注意以下几个方面：

一是制定详细的信息披露指南，包括详细描述哪些信息需要被披露、披露的格式、频率以及披露的渠道。例如，应披露蓝碳项目概述、项目规模、预期和实际碳汇量、项目持续时间、参与方、资金来源、监测方法、第三方验证情况等信息。信息披露指南应具备针对性，包括应考虑到不同的蓝碳项目类型（红树林、盐沼和海草床碳汇）和不同体量的市场参与者，以确保相关信息的完整性和可用性。这种针对性的指南不仅能够提高信息披露的一致性，还能够帮助市场参与者更好地理解和遵守信息披露的要求，从而提高市场的透明度和公信力。

二是明确信息披露的频率和时效性。项目基本信息，如项目边界、预期效果和已实现固碳量等，应在项目启动时披露，而关于项目进展和固碳效果的更新信息也应至少每年披露一次。对于重大事件，如资金来源变更、项目规模调整或重大环境影响等，应进行实时披露。这种明确的频率和时效性要求，不仅能够确保市场参与者及时获取关键信息，也能够增强市场的稳定性和公信力。

三是监督信息披露的执行。监管机构应确保市场参与者遵循既定的信息披露指南，并通过定期审查披露的信息、进行现场检查和听取公众反馈等方式，来评估信息披露的完整性和准确性。对于未能遵守信息披露规定的市场参与者，应实施相应的惩处措施，包括罚款、纳入失信名单和市场禁入等。这种严格的监督机制，不仅能够确保信息披露的质量，也能够威慑违规行为，从而维护市场的公正性和稳定性。

四是积极运用大数据等技术。应用区块链、大数据等技术建设一个集中的信息披露平台，确保数据的安全性和不可篡改性，同时实时更新信息，保障信息披露的及时性。这些技术的应用，不仅能够提高信息披露的效率和准确性，还能够增强市场的透明度和公信力。通过这种方式，监管机构可以更好地监控市场动态，及时发现和应对潜在的风险。

总之，通过制定详细的信息披露指南、明确信息披露的频率和时效性、监督信息披露的执行，以及积极运用大数据等技术，监管机构可以有效地提高市场的透明度和公信力。这些措施不仅能够增强市场参与者的信任，也能够吸引更多的投资者参与，推动市场的健康发展。

第 8 章　海岸带蓝碳市场交易服务机制构建

8.1　海岸带蓝碳市场交易服务机制构建的关键要素

8.1.1　交易服务平台

2022 年 4 月，《中共中央 国务院关于加快建设全国统一大市场的意见》明确提出，依托公共资源交易平台，建设全国统一的碳排放权交易市场。2024 年 5 月 1 日开始施行的《碳排放权交易管理暂行条例》明确，碳排放权交易应当逐步纳入统一的公共资源交易平台体系，并对全国碳排放权交易市场管理平台建设作了明确规定，由国务院生态环境主管部门建立全国碳排放权交易市场管理平台，加强对碳排放配额分配、清缴以及重点排放单位温室气体排放情况等的全过程监督管理，并与国务院有关部门实现信息共享，以提升监管的信息化、智能化水平，形成监管合力。

交易服务平台是交易市场的载体和媒介，为蓝碳市场交易提供交易场所。当前，海岸带蓝碳信息在低碳创新发展中的地位日益显著，蓝碳市场交易服务平台建设将推动我国低碳创新向高质量发展迈进。自厦门产权交易中心在 2021 年 7 月成立全国首个海洋碳汇交易服务平台，完成了首宗红树林碳汇（泉州洛阳江红树林生态修复项目 2 000 吨海洋碳汇）碳排放量现货交易以来，各地政府在蓝碳交易上不断创新和拓展应用。为促进渔业生产转化为碳交易产品，福州连江县成立了全国首个县级海洋碳汇交易服务平台——福州（连江）碳汇交易服务平台，依托连江县行政服务中心管委会（公共资源交易中心）与海峡股权交易中心合作，建立海洋渔业碳汇和林业碳汇开发、测算、登记等“一站式”服务平台。同时，连江县创新性地提出了海洋养殖碳汇凭证——“蓝票”概念，规定由其依据国家《海洋碳汇经济价值核算办法》，经第三方机构监测评估、认证，海洋与渔业部门备案，海洋碳汇交易部门登记的海洋碳汇量而制发的具有收益权的凭证，赋予抵押、兑现、抵消等权能[170]。厦门以“碳中和 + 要素市场”为切入点，提出了“1+N”综合性要素市场体系，旨在打造涵盖股权转让、资产交易、租赁权招租、股权托管、质押融资、林权碳汇、碳中和、体育产权、旅游产权、文化产权等的碳信用相关产品[171]。

很显然，这些蓝碳交易服务平台的功能尚不完善、覆盖范围窄，需要先行推进地方蓝碳市场建设，利用蓝碳资源的区域性特征，开展有地方特色的蓝碳市场交易试点，先试先行，探索并逐步完善海洋碳汇定价机制和市场交易平台及其配套的制度，形成试点经验并逐步推广，从而构建全国性的蓝碳交易服务平台。依据现有优势资源构建蓝碳交易服务平台，将海洋碳汇信息融入海洋产业链与低碳创新发展全链条中，通过实现蓝碳信息整合、信息服务与信息共享等功能，发挥信息平台的价值创造能力[172]。建设的服务平台应具有信息公示、价格商议、价格发现、市场交易、碳汇计量一体化信息收集与统计工作等主要功能，还应具有价值评估、碳汇效果与潜力评价、信托等其他服务功能。对于碳市场交易主体而言，借助蓝碳市场交易信息平台，可以及时获取市场信息以解决信息不对称问题，挖掘市场需求信息与政策导向信息，为生产经营提供新思路；对于科研机构而言，在蓝碳市场交易服务平台中所获取的信息不仅出于企业与政府等主体的需求，同时也满足自身知识获取的需求，通过向信息平台提供技术信息实现科研成果转换，为下一步技术突破性研究积累宝贵经验。

2023 年，CCER 机制随着《温室气体自愿减排交易管理办法（试行）》的发布而重新启动，以林业碳汇和红树林碳汇为代表的生态系统碳汇项目可根据最新发布的方法学陆续得以开发和应用。因此，可依托公共资源交易平台，以 CCER 市场为切口，开发蓝碳项目和产品，推动蓝碳项目作为碳减排抵消产品进入 CCER 市场，充分发挥各级政府的指导作用，牵头搭建统一的蓝碳市场交易信息服务平台，由各蓝碳市场主管机构自主申报项目信息，经权威机构检测评估认定后予以发布，并通过定期复核的方式，来实现蓝碳项目信息更新的准确性与动态化。

蓝碳市场交易服务平台的建设还应突出以下几个要点：一是支持服务平台建

设的网络服务系统需要提供完善的信息，这样有利于宣传相关政策法规及技术规范，为海洋碳汇供给者、需求者及投资者提供实时供求信息，整合海洋碳汇交易相关的支持性服务，从而降低市场交易风险及交易成本，引导海洋碳汇交易市场规范发展。二是交易服务平台应该体现海岸带蓝碳特色，充分考虑中国海洋资源环境的特色情况，发挥出其整体储备的最大潜力[112]，有效地实现陆地生态系统减排增汇与海洋生态系统减排增汇的协同发展。三是注重保障信息安全，实现开放性与限制性的统一，区别于其他信息平台，蓝碳交易服务平台除了涉及核心企业的海洋碳汇供给与需求信息，还涉及相关政府部门、高校与科研机构等多方市场参与主体，为降低平台出现不实信息和发生平台信息不当利用的概率，服务平台应在保证开放性的基础上，设置准入标准，提高海洋碳汇信息的收集与管理水平，为信息安全提供保障，降低市场交易风险性[172]。

8.1.2　MRV 体系

温室气体排放的数据质量是保障全国碳排放权交易市场健康有序发展的生命线，也是市场健康运行的基础和前提。全面、准确、真实的碳排放数据不仅是全国碳排放权交易市场扩容、增加市场活力的基础，也是影响当前全国碳排放权交易市场温室气体减排成效的关键要素。监测、报告、核查（MRV）体系是构建碳市场环境的重要环节，也是碳交易体系的核心和基石。构建 MRV 体系的核心目标是获取企业真实、可信、可量化、可追溯、可核查的碳排放数据，是对控排企业二氧化碳等温室气体排放进行量化和保证数据质量的过程。由于数据质量管理涉及重点排放单位、技术服务机构、有关部门等多个主体，是复杂的系统工程，MRV 体系建设同样涉及碳排放企业、第三方核证机构、政府部门等参与主体职责。

根据《碳排放权交易管理暂行条例》的出台背景，作为参与碳排放权交易的重要主体和直接利益相关者，当前部分重点排放单位存在碳排放管理能力较弱、缺乏完备的内部数据管理和碳资产管理制度体系、未合理设置专职管理岗位等问题。因此，重点排放单位是提高数据质量管理水平的关键。通过对温室气体排放开展监测、报告和核查，使碳排放数据量化可测，测量结果可输出、可检验，保证碳排放数据准确、可比、可信。围绕 MRV 体系的建立完善，提供交易核证服务的第三方核证机构、碳交易咨询、碳资产管理、碳金融服务等碳交易服务机构[173]

随之而来，共同推动碳市场交易服务机制的建立。重点排放单位委托相关服务机构，根据有关规定和技术规范开展数据质量控制方案制定及执行、排放相关检验检测、温室气体排放量核算、年度排放报告编制和报送等活动。接受委托的技术服务机构，包括从事检验检测的技术服务机构出具检验检测报告，从事年度排放报告编制或技术审核的技术服务机构出具年度排放报告和技术审核意见等。

为确保蓝碳项目相关数据的真实性和准确性，往往需要对海洋碳汇的实际情况进行动态监测、及时报告、有效核查，在综合评估的基础上，适时建立常态化的联动机制[103]。首先，对蓝碳项目实施常态化动态监测，开展海洋调查、碳储量评估、潜力分析，落实监测、报告、核查等重要环节，确保海洋碳汇项目数据的客观精准。这类碳业务应当交由除交易双方和蓝碳交易管理机构之外的第三方核证机构负责，可以通过加强与科技部门、质检部门和高等院校间的合作，对蓝碳交易产品的相关条件进行具有专业性的核证[160]。其次，加快海洋碳汇前沿性技术研究并与国际海洋碳汇核算体系接轨，形成科学完备、国际认可的监测、报告、核查体系，夯实统计基础、开展方法学研究、建立排放因子库和完善支持政策等保障措施，这类业务需要科研机构和相关智力资源的支撑。再次，授权有资质的第三方监管机构对海洋碳汇生态产品市场进行监督，防止企业数据弄虚作假、有关部门徇私等乱象的发生[132]。政府可以通过公开、多元、及时和高效的平台发布蓝碳交易的相关信息，包括统一、权威的蓝碳资源监测、报告、核证信息，使市场主体能够实时了解我国蓝碳市场相关制度和交易情况。

8.1.3 登记交易机制

《碳排放权交易管理暂行条例》第五条规定："全国碳排放权注册登记机构按照国家有关规定，负责碳排放权交易产品登记，提供交易结算等服务。全国碳排放权交易机构按照国家有关规定，负责组织开展碳排放权集中统一交易。登记和交易的收费应当合理，收费项目、收费标准和管理办法应当向社会公开。"该条例明确了成立全国碳排放权注册登记机构、交易机构，对配额登记、发放、清缴、交易等相关活动精细化管理，碳排放权登记体系（企业的排放权登记、数据报送和监测）和碳排放权交易体系（碳排放权的买卖和结算），共同构建了全国碳市场的运行框架，是确保碳交易顺利实现和市场调节作用顺利发挥的重要保障。

从当前各地方试点和全国统一碳排放权交易市场的实践情况来看，各地方试点碳交易市场均由本地碳排放权交易中心或环境能源交易所负责运营管理，各碳排放权交易中心或环境能源交易所也设立了各自的碳排放权注册登记系统和交易系统。全国统一碳排放权交易市场则采用“双城”模式，由上海联合产权交易所承担全国碳排放权交易系统建设工作，负责管理交易；由湖北碳排放权交易中心承担全国碳排放权登记注册系统建设工作，负责管理注册登记。然而，从实践现状来看，碳排放权注册登记系统实质上是碳信用的所有权管理系统，其主要负责管理、记录产权关系的登记和变更。目前，各地方试点碳交易市场的碳排放权注册登记系统互不相通，可能会造成边界模糊、交叉重复等问题，而碳排放权注册登记系统还与碳排放权交易系统相连，进而可能导致同一配额或 CCER 进入不同的碳排放权交易系统，出现重复计算的情况，影响碳交易市场的长效运行。

由于蓝碳交易市场建设尚在初步发展阶段，缺乏实践探索，因此蓝碳交易的程序设计可以参考借鉴现有碳汇交易的相关程序。登记记录机制的主要作用是准确记录海洋碳汇的流转过程，主要功能包括随时反馈各卖方持有的海洋碳汇种类和数量，跟踪记录每一宗海洋碳汇的产生、交易、流转等过程信息。可以考虑由政府部门建立海洋碳汇交易登记数据库系统，并与交易主体、交易平台等链接。此外，进行登记记录也有助于营造海洋碳汇交易体系的诚信环境，通过服务平台开展登记公示、技术支撑、绿色金融、培训研究等服务功能。

8.2　海岸带蓝碳市场交易服务机制的参与主体

海岸带蓝碳交易模式需要多方主体共同参与，完善的交易服务体系能够促使各方利益获得保障 [178]。除了买卖双方，蓝碳市场交易同样需要中间服务力量来辅助交易完成。灵活但受监管的中介机构是提高交易运行效率的保障。由于蓝碳的性质特殊，交易双方需要对蓝碳碳汇量的额外性、永久性和稳定性等交易基础进行核查核证，确认测定所依据的标准，这就要求服务主体具备相当的技术资质和专业性，还要具有广泛性和灵活性，这对蓝碳项目的开发与落实具有极其重要的作用。通过信息要素的流通使蓝碳供需双方可以直接进行交流与交易，更加透明化的信息市场可以减少蓝碳的流通次数 [160]，一定程度地减少蓝碳及市场交易双方的交易成本。

（1）技术服务机构

《碳排放权交易管理暂行条例》明确了参与全国碳排放权交易的技术服务机构的法律地位和职责，即“省级人民政府生态环境主管部门可以通过政府购买服务等方式，委托依法设立的技术服务机构对年度排放报告进行技术审核”，“重点排放单位可以委托依法设立的技术服务机构开展温室气体排放相关检验检测、编制年度排放报告”，“接受委托开展温室气体排放相关检验检测的技术服务机构，应当遵守国家有关技术规程和技术规范要求，对其出具的检验检测报告承担相应责任，不得出具不实或者虚假的检验检测报告”，“接受委托编制年度排放报告、对年度排放报告进行技术审核的技术服务机构具备相应的设施设备、技术能力和技术人员，建立业务质量管理制度，独立、客观、公正开展相关业务，对其出具的年度排放报告和技术审核意见承担相应责任，不得篡改、伪造数据资料，不得使用虚假的数据资料或者实施其他弄虚作假行为”等内容。

由于温室气体排放量监测统计、碳排放相关检验检测、技术报告编制及审核等工作专业性很强，离不开技术服务机构及对应从业人员的支持。海岸带蓝碳纳入碳市场也面临同样的技术难题，蓝碳项目审定和核证需要专业人才及审定核证经验，并对第三方机构进行相应的资质认定。对于大部分中小规模的海洋碳汇项目开发方来说，从第一产业经营业主向项目开发方转变有较大的困难。市场若能培育和认证一批具有相关资质的中介组织，为蓝碳项目在立项、申报、监测、核证和交易等阶段提供代理、技术支持以及咨询服务，可以减少信息不对称，加速海洋碳汇产品的价值实现[58]。

①第三方核证机构。海岸带蓝碳市场交易所需的技术服务机构主要是指第三方核证机构。具体而言，第三方核证机构是指经过政府备案管理，通过资质审查，按照政府制定、公布的相关程序和规范，对控排企业开展核查活动，核查完成后编制、提交相关核查报告的法人机构。核查工作是碳交易过程中的重要一环，不仅关系着配额分配，还影响着配额履约清缴。第三方核证机构一般服务于政府部门，其主要通过实地走访、确认排放设施、查看生产数据、验证排放信息等方式来核算、确定控排企业的实际排放量。为确保控排企业的排放数据和核查报告的真实性和准确性，第三方核证机构应独立于政府部门和控排企业。如果出现数据造假

等违规行为，政府部门可以撤销第三方核证机构的核查资质，并给予一定的处罚。

蓝碳交易一般需要第三方核证机构对项目增汇成效进行审定和核证，审定和核证工作需要遵循相应的方法学。根据国内外相关机制运行经验，在审定过程中，审定机构应确认项目的基准线确定和减排量计算的准确性、项目的额外性以及监测计划的合理性；在核证过程中，核证机构应确认项目活动实施和运行情况、监测计划的执行情况以及减排量的计算过程及结果。目前，中国质量认证中心等单位具备海洋碳汇项目审定和核证经验 [112]。认证机构可以由生态环境主管部门统一负责管理，取得资质必须向生态环境部申请，审核批准后才能允许从事业务，也可以支持具有国家温室气体自愿减排交易、核证碳标准等认证资质的机构参与蓝碳项目开发。由这些专业的认证机构负责开展碳排放量的审定和核查，向交易所提交相关报告，保证碳交易市场信息客观、公正、有效 [174]。

②第三方检测机构。技术服务机构还包括第三方检测机构。检验检测机构是指依法成立且能够利用仪器设备、环境设施等技术条件和专业技能，对特定产品或者对象进行检验检测的专业技术组织，主要负责对温室气体排放元素开展测验、分析，以辅助碳核算工作，其管理体系、人员配置、环境设施、仪器设备等基本条件和技术能力需要符合资质认定条件和要求。目前，排放因子法是使用最为普遍、广泛的碳核算方法，排放因子的测算涉及元素碳含量的检测，如电力企业需要将燃煤样品送至第三方检测机构，由第三方检测机构测算燃煤样品中的发热量、碳含量和氧化率等参数，并换算为统一基准。在检测完成后，由第三方检测机构出具相关检测报告。

（2）信息服务机构

国务院印发实施《碳排放权交易管理暂行条例》，生态环境部出台管理办法和碳排放权登记、交易、结算方面的三个管理规则，以及发电行业碳排放核算报告核查技术规范和监督管理要求等，对注册登记、排放核算、报告、核查、配额分配、配额交易、配额清缴等涉及碳排放权交易的关键环节和全流程提出了明确要求和规范。这些技术性关键环节涉及很多碳汇专业知识，对其中的参与者要求非常高，因此离不开由市场或政府支持建立的咨询服务机构和信息服务平台，定期发布碳减排的供求信息，吸引更多市场主体参与我国蓝碳交易，使市场交易更加透明。通过建立完善的信息咨询服务体系，调动蓝碳交易上、下游产业链资源，包括市场交易咨询顾问、减排项目咨询顾问、核证核查培训咨询服务等[175]，最大化地利用市场手段实现资源分配。

①信息服务平台。作为第三方服务中介机构，信息服务平台不直接参与具体的市场交易活动，其主要是通过电子信息技术手段为进行碳交易的交易主体提供基础支撑，以促成市场交易活动，降低市场交易成本。目前，碳排放权交易所和交易中心是负责提供碳交易服务的主要平台。为保障市场交易活动的顺利进行，各地方试点交易所或交易中心通常设立两个电子系统，即碳排放权注册登记系统和交易系统。具体而言，注册登记系统主要是提供配额登记结算服务的电子系统，其不仅可以实现配额分配、交易划转、履约及注销等功能，还能实现统计分析、信息查询等功能，从而协助相关主管部门对注册登记和市场交易行为进行监管；交易系统主要是提供交易服务的电子系统，其与碳排放权注册登记系统相连，当交易主体计划卖出自身持有配额时，需要登录碳排放权交易系统，将碳排放权登记注册系统中的配额从管理科目转入交易科目，而市场买方则需要通过碳排放权交易系统将资金从结算银行转入系统结算专用账户，以顺利达成交易。另外，政府也规划设立了国家自愿减排交易注册登记系统，以提供 CCER 的登记、交易和结算服务[176]。

在履约机制下，蓝碳交易所需的交易机构和信息登记机构一般为政府部门指导建设。在部分自愿性机制下，交易机构和信息登记机构可以由市场自发形成，但是政府的监管也是必要的。交易机构应当具备设备等基础设施及人才队伍，制定交易细则，为服务蓝碳项目提供快捷高效的交易服务。在交易量大、条件充分的情况下，建立线上交易平台将有助于大幅提升交易对接效率；对于部分自愿性交易活动，一些提供区域性场外交易服务的交易机构也可以发挥重要的投融资接洽功能。参考有价证券等金融交易活动开展的经验，信息登记机构需要进行核证减排量的持有、变更、注销等信息登记，提供相应的结算服务，确保与交易机构之间准确、及时地进行信息交换，作为判断有关权益归属的基本依据。为增进海洋碳汇交易活动的透明性、公正性和可靠性，提升社会参与积极性，交易机构和信息登记机构有必要做好信息披露，配合完善公众监督机制。蓝碳交易服务平台还可以参考自然资源领域生态产品价值实现平台的定位。该平台是生态产品交易与登记平台、生态产品价值实现信息披露平台、生态产品价值实现案例宣传推广平台、生态产品价值实现项目融资对接平台，承担生态产品开发、备案、登记、流转、注销、信息披露、宣传推广、融资对接等全流程服务功能，由广州碳排放权交易中心开展运营，完善登记及交易体系[136]。登记交易体系的核心，是生态系统碳汇产品经过备案之后，进入登记和交易对接环节所需的管理体系和电子化支撑系统等基础设施。生态产品登记系统主要用于项目和产品备案、登记、流转、应用、注销等[122]。

②咨询服务机构。咨询服务机构是受重点排放单位委托，协助其开展碳排放数据管理、核算碳排放量、编制碳排放报告的第三方服务机构。咨询服务机构也是海洋碳汇市场的重要组成部分，可以为供需双方提供市场交易信息、预测风险和未来的发展趋势等。在海岸带蓝碳纳入我国碳市场的过程中，可适当放宽市场准入条件，鼓励咨询服务类和碳资产管理类等中介机构进入碳交易市场，充分利用各类媒体，采取多种形式，发布全国碳市场权威信息资讯，加强政策研究、信息开放、交易服务和技术指导[173]，提高利益相关者的蓝碳项目管理意识和能力。

（3）金融机构

金融机构是碳交易市场的重要参与者。碳交易市场中的金融机构主要涉及各大银行、保险公司、证券公司、基金公司、碳资产管理公司等。这些金融机构并非控排主体，不承担减排义务，参与碳交易市场不是由于履约压力，而是为了获利。在碳交易市场中，金融机构发挥着多重作用。从服务市场交易主体的角度来说，金融机构可以充当中介角色，为控排企业提供咨询、碳资产管理、碳交易代理等中介服务。金融机构能够开发设计出多种碳交易衍生产品，提供多元金融服务，甚至推动相关碳金融政策的制定和实施[176]。因此，发挥金融机构在提高海岸带蓝碳纳入碳交易市场的流动性、丰富产品组合、提供避险工具等方面的积极作用，降低蓝碳产品开发的信用成本、融资成本和交易成本，为推动蓝碳资源生态价值向经济价值转变提供金融支持。在此过程中，加强碳交易市场管理机构的能力建设，包括许可证发放机构、交易运作管理机构等。鼓励各区域性碳交易市场进行业务创新，推动各市场主体积极参与碳交易、开发新的碳金融工具、进行碳资产管理，从碳交易初级市场升级到碳商品市场，完善蓝碳资源资产化进程，建立全国统一的蓝碳资产核算、信息发布及共享体系[177]。

①银行。在碳金融市场中，充当主力的是商业银行。商业银行根据碳减排项目开发企业的实际需求，为其量身定制有效降低财务成本、提高自有资本周转率

以及及时满足企业资金需求的一系列综合金融服务方案。商业银行作为碳减排项目开发企业的财务顾问，也将极大地降低碳减排项目开发企业的时间成本和人力成本，有效地促进碳减排项目建设的顺利开展。同时，商业银行利用其丰富的客户资源，以及相对全面的信息渠道，可以搭建碳交易平台，为进行碳交易的双方提供代理服务，降低碳交易双方的时间成本，提高碳市场交易的效率。

②保险公司。作为金融产业链条中的风险防范和保障机构，保险公司在碳市场中也是重要的参与者之一。由于蓝碳项目交易并不是直接的商品交换，而是买卖双方通过合作的方式达成交易的目标，故而蓝碳项目交易的周期普遍较长，在项目建设的过程中容易因气候灾害、政策波动等风险造成一定的经济损失。因此，构建合理的蓝碳交易保险制度，鼓励保险机构开发为海洋碳汇项目提供风险保障的保险产品，避免因风险机制的不完善而挫伤买卖双方交易的积极性。蓝碳交易保险制度的建立可以将风险转移给第三方机构，推动“政银保”合作开展政策性保险和银行信贷支持“一站式”服务[102]，缓解投保人在碳汇交易过程中以及蓝碳资源遭受损害时的压力，并使受损的海洋生态系统获得及时有效的修复。

蓝碳保险旨在为海洋碳汇项目提供保险方案。2020 年，保护国际基金会与保险公司合作建立生态修复保险服务公司，利用红树林减灾效益年费和红树林碳汇交易收益，为 4 000 公顷红树林保护和恢复提供稳定的资金支持。基于海洋碳汇项目风险管理而开发的蓝色保险项目是海洋生态系统保护和恢复工作的重要资金来源，以碳汇交易或保险收益反哺碳汇项目区的保护与恢复已成为国际上的常见做法[53]。

③证券机构。证券公司是资本市场中直接融资渠道的重要参与者之一，也是碳市场中重要的参与者之一。通过创新设计低碳证券化产品，包括森林债券、生态证券化试点项目以及低碳抵押贷款支持证券等产品，拓展低碳项目开发企业的融资渠道，增强碳市场的活跃度，提高碳市场的流动性[178]。碳汇有价证券经营机构是符合监管主体制定的准入标准并取得相关资质的机构，该机构一般要求具备完善的碳汇交易系统。在交易过程中，该机构主要扮演两种角色：一是为供需双方提供“碳票”的交易平台和融资服务；二是为对蓝碳市场的发展趋势进行预测和风险评估，为交易主体提供预警机制，为政府部门提供信息支持[167]。

④基金公司。不同类型的基金公司，在碳市场中所起到的作用是具有差异性的[214]。基金公司资金来源的渠道分为三类，包括政府机构、民营企业、政府机构

和民营企业混合。基金公司的管理机构也可分为三类：国家开发银行、民营企业和政府部门。因此，基金公司可分为六大类型。我国碳基金的服务模式包括针对清洁发展机制项目的碳基金服务模式和针对碳汇项目的碳基金服务模式。针对清洁发展机制项目的碳基金服务模式主要包括两种方式：一种是以有偿服务模式为项目提供资金支持；另一种是以无偿赠予的服务模式为项目提供资金支持。其中，有偿服务模式包括委托贷款、股权投资以及为 CDM 项目的融资提供第三方担保。针对碳汇项目的碳基金服务模式，原国家林业局应对气候变化领导小组制定了《中国绿色碳基金碳汇项目管理暂行办法》，明确了我国对使用中国绿色碳基金资助的碳汇项目的服务模式。该制度规定，中国绿色碳基金对获得审批立项的碳汇项目采取合同制管理，项目资金按照签订的实施合同分期拨付。在项目实施合同正式签字生效后，向项目实施单位拨付 60% 的项目资金；项目验收合格后，向项目实施单位拨付 20% 的项目资金；项目核查合格后，向项目实施单位拨付 10% 的项目资金；项目首次碳汇计量结束后，对于项目成果巩固良好的项目实施单位，拨付剩余的 10% 的项目资金。项目资金必须专款专用，不得挪用和串用。一旦发现违规使用资金问题，中国绿色碳基金会有权停拨和收回项目资金，并提请有关方面对项目负责人给予相应的处分。

（4）科研单位

科研单位往往在碳汇项目方法学和标准制定等方面发挥重要作用，为海洋碳汇项目开发者提供技术指导和项目申报指导。在专业能力方面的技术优势，使科研机构能帮助企业减少在碳技术开发时的投入成本，同时，科研单位、行业协会和专家智库对地方政府的碳交易政策制定有一定的支撑，形成“产学研一条线”有助于减少信息不对称问题[199]。蓝碳交易的重要依据是明确公认的固碳机理以及科学可行的方法学，在海洋碳汇固碳作用的基础科学研究结论明确的前提下，开发适用于海洋碳汇交易的方法学。科研单位开展海洋碳汇相关科学研究和方法学研发，前期离不开政府部门的投入和支持，后期可以通过为市场化的海洋碳汇项目开发提供技术支撑而获得成果转化资金支持。方法学一般由基准线方法学和监测方法学两部分构成，为项目减排量估算、开展监测等提供方法依据，涉及项目边界的确定、海域等权属合格性、碳库和温室气体排放源的选择、项目期和计入期的确定、基准线情景识别与额外性论证、碳层划分、基准线碳汇量和项目碳汇量计算、减排量计算以及项目活动的监测、生物质碳储量监测、精度控制等内容。目前，国内外海洋碳汇领域已探索开发的方法学主要涉及红树林、海草床、盐沼三大海岸带蓝碳生态系统，涵盖海洋生态系统修复、避免破坏及保护等类型[102]。

（5）行业协会

行业协会是介于政府和企业之间并提供服务、沟通协调、行业自律等职能的社会中介组织。碳排放权交易行业各级协会的成立，不仅丰富了产权交易行业的市场主体，也为产权交易行业以其自治性组织活动构筑社会经济秩序自我调控机制、实现市场在资源配置中的决定性作用打下了良好基础。通过行业协会凝聚企业，形成统一联盟，建立联合谈判机制，减少碳减排的出口贸易企业间的无序恶性竞争，利用我国在碳减排总量上的绝对优势，提高我国碳交易的定价能力。

例如，近年成立的广东海洋协会海洋生态健康与蓝碳发展分会，致力于推进广东省海洋生态保护修复和蓝碳产业发展，开展海洋生态健康与蓝碳发展专项研究。通过搭建海洋生态健康与蓝碳产业交流服务平台，推动海洋生态修复和蓝碳产业发展和行业规范建设。通过发挥行业协会的协调作用与内部监督作用，建立健全不同自律组织之间的信息交流与共享机制，并将信息交流纳入行业自律管理体系，可以避免碳市场风险在不同行业之间的传递与扩散。同时，可以借鉴国外的做法，建立全国性或区域性的蓝碳行业自律组织，成立统一的行业自律机构管理委员会[179]，有效地披露碳市场的交易信息，将行业协会自身管理及经营情况定期向行业监管部门汇报，利用专业知识和行业实践经验协助主管部门完善相关办法，通过专业群体主动作为、群策群力[180]，共同维护蓝碳市场的健康运行。

（6）专家智库

现有研究多将专家资源作为智库的一个组成部分。培育发展具有蓝碳项目审定与核证技术能力的专家智库，鼓励相关机构参与方法学研发和实践检验，可以大大提升海洋碳汇项目审定与核证效率、科学性和公信力[102]。建议以现有的国家气候变化专家委员会为主体，以相关研究机构和科研单位为支撑，通过开展课题研究、组织论坛等方式集聚一批国内外著名的专家和学者，进行蓝碳交易管理体制建设方面的专题讨论和研究，为各级政府决策者提供前瞻性、战略性、预警性的政策建议[209]。

8.3　国内外海岸带蓝碳市场交易服务机制案例分析与经验借鉴

8.3.1　国外海岸带蓝碳市场交易服务机制分析

（1）市场基础

①自然条件。海岸带资源的丰富性为各国蓝碳项目的实施提供了广阔的空间和独特的机遇。印度尼西亚、马来西亚、菲律宾等东南亚国家的政府部门与企业和非政府组织利用本国丰富的红树林资源，合作开展了红树林修复项目。例如，世界银行支持印度尼西亚在 2024 年前政府恢复 60 万公顷红树林的这项工作旨在提升沿海社区的抗灾力、增加生物多样性和固碳能力。这一全球最大规模的红树林恢复计划不仅有助于形成综合保护模型，还能助力当地生物多样性保护，为国际蓝碳市场贡献出宝贵的碳信用额。同样，在欧洲地中海沿岸国家也长期致力于海岸带保护与蓝碳开发。2023 年 4 月，欧洲首个海草床碳核算方法学在法国 Calanques 国家公园试行成功，证明保护波西多尼亚海草（*Posidonia Oceanica*）实现碳中和是可行的。这种地中海特有的海草床固碳能力强，对维持生态平衡至关重要。新方法学得到法国官方认可，为保护碳库和生物多样性提供了有效的途径。而意大利也在推进名为“Coral Reef and Seagrass Restoration”（CRSR）的项目，通过恢复海草床作为碳汇，助力减少温室气体排放 [181]。

②交易经验。在新加坡，虽然其自身的蓝碳资源没有明显竞争力，但其凭借在专业服务、贸易和金融领域的成熟地位，以及地理位置上毗邻东南亚地区的优势，具备了为蓝碳市场交易服务的潜力。由新加坡交易所、星展银行、渣打银行和淡马锡控股（Temasek Holdings）公司共同创建的 Climate Impact X（CIX），旨在提供一个用于碳信用交易的大型数字平台。这是新加坡可持续发展行动联盟（AFA）的一项倡议，目的是将新加坡建设成为碳相关服务和自然解决方案的中心 [182]。CIX 的成立正是为了满足全球对高质量碳信用额度日益增长的需求。星展银行公布的信息显示，CIX 将重点推动自然气候解决方案（NCS）市场，包括保护和恢复森林、湿地和红树林等自然生态系统。CIX 的平台预计在未来将推出

两项主要业务：碳交易所和项目市场。碳交易所主要服务大型公司和机构投资者，通过标准化合同销售大规模的碳信用。项目市场则专注于中小企业，使中小企业能够直接从特定项目中购买高质量的碳信用，从而促进更广泛的企业参与自愿性碳市场。

③多方合作。2018—2021 年，澳大利亚政府和澳大利亚联邦科学与工业研究组织（Commonwealth Scientific and Industrial Research Organisation，CSIRO）携手巴布亚新几内亚和斐济开展一系列合作，通过加强对蓝碳生态系统的测量、管理和投资，支持巴布亚新几内亚和斐济的国家气候行动和生计。2022 年 3 月，新加坡气候变迁秘书处宣布已和印度尼西亚签署了合作备忘录，两国将在碳定价与碳市场、自然为本的解决方案、清洁科技、绿色混合融资四个关键领域展开合作。新加坡是亚洲知名的金融商品交易中心，印度尼西亚是亚洲最大的碳权提供国之一，两国通过合作来进行区域碳权交易，并进而实现其减排目标。新加坡经济发展局（Economic Development Board，EDB）与埃克森美孚公司、荷兰皇家壳牌石油公司合作，成立了 S–Hub 联盟，并在 2023 年 12 月签订谅解备忘录，以评估和开发跨境碳捕获和封存（Carbon Capture and Storage，CCS）项目，预计到2030年，该项目能够每年捕获和永久储存至少 250 万吨二氧化碳，将在支持大规模减排方面发挥关键作用[183]。

（2）政策支持

早在 2011 年，联合国教科文组织、政府间海洋学委员会、联合国发展计划组织、国际海事组织以及联合国粮农组织五大机构联合发布《海洋及沿海地区可持续发展蓝图》，并提出了“全球蓝色碳市场”计划，旨在保护海洋和沿海碳汇，加强对全球海洋及沿海地区的管理。该计划的主要特征是为海洋生物栖息地的保护者创造直接的经济收益，并探讨与现有的国际碳市场合作，制定和实施一个蓝色碳市场计划。联合国在 2015 年提出的可持续发展目标（Sustainable Development Goals，SDGs）中提出，要以综合方式彻底解决社会、经济和环境三个维度的发展问题，转向可持续发展道路。其中，在目标 14“水下生命”（Life Below Water）中从三个方面探索支持蓝碳市场交易：一是在可能和适当的情况下，将蓝碳生态系统相关的生物多样性和气候目标纳入所有经济部门的政策、法规、规划、发展进程和减贫战略中；二是向可持续发展投资，将其作为发展动力；三是支持技术促进机制（Technology Facilitation Mechanism），探索支持蓝碳保护和恢复工作的可能性[184]。另外，部分国家也出台政策鼓励蓝碳交易服务的发展。例如，2021 年，新加坡经济发展局（EDB）和新加坡企业发展局（ESG）共同发布了《新加坡作为碳服务枢纽研究》的报告，强调新加坡完全有能力支持全球企业和各国政府的气候目标。该报告预测，到 2050 年，新加坡作为碳服务枢纽，能够为新加坡经济带来 18 亿美元至 56 亿美元的总附加值[185]。而在韩国，韩国海洋水产部发布了《蓝碳发展战略》，旨在利用海洋生态系统实现韩国 2030 年国家自主贡献目标（NDCs）及 2050 年碳中和目标。该战略的主要目标是推动蓝碳的碳汇储量在 2030 年达到 106.6 万吨，在 2050 年达到 136.2 万吨。为此，韩国海洋水产部将加强海洋的碳汇能力和应对气候灾害能力，建立新的蓝碳认证机制，并扩大民间、地区和国际合作。

（3）服务保障

发展蓝碳交易市场服务保障以保护投资者权益，促进蓝碳生态系统的健康发展。据新加坡国家气候变化秘书处统计，新加坡拥有 70 多家提供碳服务的组织，是东南亚碳服务提供商最集中的地方，全球知名公司和当地生态系统参与者投入资源，在新加坡建立和巩固他们新的碳服务平台。例如，新加坡能源集团（SP Group）与 Turney 公司合作，后者为 SP Group 提供全球环境、社会和治理（Environment，Social，and Governance，ESG）数据分析、碳核算和气候咨询服务。这些服务将扩展 SP Group 的碳解决方案，为用户提供“一站式”碳服务生态系统，帮助客户简化 ESG 测量、生成相关分析报告、发现可持续发展机会、管理风险和抵消碳排放[186，187]。这将支持新加坡成为碳服务和交易中心，促进新加坡碳服务生态系统的发展。而新加坡淡马锡控股公司建立了一个名为 GenZero 的投资平台，该平台将投资于低碳材料，碳捕获、利用和封存（Carbon Capture，Utilisation and Storage，CCUS）等碳减排和碳去除技术，以及可持续航空燃料等先进生物燃料，以实现可持续发展目标[188]。

8.3.2 国内海岸带蓝碳市场交易服务机制分析

自 2010 年联合国气候变化大会正式提出“蓝碳计划”（Blue Carbon Initiative）以来，我国作为世界上最大的发展中国家，不仅在国际舞台上积极参与蓝碳市场相关的政策制定和科学研究，更在国内层面展开了一系列实质性的行动。我国的相关部门联合科研机构和企业也在逐步推进海岸带蓝碳理论研究和实际应用，这为构建海岸带蓝碳市场交易服务机制打下坚实的基础，也体现出我国在全球环境治理领域的责任担当。

（1）技术规范

①中央层面。为了更精确地掌握海岸带生态系统的碳储存能力和变化趋势，我国编制和出台了一系列海岸带蓝碳技术规程，以规范海岸带蓝碳的调查评估，确保海岸带蓝碳资源的准确性和可靠性，并为下一步海岸带蓝碳交易打下基础。自然资源部海洋预警监测司在 2021 年组织启动了蓝碳生态系统碳储量调查试点工作，在 2022 年又启动了蓝碳生态系统碳汇监测试点工作，历时近两年编制完成红树林、滨海盐沼、海草床碳汇计量监测技术规程（试行）。2023 年 1 月，由自然资源部批准发布的《海洋碳汇核算方法》（HY/T 0349—2022）行业标准正式实施。该标准规定了海洋碳汇核算的流程、内容、技术和方法等，标志着我国综合性海洋碳汇核算方法的突破。2023 年 5 月，自然资源部办公厅印发实施 6 项蓝碳系列技术规程，具体为《红树林生态系统碳储量调查与评估技术规程》《滨海盐沼生态系统碳储量调查与评估技术规程》《海草床生态系统碳储量调查与评估技术规程》《红树林生态系统碳汇计量监测技术规程（试行）》《滨海盐沼生态系统碳汇计量监测技术规程（试行）》《海草床生态系统碳汇计量监测技术规程（试行）》。这一系列技术规程对红树林、滨海盐沼和海草床三大滨海蓝碳生态系统的碳储量调查评估、碳汇计量监测的方法和技术要求作出规范，用于指导蓝碳生态系统调查监测业务工作。2023 年 6 月，自然资源部海洋减灾中心对《蓝碳生态系统碳汇计量监测技术规程》行业标准征求意见。标准规定了滨海盐沼、海草床、红树林蓝碳生态系统碳汇计量的总体要求、计量方法、碳汇监测、质量保证与质量控制、成果编制和归档等工作要求，该标准碳计量参数参照上述蓝碳系列技术规程执行。2024 年 1 月，自然资源部办公厅印发实施《蓝碳生态系统保护修复项目增汇成效评估技术规程（试行）》，对红树林、滨海盐沼和海草床三类蓝碳生态系统保护修复项目增汇成效评估方法作出规范，用于指导项目尺度的全国蓝碳生态系统修复增汇成效评估工作，量化评价海洋生态保护修复项目对巩固提升海洋碳汇能力的贡献。

②地方层面。我国各省市在推动海岸带蓝碳生态系统保护与修复方面取得了显著进展，相继出台了一系列与海岸带蓝碳相关的方法学，旨在量化和监测海岸带生态系统中的碳汇潜力，促进海岸带生态修复项目的实施，并为海岸带蓝碳产品的市场化交易提供技术支撑。2023 年 4 月，广东省生态环境厅印发《广东省红树林碳普惠方法学（2023 年版）》，该方法学以湛江红树林为重点，经过原位监测、统计调查、遥感解译及多轮专家评审，规定了广东省（不含深圳市）红树林生态修复过程中实施增汇行为产生的碳普惠核证减排量的核算流程和方法。2023 年 5 月，深圳市规划和自然资源局正式发布《红树林保护项目碳汇方法学》，该方法学不仅明确了红树林保护项目碳汇的碳计量方法以及监测程序，而且为红树林保护项目所产生的碳汇提供了规范严谨的评估指南，为碳汇等具有正外部性的生态产品有效转化提供了新的路径。同时，《福建省修复红树林碳汇项目方法学》发布，并在福建省生态环境厅完成备案，纳入福建省林业碳汇机制。该方法学基于《联合国气候变化框架公约》（UNFCCC）下清洁发展机制（CDM）的评估和监测方案，结合编制组在福建省红树林长期定位观测数据基础及生态修复的工作实际，提出了科学有效的红树林碳汇核算方法，满足了碳交易中监测、报告、核查（MRV）的要求，实现了红树林增汇价值的量化，凸显了红树林生态增汇、综合生态服务功能和应对气候变化的能力，为福建省红树林碳汇交易和生态系统价值实现提供了技术依据。2023 年 6 月，广州碳排放权交易中心发布了《海草床生态修复碳汇计量与监测方法》，这是国内首个完成经项目设计、项目监测、项目审定与核证等全流程的海草床生态系统碳汇产品。此外，广州碳排放权交易中心还发布了《红树林恢复碳汇计量与监测方法》和《滨海盐沼生态修复项目碳汇计量与监测方法》，填补了红树林和滨海盐沼碳汇计量与监测方法的空白。2023 年 9 月，江苏省组织制定《潮滩与盐沼生态系统碳储量调查技术规范》，明确了江苏省潮滩与盐沼两种典型滨海湿地生态系统碳储量的调查工作方案、技术方法和具体要求，为查明江苏省蓝碳生态系统碳储量家底和潜力，促进碳储量和碳汇计量等调查监测业务化运行提供科学依据。

（2）实践案例

①认购生态修复项目所产生的蓝碳。我国的相关部门、科研院校和企业积极促成蓝碳交易，将生态效益转化为经济价值，实现环境与经济的共赢。2021 年

6 月，广东省湛江市红树林国家级自然保护区管理局、自然资源部第三海洋研究所和北京市企业家环保基金会签署了“广东湛江红树林造林项目”首笔 5 880 吨的碳排放量转让协议。这是我国首个蓝碳交易项目，也是首个符合核证碳标准（VCS）及气候、社区和生物多样性标准（CCB）的红树林碳汇项目，也为红树林等生态系统的保护和可持续利用提供了新的经济激励机制。2023 年 9 月，江苏盐城湿地珍禽国家级自然保护区与腾讯碳中和实验室举行蓝碳生态系统碳汇交易签约仪式，该项目基于江苏盐城湿地珍禽国家级自然保护区内引水补湿、互花米草防治等盐沼修复工程实施后形成的碱蓬－芦苇盐沼生态系统，依托《滨海盐沼生态修复项目碳汇计量与监测方法》进行碳汇项目开发。江苏盐城湿地珍禽国家级自然保护区范围内 107.33 公顷盐沼修复活动第一监测期内（2018 年 1 月 1 日至 2023 年 8 月 31 日）所产生的碳汇量为 1 926 吨，已在广州碳排放权交易中心生态产品价值实现平台完成登记。腾讯公司也将把此次购买的碳汇用于抵消日常工作、活动产生的碳排放，推进自身运营及供应链的碳中和。2024 年 6 月 8 日，广西合浦儒艮国家级保护区和腾讯碳中和实验室完成海草床生态修复项目蓝碳生态系统碳汇意向认购签约，并于 2024 年 6 月 14 日在广州碳排放权交易中心生态产品价值实现平台落地。此项目依托腾讯碳中和实验室资助、依据 BLUE-CARE（Blue Carbon Ecosystem Assessment，Restoration and Accounting Project）项目和《海草床生态修复碳汇计量与监测方法》进行开发，在 40 年计入期（2018 年 11 月 30 日至 2058 年 11 月 29 日）内，项目活动预估产生约 2 420 吨净碳汇量。本次认购的碳汇量是在 2018 年 11 月 30 日至 2024 年 5 月 31 日监测期内所开发的，共计约 320 吨。项目产生的生态碳汇收益也将持续用于海草床保护和修复管护。

②在蓝碳交易服务平台完成交易与合作。蓝碳交易服务平台的建立，为各方参与者搭建了一个高效、透明的桥梁。2021 年 7 月，厦门产权交易中心成立全国首个蓝碳交易服务平台，并于 2021 年 9 月在该平台完成泉州洛阳江红树林生态修复项目 2 000 吨的蓝碳交易。此外，2024 年 3 月，厦门产权交易中心与宁波产权交易所签约跨省共建蓝碳生态碳账户。厦门产权交易中心还与内蒙古、江苏及福建省内的检察院、法院完成了“生态司法＋蓝碳交易”，将海洋碳汇司法交易的服务扩大到全国其他地区。2023 年 9 月，北部湾产权交易所集团广西（中国—东盟）蓝碳交易服务平台挂牌并成交广西首宗蓝碳交易，此次交易的具体标的为广

西钦州市 2020 年“蓝色海湾”整治行动中孔雀湾区域新增红树林项目产生的蓝碳量。经自然资源部第四海洋研究所核算，该项目中 11.72 公顷红树林总碳汇量为 1 278.78 吨，此宗交易转让其中 500 吨。2024 年 6 月，宁波、厦门、深圳、青岛、大连五地产权交易机构联合在象山发布蓝碳交易创新倡议，全国蓝碳交易团体标准正式立项，旨在通过跨区域合作，探索全国统一大市场趋势下的蓝碳交易机制。

③创新蓝碳市场交易产品和服务形式。我国各地正积极创新海岸带蓝碳市场交易产品和服务形式，以促进生态保护和激发市场活力。

海洋碳汇贷：以长岛农商银行“海草床、海藻场碳汇贷”为代表的“海洋碳汇贷”融资模式，通过定制融资服务方案、完成调查审批、登记投放等环节，发放蓝碳碳汇预期收益权质押贷款。此外，兴业银行青岛分行以胶州湾湿地碳汇为质押，向青岛胶州湾上合示范区发展有限公司发放贷款 1 800 万元，专项用于企业购买增加碳吸收的高碳汇湿地作物等以保护海洋湿地。

蓝碳基金：兴业银行厦门分行委托厦门产权交易中心通过其设立的蓝碳基金购入首笔海洋碳汇，用以抵消兴业银行与厦门航空有限公司共同推出的首批“碳中和机票”对应航程所产生的碳排放，该笔碳汇是厦门产权交易中心运用红树林海洋碳汇方法学完成 2 000 吨红树林修复项目的海洋碳汇交易。此外，兴业银行福州分行落地首笔数字人民币采购海洋渔业碳汇交易，用于购买 1 000 吨海洋碳汇。

拍卖：2023 年 2 月，在浙江宁波象山进行了全国首次以拍卖形式进行的蓝碳交易，成交了约 2 340.1 吨碳汇量。2023 年 9 月，全国首单红树林保护碳汇以 485 元 / 吨的价格由深圳市家化美容品有限公司竞得，拍卖所得上缴深圳市财政，反哺红树林保护与修复。

（3）经验借鉴

①借鉴其他市场交易服务体系。借鉴其他国家和地区的蓝碳市场交易服务体系，不仅能够学习先进的管理经验和技术手段，更能够加速构建适合我国国情的蓝碳交易平台。例如，以新西兰、欧盟为代表的国家和国际组织已经在国际上积极参与蓝碳相关的国际标准的制定工作，努力在国际蓝碳规则的建立中占据一席之地；欧盟的排放交易体系（EU-ETS）和芝加哥气候交易所的减排计划等在实践

中积累了丰富的市场经验与技术创新；澳大利亚和新西兰等国家建立了全国性的碳排放交易系统，并通过立法确保碳排放交易的合规性和透明度，这为建设国内蓝碳交易服务平台的监管机制与法律框架提供了参考。

②组织、机构和科研单位积极促成合作。参与建设蓝碳市场交易服务体系的组织、机构和科研单位等主体都在积极地“牵线搭桥”，旨在将蓝碳交易服务体系从理论研究引入实际应用。以联合国环境规划署（UNEP）、世界银行以及全球环境基金（GEF）为代表的国际组织，凭借其在环境保护和气候变化领域的权威地位，为蓝碳交易服务体系的设计提供了框架性的指导。它们倡导建立统一的标准和认证体系，确保蓝碳项目的质量和效益得到国际认可。同时，通过举办研讨会、工作坊等活动，这些组织促进了政策制定者、科学家、企业和社会团体之间的对话与合作，为蓝碳交易奠定了坚实的社会基础。各国的海洋类科研单位则是蓝碳交易服务体系建设的科学支撑。它们通过长期的监测和研究，量化了海洋生态系统中的碳汇潜力，为蓝碳项目的评估和定价提供了科学依据。政府部门通过立法和政策激励，为蓝碳交易创造了良好的外部环境。金融机构则通过投资和创新，将蓝碳项目转化为具有商业价值的产品和服务。非政府组织和社区团体则在宣传教育和公众参与方面发挥作用，提高了社会对蓝碳价值的认识和保护意识。在这样的背景下，各方合作成为推动蓝碳交易服务体系发展的关键动力。

③蓝碳交易收益反哺海洋生态修复。在推动蓝碳交易的过程中，通过市场机制对海洋生态系统中的碳汇进行买卖，不仅为减缓气候变化提供了新的策略，而且为海洋环境的修复与保护开辟了一条可持续的资金渠道。在成熟的蓝碳交易服务市场体系中，首先，通过以《蓝碳生态系统碳储量调查评估技术规程》为代表的科学的方法和标准化的计量，可以准确地评估红树林、盐沼和海草床等海岸带生态系统的碳汇潜力，为蓝碳交易提供了坚实的基础，同时也确保了交易的透明性和可信度。其次，以建立蓝碳交易相关政策和监管框架为基础，明确蓝碳项目的修复目标、监督修复活动的实施情况以及确保资金的合理分配。最后，蓝碳交易的收益为海洋修复项目提供了稳定的资金来源。将蓝碳交易的收益用于恢复退化的红树林、保护濒危的珊瑚礁或重建受损的海草床等修复活动，不仅可以增强海洋生态系统的健康和韧性，还能够增加其碳汇容量，形成良性的循环。

8.4 海岸带蓝碳市场交易服务机制的构建

（1）制度框架的构建

①政策和法律法规的完善。为了构建一个稳健的海岸带蓝碳市场交易服务机制，最基础的工作是完善相关的政策和法律法规。这包括但不限于明确蓝碳资源的所有权、使用权和收益权，制定碳汇计量、认证和交易的标准。这些内容不仅需要准确反映海岸带生态系统的碳储存能力，还要便于操作，使各类参与者都能够理解和应用，同时还应考虑到国际接轨，以便未来在全球碳市场中进行交流与合作。此外，政策的制定应考虑到激励机制的设计，可以降低企业和个人参与蓝碳项目的门槛，鼓励各主体参与蓝碳资源的保护和增汇活动，提高他们的积极性和主动性；而法律法规还需考虑到市场监管，维护公平竞争环境，以保障市场交易的正常进行。

②全国性方法学的制定。在全国范围内制定统一蓝碳计量和报告的方法学至关重要。首先，方法学的制定必须建立在坚实的科学研究基础之上。这需要整合多学科的知识，以确保对海岸带生态系统的碳储存能力进行全面而准确的评估。例如，利用遥感技术可以监测大面积的海岸带变化，而实地调查则能提供更为精确的数据，两者相结合可以提高计量的准确性。其次，方法学应当具备可操作性，以便于不同地区的实施。考虑到我国海岸线的多样性，方法学需要具备一定的灵活性，能够适应不同的地理环境和生态条件。同时，为了便于推广，方法学应尽量简化流程，减少不必要的复杂性，使各类参与者都易于掌握和执行。再者，方法学的监管机制也是不可或缺的一环。这包括建立一个统一的监管框架，确保所有蓝碳项目的计量和报告都遵循相同的标准。此外，还应设立独立的第三方审核机构，对碳信用的产生过程进行监督和验证，以增强市场的透明度和公信力。

（2）服务机制的设计

①数据和信息的保障。在海岸带蓝碳市场交易的服务过程中，建立完善的数据和信息管理系统至关重要。通过对海岸带蓝碳数据进行收集、存储和分析，形成海岸带蓝碳市场信息和交易数据的报告。同时，要建立完善的安全机制，确保

海岸带蓝碳交易信息的安全和保密，采用加密技术和安全防护措施，避免信息被窃取或篡改。此外，还需加强对交易参与方的身份认证和风险控制，预防违法行为。

②交易风险控制的管理。在构建海岸带蓝碳市场交易服务的稳健框架中，确立一套严谨的交易风险管理体系是不可或缺的。此体系应通过精细化的风险评估模型，对交易参与方的信用状况、市场行为及潜在风险进行全面剖析，以预测并评估不同决策路径下的潜在损失，从而为风险管理提供决策依据。在具体的蓝碳交易实践中，还需提升市场参与者的风险认知水平。通过系统化的培训与教育，市场参与者得以掌握风险识别、评估及规避的基本技能，旨在通过改变个体的认知模式，进而影响其行为选择，最终提升个体应对风险的能力。

③交易服务的支持。为了保证海岸带蓝碳交易服务机制的正常运行，需要全方位的交易服务支持。这一支持体系主要涵盖了交易指导、技术支持以及产品培训等多个维度，通过多元化的服务途径，满足交易参与者的多样化需求。交易指导通过专业的建议和策略规划，帮助参与者构建合理的交易组合，以实现风险与收益的最佳平衡；技术支持则确保交易平台的稳定性和安全性，为参与者提供无缝的数字化交互体验；通过系统化的产品培训，提升参与者的专业素养和操作技能，从而增强其在市场中的竞争力。这些交易服务支持有助于降低市场进入壁垒，减少信息不对称，从而促进市场的有效运作和资源的最优配置。

④交易与保护生态环境的关联。在探讨海岸带蓝碳交易服务机制的构建时，不应局限于对经济效益的追求，更需深刻体现生态保护的宗旨，实现经济活动与环境保护的双赢局面。生态保护目标的融入，首先在交易模式中需要体现生态保护。通过设立最低海岸带生态保护标准，确保在追求经济利益的同时，不牺牲海岸带的生态系统健康。此外，交易机制还需与可持续发展的理念相结合。这意味着在交易规则的制定中，应鼓励那些能够促进生态恢复和生物多样性保护的行为。在实施层面，海岸带蓝碳交易服务机制的设计还需考虑到生态系统的复杂性和动态性。这要求运用生态系统服务的概念，评估交易活动对海岸带生态系统服务的潜在影响，并通过科学的管理手段，确保生态系统的稳定性和恢复力。

（3）社会力量的参与

①公众教育的推广。公众教育是一种集体智慧的积累过程，它通过媒体宣传

和教育培训等多种渠道，将蓝碳的生态、经济和社会价值转化为公众可理解的信息，从而提升公众的环境意识和参与意愿。因此，公众教育在促进社会参与海岸带蓝碳市场交易服务的建设方面扮演着至关重要的角色。具体可通过媒体宣传、教育培训等方式，提高公众对蓝碳价值的认识，激发社会各界参与海岸带蓝碳市场建设的积极性，积极地交流各自见解，共同探讨海岸带蓝碳市场的发展策略，从而形成一种自下而上的动力机制。

②多方合作的机制。在蓝碳市场的构建与管理中，建立多方合作的机制是一项至关重要的举措。这一机制的核心在于构建一个跨部门、跨领域的协作网络，其中，政府、企业、非政府组织及科研单位等各方主体发挥各自优势，实现资源的优化配置和信息的共享流通，并形成互补效应，共同推动海岸带蓝碳市场的健康发展。

（4）国际合作的深化

①国际规则的对接。为了提升我国海岸带蓝碳交易服务的国际影响力，需要与国际规则对接，积极参与国际标准的制定和修订。首先，深入研究并理解国际蓝碳市场的现行规则至关重要。这包括但不限于《联合国气候变化框架公约》（UNFCCC）下的相关机制、《京都议定书》和《巴黎协定》中的碳市场条款，以及国际海事组织（IMO）关于船舶排放的规定等。通过对这些规则的精准把握，可以确保国内政策设计与国际实践相协调，减少贸易壁垒，促进跨境碳信用交易。其次，通过加入国际标准化组织（ISO）等机构，我国能够更直接地参与国际蓝碳标准的讨论与决策。这不仅能够反映我国在蓝碳资源管理和技术创新方面的独特经验，还能够在国际舞台上发出中国声音，影响国际规则的形成，使之更加公正合理，同时符合我国的利益和发展需求。此外，推动国内蓝碳项目的认证体系建设，也是提升国际影响力的关键步骤。通过建立严格的监测、报告、核查（MRV）系统，确保蓝碳项目的数据透明性和质量可靠性，从而提升我国在全球蓝碳市场的地位。

②跨国项目的合作。在当前全球化的经济环境中，开展海岸带蓝碳交易服务的跨国项目合作不仅能够引入海外先进的管理理念和尖端科技，还可以提升我国蓝碳项目的技术水平和管理效率。首先，通过与其他国家和国际组织共同策划和实施相关蓝碳项目，我国能够借鉴并吸收国际上成功的管理经验和创新技术。例

如，学习如何运用现代信息技术手段来提高我国海岸带蓝碳资源的评估准确性和保护效果，或者采用国际通行的环境、社会责任和公司治理（ESG）标准来优化我国海岸带蓝碳项目运营。其次，跨国项目合作还能够促进海岸带蓝碳资源互补和风险分散。不同国家和地区拥有各自独特的蓝碳资源优势和面临的环境挑战，通过合作，可以整合各方蓝碳资源，形成合力，共同应对气候变化带来的威胁。同时，通过建立风险共担机制，如设立联合投资基金或签订长期合作协议，可以有效地减轻单个主体承担的经济压力和不确定性。最后，跨国项目合作强调的是利益共享原则。在项目实施过程中，各方应本着平等互利的原则进行协商，确保所有参与方都能从项目成功中获得应有的回报。这种共赢的局面将进一步激励各国加大投入，共同推动全球海岸带蓝碳市场的繁荣发展。

第9章　我国海岸带蓝碳碳汇开发路径

9.1　海岸带蓝碳碳汇项目开发的关键流程

9.1.1　主要国际减排机制蓝碳碳汇开发的关键流程

（1）VCS 蓝碳碳汇开发的关键流程

VCS 新方法学开发将经历以下步骤[189]（图 9–1）。

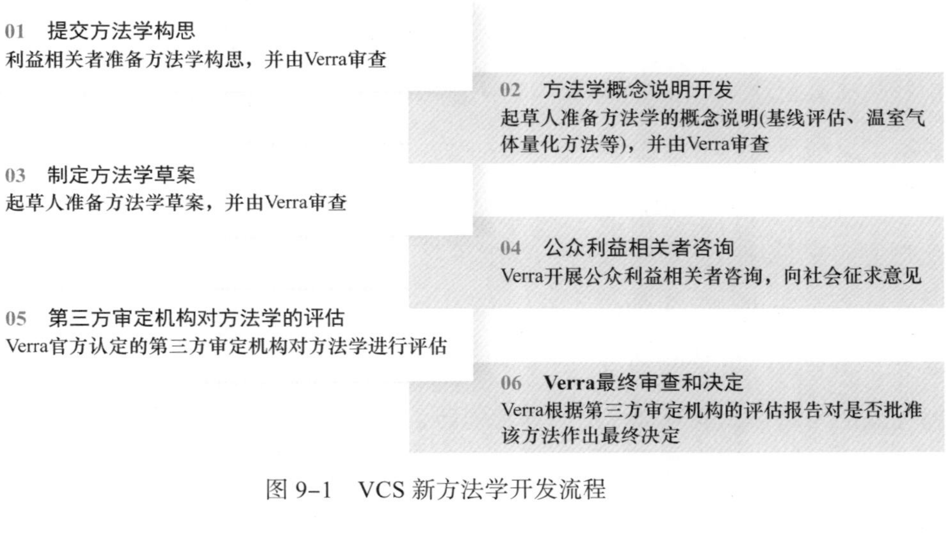

图 9–1　VCS 新方法学开发流程

方法学开发完成后，项目发起人可依据相应方法学进行项目开发。根据 VCS 机制既有方法学和新方法学，开展项目开发的环节将主要包括以下四个阶段[190]。

第一阶段，项目发起人选择方法学并编写说明。项目开发过程的第一步是选择适用于拟议项目的方法学。方法学的范围可包括现有的 VCS 方法（VM 0033），也可以是符合 VCS 要求的在清洁发展机制（CDM）、气候行动储备（CAR）等机制下使用的方法学（CDM 蓝碳方法学 AR-AM0014 已于 2022 年 8 月停用，CAR 暂无蓝碳相关的方法学）。下一步，项目发起人将根据最新的 VCS 项目说明模板编写说明，编写完成后提交项目及说明，以列入编审名单“Pipeline”。项目一旦被列入该名单，将经历为期 30 天的公众意见征询期。项目开发者必须开设 Verra 登记簿账户并提交所有的必要文件。

第二阶段，第三方审定机构开展项目审定，项目发起人申请项目注册。项目的公众意见征询期结束后，项目发起人应使用最新的模板完成完整的项目说明，并由 Verra 批准的第三方审定机构（VVB）对项目进行审定和验证。这一过程决定了项目是否符合 VCS 所有的规则和要求，一旦审定通过，项目发起人可申请项目注册。

第三阶段，项目发起人监测项目活动，编写监测报告，VVB 核证减排量和清除量。项目发起人在规定的监测期内对温室气体减排量或清除量进行监测和测量，使用最新模板撰写监测报告，并由 Verra 批准的 VVB 对项目及减排量进行核证，核证完成后，项目发起人可将项目提交至 Verra 进行验证审批。

第四阶段，Verra 签发核证碳单元至项目发起人账户。一旦 Verra 批准了项目验证审批，项目发起人可向 Verra 申请减排量签发，申请获批后，Verra 将签发相应核证碳单元（VCUs）至项目发起人的 Verra 登记簿账户。签发的 VCUs 可用作持有、交易或注销等用途。

交易方面，第三方独立减排机制碳信用现货主要的交易方式为场外交易，买卖双方对交易细节达成一致后，直接在登记簿进行减排量的划转。此外，交易也可在交易平台进行，以洲际交易所 ICE、Xpansiv 交易所平台 CBL 为首的环境要素交易平台支持其交易系统与减排机制登记簿通过特殊 API 应用接口链接，在交易完成的同时，完成减排量的结算和划转，保证减排量交易的便捷性和及时性。

（2）GS 蓝碳碳汇开发的关键流程

与其他减排机制直接采用方法学指导减排项目开发不同，GS 减排项目的开发指导具有较为分明的层次结构，可分为三个部分。

第一部分为黄金标准文件，又包括黄金标准全球目标文件、其他相关文件以及专项要求文件。黄金标准全球目标文件包括对项目文件的章节指南、一般要求、产品要求、减排活动要求、方法学等。其中，最为基础的文件是《原则和要求》

（*Principles and Requirements*）[191]，概括性地阐述了范围、适用性、要求和流程；其他相关文件包括规则的更新、说明；专项要求文件包括对 CDM 项目转换为 GS 项目的要求以及 CORISA 机制的相关要求（表 9–1）。

表 9–1　GS 标准文件分类

标准文件类别	作用
原则和要求（Principles and Requirements）	所有项目必须遵守的要求和准则
活动要求（Activity Requirements）	适用于特定项目类型的要求，其中包括土地利用和森林（LUF），可再生能源（RE）和社区服务（CSA）
上下文要求（Contextual Requirements）	在特定环境中项目运营的相关要求
可持续发展目标影响量化（SDG Impact Quantification）	量化特定项目类型的可持续发展目标影响所用的方法或工具。一个项目中可用多种方法
产品要求（Product Requirements）	针对发布黄金标准认证产品（例如 VER、GS–CERs 或带有黄金标准标签的 REC）需要注意的要求
治理（Governance）	与标准治理程序相关的文件，与开发减排项目无关

注：根据黄金标准文件整理。《原则和要求》还包含仅适用于某些类型的项目设计（如小微型项目和项目活动要求）的具体要求；活动要求可能包括适用于特定项目活动类型的原则和要求的例外情况。

第二部分为减排项目开发者支撑文件，主要包括在编写项目文件过程中用到的各种模板、费用、课程和各类工具性文件。

第三部分为项目审定与核查机构配套文件（Validation and Verification Body，VVB），包括审定与核查标准、机构要求。GS 设置了不同的 VVB 认证标准，标准的类型对应通过 VVB 认证后能参与减排项目审定、核证的类型，GS 认可的 VVB 认证标准包括 UNFCCCDM 认证、ANSI–GS 下的 ISO 14065 认证等。

在上述文件体系的基础之上，GS 制定了其减排项目开发的认证流程（见图 9–2），大体可分为七个步骤。

步骤一是规划项目并举行利益相关者咨询。该阶段为项目正式开始前，要求项目开发人员明确项目初步设计，根据黄金标准保障措施进行项目气候和可持续发展的影响评估并准备一份总结上述内容的关键项目信息说明。此外，还需要召开黄金标准利益相关者咨询会议。

步骤二是初步审查。该阶段要求项目开发者提供项目设计文件，GS 进行审查，审查通过后，项目状态为“Listed”。在这个阶段，项目开发者必须提交项目设计文件，设计文件必须包括保护原则评估、气候和可持续发展影响评估、监测计划等方面的内容，还需提交已签名的 GS4GG Cover Letter、黄金标准条款和条件并支付初审费。

步骤三是第三方审定。由第三方专业机构对项目进行审定，包括案头审查和实地考察，并证明项目符合黄金标准要求。项目开发方需 VVB 签约并支付费用，随后提交 VVB 出具的积极验证意见、项目设计文件、最终验证报告与相关文件。

步骤四是项目设计审查。由 SUSTAINCERT（黄金标准基金会成立的专业核查机构）对文档进行审查，并在需要时请项目开发者对其提出的相关问题进行澄清并提出解决措施。该阶段主要确保设计文件满足利益相关者、保障措施、监控计划、气候和可持续发展影响的相关要求。

步骤五是项目监测。该阶段项目开发人员根据批准的监控计划监测减排项目，需要在未进行核查的年份提交年度报告以及监测报告以供验证。

步骤六是第三方核查。由第三方专业机构对项目进行核查，包括案头审查和实地考察，并提供项目符合黄金标准要求的独立确认。项目开发方需要提供完整的监测报告和所有相关证明文件供 VVB 核查，并支付 VVB 进行核查的费用。

步骤七是绩效评估。由 SUSTAINCERT 进行文档审查，在需要时请项目开发人员对所存在的问题进行澄清并提出解决措施。项目设计文件要满足遵守保障措施、利益相关者包容性、实现对气候和可持续发展方面影响等要求，通过后最终由 GS 签发对应减排产品。

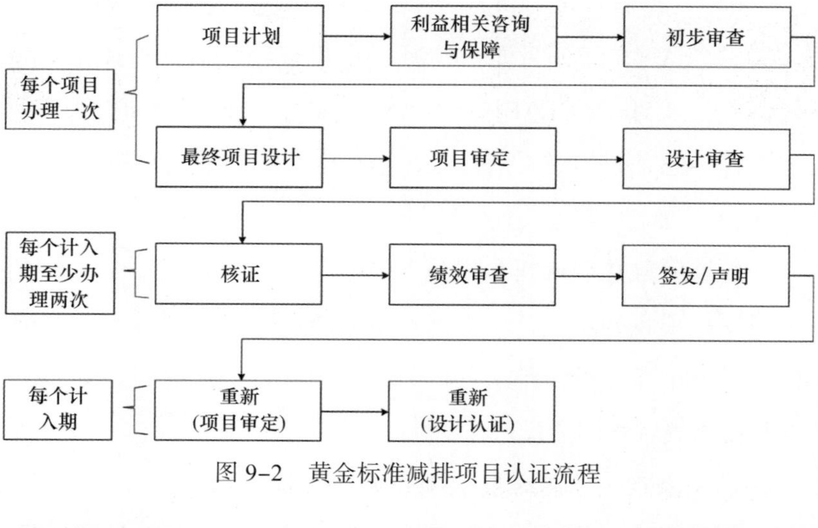

图 9-2　黄金标准减排项目认证流程

与其他机制不同，GS 要求在每个减排项目计入期内至少完成两次减排量签发，而进入每个新的计入期，项目的审定、设计认证等工作根据设计文件的更新需要重新办理。因此，相比于其他第三方减排机制，GS 的项目开发要求较为严格。

（3）GCC 蓝碳碳汇开发的关键流程

全球碳理事会（Global Carbon Council，GCC）项目的注册和减排量签发与一般减排项目无太大差别，但在注册和签发时都由 GCC 运营组对相关项目进行评估，如运营组给出正面评估，则项目成功注册或减排量成功签发（图 9–3）。当运营组对项目注册或减排量签发评估结果为负面评估时，GCC 指导委员会将进行二次评估，并在 GCC 运营组评估意见的基础上公布最终决定。

GCC 减排量的签发路径将根据相关减排项目有无“SDG+ 标签”分为最低表现路径和表现评级路径。对于 GCC 减排量的交易和注销，需在 GCC 登记簿上开设交易账号才可进行相关操作。

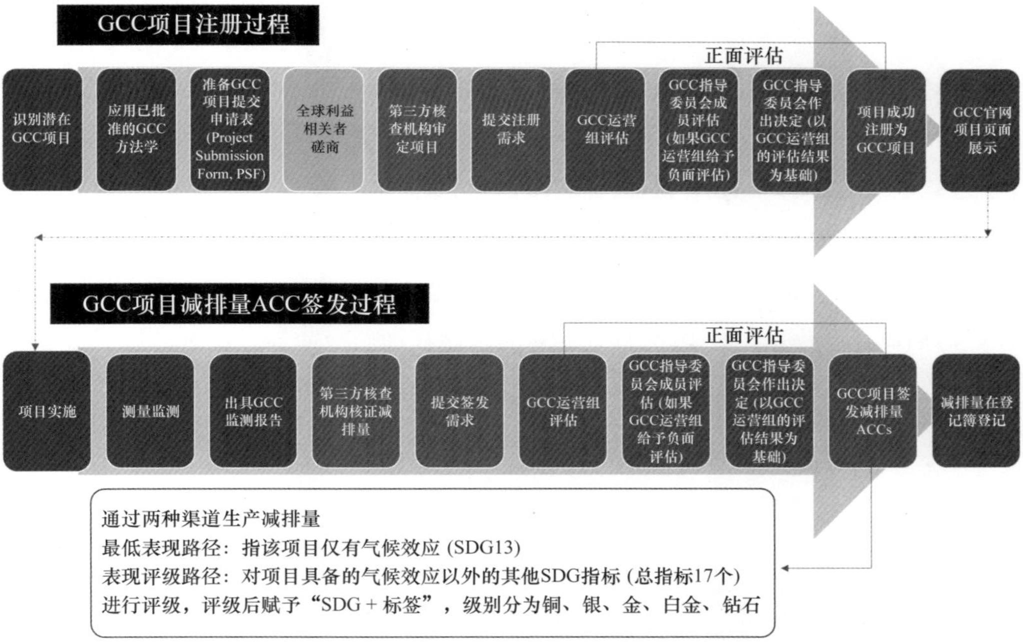

图 9–3　GCC 项目注册和减排量签发流程

（4）社会碳标准（SC）蓝碳碳汇开发的关键流程

根据《SOCIALCARBON Registration and Issuance Process V1.2》[192]，社会碳标准项目的开发包括项目准备、项目注册、项目审定、项目核证和发行申请、项目审查、减排量发行、减排量注销和取消、项目维护 8 个流程。

①项目准备。任何想要注册项目和 / 或发行、交易或清退（SOCIAL CARBON UNITS，SCU）的市场参与者都应开设一个 SOCIALCARBON 注册账户。市场参与者在 SOCIALCARBON 注册处完成账户申请，可通过 Wilder Earth（www.wilder.earth）申请开设 SOCIALCARBON 注册账户。

②项目注册。可以启动项目登记（List）和审定程序的实体是项目提议人、整个项目计入期内温室气体减排量或清除量唯一权利的受让方、经项目提议人授权列出项目的实体或上述任何实体的授权代表。在项目完成项目审定之前或之后，且在温室气体减排量或清除量首次核查之前，均可申请项目登记。在项目提交登记和 SCU 签发时，应向 SOCIALCARBON 登记处提供的相关文件包括：项目说明、审定报告、审定陈述、登记陈述、监测报告、核查报告、核查陈述、签发陈述，以及任何 AFOLU 特定文件、通信协议、权利证明、合同证明或证据、所有必要的信息，如用于计算的电子表格，使第三方能够评估减缓气候变化活动的社会和环境影响，复制温室气体减排量或清除量计算（包括基线量化）和额外性评估，以及关于在另一温室气体项目下注销温室气体信用额的陈述。

③项目审定。《SOCIALCARBON 标准指南》中规定了要在注册表中获得“认证设计”（Certified Design）状态，项目必须完成审定。要将项目列为“认证设计”，应向 SOCIALCARBON 注册中心提交以下材料：a）一份完整的项目说明；b）审定合同证明；c）符合 SOCIALCARBON 标准要求的审定报告；d）所有必要的信息，如用于计算的电子表格，使第三方能够评估减缓气候变化活动的社会和环境影响，以及温室气体减排或清除计算过程和额外性评估；e）VVB 机构的审定声明；f）一个 AFOLU 缓冲补偿逆转契据；以及 g）登记声明。

④项目核证和发行申请。所有项目必须在申请签发 SCU 之前完成减排量核证，首先，项目提议人需要向核查机构提交文件，包括监测报告、监测报告证明文件；然后，核查机构需要评估温室气体减排量或清除量以进行核查；最后，核查机构提供核查报告和核查陈述。所有项目文件都以电子文件的形式提交给 SOCIALCARBON 登记处，包括用于计算的电子表格、以便第三方能够评估减缓气候变化活动的社会和环境影响、温室气体减排量或清除量计算（包括基线量化）过程，以及额外性评估。如果是在项目提议人或其授权代表启动发行申请的情况下，则不需要向 SOCIALCARBON 登记处提交项目所有权证明。如果是项目提议

人或其授权代表以外的实体启动发行申请的情况，则应向 SOCIALCARBON 登记处提交项目所有权证明。如果在启动签发程序的实体和项目提议人之间存在一个或多个中间人，SOCIALCARBON 应检查记录项目提议人向该实体转让温室气体减排量或清除量权利的完整链条的所有法律协议，法律协议应为英文或其正式译文。

⑤项目审查。项目审查由两个部分组成，包括对项目注册、SCU 签发或项目计入期更新申请的完整性审查和准确性审查（由 SOCIALCARBON 决定进行）。在向 SOCIALCARBON 登记处提交注册、减排量发行或项目计入期更新的相关文件时，项目审查程序即被触发。需要注意的是，在提交减排量发行申请文件时，不必立即申请签发 SCU。而 SOCIALCARBON 将在收到减排量发行申请相关文件后开始审查程序。审查完成后，可随时向 SOCIALCARBON 登记处申请发放 SCU。审查流程为：SOCIALCARBON 进行完整性审查和准确性审查→ SOCIALCARBON 将审查结果发送给审定 / 核查机构→审定 / 核查机构对发现的问题做出回应→ SOCIALCARBON 回应并确定项目是否符合条件→ SOCIALCARBON 继续处理注册 / 发行请求。

⑥减排量发行。在 SOCIALCARBON 注册表上签发 SCU 的流程如下：项目提议人（或其授权代表）在 SOCIALCARBON 注册表中创建项目，上传相关文件，并提交发行申请→ SOCIALCARBON 团队审查并批准发行请求（检查包括但不限于完整性审查、参与其他温室气体项目的情况）→ SOCIALCARBON 团队通过注册表向项目发起人发送 SCU 发行费用的发票→项目发起人支付 SCU 发行费用→项目发起人通过其注册账户发行 SCU。

⑦项目维护。在 SOCIALCARBON 团队尚未对项目进行审查时，项目提议人可在注册表中更新项目详情。如果项目发起人希望将项目从 SOCIALCARBON 标准中撤出，则需要提交项目撤销函。

9.1.2　中国减排机制下蓝碳碳汇开发的关键流程

（1）中国 CCER 蓝碳碳汇开发的关键流程

根据 2023 年 10 月生态环境部发布的《温室气体自愿减排交易管理办法（试行）》，项目方法学的制定不再是“备案制”，而是由生态环境部统一征集遴选后进行发布。盐沼、海草床等海岸带蓝碳优势资源地区的专家及项目发起人可在方法学征集阶段提交新方法学草案参与遴选。CCER 项目设计与实施的主要步骤包括项目匹配，项目设计，项目公示，项目审定，项目登记，项目实施、监测及减排量核算，减排量公示，减排量核查和减排量登记 9 个环节[193]。

①项目匹配阶段。根据《温室气体自愿减排交易管理办法（试行）》相关要求，可筛选于 2012 年 11 月 8 日之后开工建设、不属于国家规定有温室气体减排义务、未纳入国家或地方碳排放权交易市场配额管理、未在其他自愿减排体系注册过的红树林营造项目，充分匹配 CCER 机制的接纳条件。结合符合机制条件的项目情况，明确项目地点、边界，综合考虑红树林环境条件、物种多样性、生态系统服务能力，根据方法学相关要求，并依托方法学进行减排量的初步评估，确认项目开发条件适用性、额外性论证方案、减排量预估和监测要求等方面。

②项目设计阶段。项目业主按照《温室气体自愿减排项目方法学 红树林营造（CCER-14-002-V01）》等相关技术规范要求，设计项目方案，编制项目设计文件（Project Design Document，PDD）。PDD 是体现项目合格性并进一步计量与核证减排量的重要参考，包括项目活动描述、批准的基线和监测方法学的应用、项目运行期及计入期、环境影响、社会经济影响、当地利益相关方的评论等内容。PDD 可由项目业主自行撰写，也可以由咨询机构协助项目业主完成。完成后，需确定拟委托的符合要求的审定与核查机构，后续将委托其对项目进行审定。

③项目公示阶段。根据《温室气体自愿减排交易管理办法（试行）》相关要求，项目业主在申请项目登记前，需将项目设计文件通过注册登记系统进行公示，并对公示材料的真实性负责，同时应公示其所委托的审定与核查机构的名称。公示期为 20 个工作日，在此期间，公众可以通过注册登记系统提出意见。如在公示期内收到意见，项目业主应当对收到的意见进行处理。

④项目审定阶段。项目业主委托的审定与核查机构按照国家有关规定对项目进行审定，并出具项目审定报告，上传至注册登记系统，并向社会公开。审定报告需要审定项目符合的条件包括：符合相关法律法规、国家政策；属于生态环境部发布的项目方法学支持领域；项目方法学的选择和使用得当；具有真实性、唯一性和额外性；符合可持续发展要求，对可持续发展各方面不会产生不利影响。此外，审定报告应当包括肯定或否定的项目审定结论，并应对项目公示期间收到的公众意见及其处理情况作出说明。

⑤项目登记阶段。由审定与核查机构出具审定报告后，项目业主可以向注册

登记机构申请项目登记，提交项目申请表和审定与核查机构上传的项目设计文件、项目审定报告，并附具对项目唯一性以及所提供材料真实性、完整性和有效性负责的承诺书。由注册登记机构对项目业主提交材料的完整性、规范性进行审核后，在收到申请材料之日起 15 个工作日内对审核通过的项目进行登记，并向社会公开项目登记情况以及项目业主提交的全部材料。

⑥项目实施、监测及减排量核算阶段。项目业主按照方法学等相关技术规范要求编制减排量核算报告，并确定拟委托的符合要求的审定与核查机构，后续将委托其对项目减排量进行核查，而该机构与出具审定报告的机构不得为同一机构。减排量核算报告主要包括项目实施情况、温室气体减排量核算结果等内容。此外，申请登记的项目减排量应当产生于我国提出碳达峰碳中和目标（2020 年 9 月 22 日）之后。项目业主可以分期申请项目减排量登记，每期申请登记的项目减排量的产生时间应当在其申请登记之日前 5 年以内。值得注意的是，减排量核算报告所涉数据和信息的原始记录、管理台账应当至少保存 10 年。

⑦减排量公示阶段。项目业主申请减排量登记前，需要通过注册登记系统公示减排量核算报告，并对公示材料真实性负责，且同步公示其所委托的审定与核查机构的名称。减排量公示材料的公示期为 20 个工作日，在此期间，公众可以通过注册登记系统提出意见。

⑧减排量核查阶段。项目业主委托的审定与核查机构依照国家有关规定对项目减排量进行核查，对符合条件的出具减排量核查报告，并通过注册登记系统及时向社会公开。核查报告需要核查的项目符合条件包括：符合项目方法学等相关技术规范要求；项目按照项目设计文件实施；减排量核算符合保守性原则。此外，核查报告应当对项目公示期间收到的公众意见及其处理情况作出说明。审定与核查机构应当对减排量核查报告的合规性、真实性、准确性负责，并在减排量核查报告中作出承诺。

⑨减排量登记阶段。审定与核查机构出具减排量核查报告后，项目业主向注册登记机构申请减排量登记，申请登记的项目减排量应当与减排量核查报告确定的减排量一致。申请减排量登记时，通过注册登记系统提交项目减排量申请表和审定与核查机构上传的减排量核算报告、减排量核查报告，并附具对减排量核算报告真实性、完整性和有效性负责的承诺书。由注册登记机构对项目业主提交材料的完整性、规范性进行审核后，在 15 个工作日内对审核通过的项目减排量进行

登记，发放至项目业主的注册登记账户，并公开减排量登记情况以及项目业主提交的全部材料。

发放至项目业主账户的CCER可通过指定交易系统进行交易。在CCER重启后，新签发的CCER只能在承担全国温室气体自愿减排交易系统管理机构职能的北京绿色交易所进行交易，重启前的旧CCER继续在包括北京绿色交易所在内的试点交易所交易。核证自愿减排量可以按照国家有关规定用于抵消全国碳排放权交易市场和地方碳排放权交易市场的碳排放配额清缴、大型活动碳中和、抵消企业温室气体排放等用途，在注册登记系统中予以注销。

（2）广东省PHCER蓝碳碳汇开发的关键流程

2022年4月，广东省碳交易主管部门（即广东省生态环境厅）印发《广东省碳普惠交易管理办法》，明确了广东省碳普惠核证减排量（PHCER）开发、备案、签发的流程和管理要求。项目开发一般包括以下六个步骤，依次是PHCER项目文件设计、减排量审定与核证、项目备案、项目审核、项目终审、减排量签发。

①PHCER项目文件设计。由项目业主、第三方咨询公司依照蓝碳方法学［《广东省红树林碳普惠方法学》（编号2023001—V01）］共同完成项目设计及监测。碳普惠项目业主在申报前，应将项目咨询服务、利益分配等关键信息向利益相关方进行公示，公示期不少于7个工作日。

②减排量审定与核证。与广东省碳交易主管部门认可的第三方机构签订合同，委托第三方机构开展审定、核证，由第三方机构出具审定报告、核证报告。在申报碳普惠核证减排量时，应承诺不重复申报国内外温室气体自愿减排机制和绿色电力交易、绿色电力证书项目。

③项目备案。项目业主向所在地级市主管部门提出项目备案申请以及碳普惠核证减排量申请。

④项目审核。所在地级市主管部门对申请项目的备案信息和减排量进行初步审查，审核无误后由地级市主管部门向广东省碳交易主管部门提请审核。

⑤项目终审。广东省碳交易主管部门在收到广东省碳普惠核证减排量书面申请后，视需要可委托第三方核证机构进行核查，经核查无误的予以备案。

⑥减排量签发。经备案的项目，通过省级碳普惠核证减排量登记系统将省级

碳普惠核证减排量发放至参与者账户中。

在广东碳普惠核证减排量开发完成后，流入市场的首次交易是通过将项目减排量打包，以项目整体在广州碳排放权交易所开展减排量的公开竞价交易，之后即可通过挂牌点选、竞价交易、协议转让等交易方式进行交易。

（3）福建省 FFCER 蓝碳碳汇开发的关键流程

2016 年年底，福建省启动碳交易市场。根据《福建省碳排放权抵消管理办法（试行）》（以下简称《管理办法（试行）》），省级行政区内排放单位可使用经备案的减排量［包括国家核证自愿减排量（CCER）和福建林业碳汇（FFCER）］抵消其经确认排放量的活动。根据《管理办法（试行）》，可用于抵消碳排放的 FFCER 需要满足四个方面的要求：在福建省行政区内产生；项目业主具有独立法人资格；项目活动需参照福建省碳排放权交易工作协调小组办公室备案的林业碳汇项目方法学（即《福建省修复红树林碳汇项目方法学（V01）》）开发（参与主体见表 9–2）。FFCER 蓝碳项目的开发流程主要分为四个步骤。

步骤一，由项目业主及咨询方根据《福建省修复红树林碳汇项目方法学（V01）》共同完成项目设计及监测，与在福建省碳排放权交易工作协调小组办公室备案的第三方机构签订合同，委托第三方机构开展审定、核证，由第三方机构出具审定报告、核证报告。

步骤二，项目业主按照《福建省碳排放权抵消管理办法（试行）》要求，提交申请材料至福建省林业局。

步骤三，福建省林业局在 30 个工作日内会同碳排放权交易工作协调小组办公室组织专家对申请材料进行评审，出具评审意见，并将通过评审的项目评审意见提交至福建省碳排放权交易工作协调小组办公室备案；未能通过评审的项目，项目业主按照意见修改后，重新提交申报材料，对于二次未能通过初审的项目，不再予以备案。

步骤四，获得碳汇减排量备案的项目，由福建省碳排放权交易工作协调小组办公室发放备案函，福建省经济信息中心将备案的减排量登记至福建省碳交易注册登记系统。申请 FFCER 备案的项目业主，应当在福建省经济信息中心建立的碳排放权交易注册登记系统和福建海峡股权交易中心开设账户。

项目业主直接向福建省林业局申请备案，提交的申请材料包括项目备案申请表、减排量备案申请表、项目概况说明、独立法人营业执照、项目作业设计或经营方案、项目开工时间证明文件、按照福建省碳排放权交易工作协调小组办公室相关规定编制的项目监测报告（第一次申请备案还需提交项目设计文件）、福建省碳排放权交易工作协调小组办公室备案的第三方核证机构出具的减排量核证报告（第一次申请备案还需提交第三方核证机构出具的项目审定报告）。

表 9–2　FFCER 项目参与主体及职能

项目参与主体	职能
项目业主（PP）	项目实施方
咨询机构	协助业主编制项目设计方案、监测报告
第三方审定与核证机构	负责项目的审定、核证
福建省林业局	对 FFCER 进行备案评审 （包括申请材料的完整性、真实性、合法性等）
福建省生态环境厅	项目备案及减排量备案

9.2　海岸带蓝碳碳汇项目开发方法的要点

9.2.1　核证碳标准（VCS）蓝碳碳汇方法学要点

VM0033 潮汐湿地和海草恢复方法学（V2.1）[194] 详细阐述了一套用于评估和量化恢复潮汐湿地项目活动所带来的温室气体（GHG）净排放减少和清除效果的方法。这些项目活动可能涵盖创建、恢复和 / 或管理水文条件、泥沙供应、盐度特征、水质和 / 或本土植物群落等多个方面。全球范围内的湿地恢复项目通常出于创造野生动物栖息地、恢复水质和水量水平、提供风暴防护和食物生产等目的，但它们也带来了额外的环境效益，即减少温室气体排放和缓解气候变化的影响。

（1）适用条件

VM0033 专为潮汐湿地恢复项目活动设计，旨在确保项目活动在严格的条件下进行，以实现温室气体减排目标。

项目活动必须符合表 9–3 列出的条件，以确保方法学的适用性（见表 9–3）。

表 9–3 项目活动适用条件

适用情况	详细描述
项目资格	任何旨在恢复潮汐湿地（包括海草床）的项目活动，均符合资格
活动内容	①创建、恢复和 / 或管理水文条件，例如，移除潮汐障碍、提高水文连通性、恢复潮汐流向湿地或降低水库湿地水位。 ②改变泥沙供应，例如，利用疏浚材料或将河流泥沙转移到泥沙匮乏区域。 ③改变盐度特征，例如，恢复潮汐限制区域的潮汐流。 ④提高水质，例如，减少营养负荷以提高水体透明度，扩展海草草地。 ⑤恢复潮汐和其他水文冲洗和交换，或减少营养物停留时间。 ⑥引入或重新引入本土植物群落，例如，重新播种或种植。 ⑦改善管理实践，例如，移除入侵物种或减少放牧
项目开始前的土地利用	①项目区域在项目开始前没有其他土地利用，或者项目区域已荒废两年以上。 ②项目区域的商业用途（如贸易）因盐度入侵、市场情况或其他因素而不具营利性。 ③项目区域内不进行伐木活动，且国内不会发生（或被法律禁止）额外湿地退化以用于新的农业地点
项目区域内的植被碳储量	项目区域内可能存在活立木植被，这些植被在基线和项目情景中都可能因如收获等活动而经历碳储量变化
规定燃烧活动	项目活动中可能规定燃烧草本和灌木地的生物量（覆盖燃烧）
泥炭火灾减少	若项目旨在减少泥炭火灾频率，必须结合重新湿润和火灾管理措施，并证明人为因素是点火的主要原因
有机土壤层的 ARR 活动	在有机土壤层中进行的造林、再造林和重新植被（ARR）活动必须与重新湿润措施相结合

注：根据潮汐湿地和海草恢复方法学（V2.1）整理。

VM0033 的不适用条件包括：

①项目活动符合 IFM 或 REDD 资格的；

②基线活动包括商业林业的；

③项目活动降低水位，除非项目将开阔水体转变为潮汐湿地，或改善与水库水体的水文连通性；

④项目区域与相邻区域的水文连通性导致项目区域外温室气体排放显著增加；

⑤项目活动包括燃烧有机土壤；

⑥在项目信用期间，项目区域内施用氮肥（如化学肥料或粪肥）。

（2）项目边界

时间边界。在评估潮汐湿地恢复项目的温室气体减排效果时，关键的时间边界包括泥炭耗竭时间（Peat Depletion Time，PDT）和土壤有机碳耗竭时间（Soil Organic Carbon Depletion Time，SDT）。PDT 指的是泥炭完全消失或降至不再发生氧化损失的时间点，而 SDT 则是项目恢复活动导致土壤有机碳减少的期限。对于有机土壤层，PDT 的估算基于项目开始时的平均有机土壤深度与基线情景下的泥炭损失率。若 PDT 在信用期内，则可进一步估算剩余矿物土壤中的有机碳损失，采用 SDT 的程序。SDT 的估算则基于项目开始时矿物土壤中的平均有机碳储量和基线情景下的氧化损失率。未量化基线排放减少的项目无须估算 SDT。在实际操作中，PDT 和 SDT 的估算需考虑土壤有机碳的非线性变化，以及有机碳浓度趋于稳态平衡的趋势。此外，对于排水超过 20 年或基线情景中发生显著土壤侵蚀的项目地点，SDT 通常保守地设为零。这些时间边界的确定对于项目信用期的温室气体减排估算至关重要。

地理边界。项目发起人必须在项目活动开始时明确定义项目区域的地理边界，并提供包括潮下带海草区域（如相关）在内的土地的地理坐标，以便于准确划分项目区域。应使用遥感数据、已出版的地形图和数据、土地管理和所有权记录或其他官方文件，以便于清晰界定项目区域。项目活动可能包含一个以上的独立土地区域。每个独立土地区域必须有独特的地理标识。在描述项目地理边界时，每个独立区域必须提供以下信息：项目区域的名称［包括区段编号、当地名称（如果有）］；每个独立地块的唯一标识符；区域地图（最好是数字格式）；项目区域必须进行地理参考，并按照 VCS 规则以数字格式提供；总面积；土地权利所有者和使用者权利的详细信息。

（3）基线情景

基线情景的确定必须使用最新版本的 CDM 工具 AR-Tool02——综合工具，以识别基线情景并证明 A/R CDM 项目活动的额外性。这个工具专为 CDM A/R 项目活动设计，并在此方法学中使用，需注意以下几点。

基线情景的定义：基线情景是指在没有项目干预的情况下最可能发生的情况。它包括土地利用、土地利用变化和木材管理实践等关键参数，并基于这些参数做出合理假设。

情景分析：在确定基线情景时，需要考虑如果没有政策干预，行业将如何发展。例如，在没有政策干预的情况下，会实施哪些减排实践或技术？是否有其他现有或计划中的政策可能对林业部门的 GHG 排放产生影响？是否需要在基线情景中反映非政策驱动因素（如市场趋势或非人为过程）或其他行业趋势？

投资分析：这一步骤旨在确定在第二步中识别的剩余土地利用情景中，哪一个在经济或财务上最具吸引力。为此，进行投资比较分析。

敏感性分析：敏感性分析用于评估基线情景的财务吸引力对于关键假设的合理变化是否稳健。只有当投资分析一致支持（对于一系列现实的假设）分析的初步结论时，它才能有效识别基线情景并证明额外性。

共同实践分析：如果提出的项目活动是首创，则此步骤不适用。否则，之前的步骤应辅以分析，以证明在相关地区和适用地理区域内，森林活动已经扩散到何种程度。这是额外性的可信度检查，补充了障碍分析和投资分析。

（4）额外性

在评估潮汐湿地保护和恢复项目活动的额外性时，本方法学采纳了活动方法。这种方法要求在没有项目干预的情况下不太可能发生项目活动，即项目活动必须超越常规实践，产生超出商业惯例或政策要求的温室气体减排效果。具体而言，本方法学参考了 VCS 模块 VDM0052《潮汐湿地恢复和保护项目活动的额外性证明》，该模块为潮汐湿地的保护和恢复项目提供了一套明确的指导原则和步骤，用于验证项目活动是否具有额外性。这包括评估项目活动是否在没有项目支持的情况下经济上可行、政策上允许以及技术上可行。

在应用活动方法时，项目发起人需详细描述项目所涉活动在没有本项目干预时的基线情景，并与实际项目情景进行对比，以证明项目活动所产生的温室气体减排效果是额外的。这通常涉及对项目区域的当前土地利用、土地利用变化、森林管理和木材采伐实践的深入分析。

（5）碳库与排放源

在 VM0033 方法学中，碳库包括地上生物量（如乔木和灌木）、地下生物量（根系）、土壤有机碳（SOC）、凋落物以及枯死木等。这些碳库的变化直接关联到项目活动对温室气体排放减少和碳储存增加的贡献。具体来说，地上和地下生物量的碳库通过植被恢复和生长活动而增加，而土壤有机碳库的变化则与土壤水分管理、土地利用变化和有机质分解速率等因素相关。方法学提供了评估这些碳库变化的具体步骤和计算公式，确保项目能够准确量化其对碳储存的长期影响。

VM0033 方法学考虑的排放源主要包括土壤中的温室气体排放，如二氧化碳（CO_2）、甲烷（CH_4）和氧化亚氮（N_2O）。这些排放与土壤有机碳的氧化过程、湿地的水文条件、土地利用方式以及有机土壤的退化状态有关。方法学详细描述了如何使用代理变量（如水表深度和土壤沉降）来估算这些排放，以及如何通过模型和实地测量来验证这些估算。此外，方法学还考虑了海平面上升导致的潜在排放变化，以及如何将这些因素纳入项目设计的考量中。通过这些详细的评估步骤，VM0033 方法学帮助项目开发者量化和管理与项目活动相关的温室气体排放，确保项目的气候效益得到准确评估和认证。

（6）监测

项目监测的主要目标是在项目信用期间，每次验证前可靠地量化项目情景下的碳储量和温室气体排放。主要任务包括监测项目碳储量变化和 GHG 排放，以及估算事后净碳储量变化、GHG 排放和减排效果。

9.2.2 黄金标准（GS）蓝碳碳汇方法学要点

黄金标准（GS）红树林的可持续管理[195]1.0 版发布日期为 2024 年 8 月 22 日，计划下一次更新是在 2027 年 8 月 21 日。该方法学由黄金标准秘书处和 FORLIANCE GmbH 共同开发，旨在全球范围内适用，为红树林的种植和管理提供一套标准化的框架（表 9-4）。该方法学主要包括目标范围、核算方法、基线与项目场景、空间评估、碳排放与清除量的估算、不确定性量化和监测方法等内容。

表 9-4　黄金标准（GS）蓝碳碳汇方法学

项目内容	释义
项目类型	涉及在历史上曾有红树林生长的地区重新种植红树林的活动
活动要求	蓝碳和淡水湿地减缓项目，属于 SS 14 部门范畴，适用于黄金标准全球目标（GS4GG）产品，包括黄金标准验证的减排（GSVERs）和认证影响声明
地理适用性	全球范围内适用
项目规模分类	微型规模：年减排量不超过 10 000 吨二氧化碳当量，项目面积不超过 500 公顷。小型规模：年减排量不超过 16 000 吨二氧化碳当量。大型规模：无年减排量上限

续表

项目内容	释义
减缓类型	减排类和碳清除类
项目活动起始日期	首次种植活动的日期
计入期起始日期	种植活动开始之日，或活动设计认证日期前最多三年，以较晚者为准
计入期长度	最短 30 年，最长 50 年。项目开发者应根据项目特性选择适当的计入期。若计入期内出现新的要求，项目计分只能持续至要求生效之日

（1）目标范围及核算方法

该方法学适用于全球范围，特别针对红树林的独特性质，将其与常规的造林 / 再造林活动（A/R）区分开来。考虑到红树林通常难以接近，该方法学允许结合实地测量的地上树木生物量与遥感技术。核算碳储量时，可采用以下四种经过认可的方法：

①遥感技术通过回归分析将现场生物量测量与遥感估算相联系；

②实地测量结合特定场地模型；

③基于本地或区域数据和 / 或模型的估算（需经过实地测量验证）；

④政府间气候变化专门委员会（IPCC）提供的默认值（同样需验证）。除了地上树木生物量，还需考虑地下树木生物量和土壤有机物。在基线评估中，必须包括地上和地下非树木生物量，而在估算碳汇时，这部分是可选的。

（2）基线与项目场景

基线与项目场景（Baseline and Project Scenario Methodology）是黄金标准（GS）红树林可持续管理方法学中的核心组成部分，它为项目开发者提供了一套标准化的程序来评估和管理红树林项目的环境影响。基线场景定义了在没有项目干预的情况下，项目区域最可能发生的情况，包括历史土地管理和实践、现有国家和地方政策、利益相关者的参与以及历史背景。这一阶段要求项目开发者识别和评估替代场景、进行障碍分析、投资分析和常规实践分析，以确定在没有项目活动的情况下最可能发生的情况。这些分析有助于证明项目的额外性，即项目活动超出了业务情景，能够带来额外的环境效益。

在项目场景中，开发者需要根据基线场景来估算项目的碳移除量和排放量。

这包括对地上生物量、地下生物量和土壤有机碳的评估，以及对泄漏排放和其他排放的考量。项目开发者必须使用一系列量化方法来估算这些碳库，包括遥感技术、现场测量、本地或区域数据模型，以及 IPCC 默认值。这些方法的选取和应用必须符合方法学的具体要求，以确保估算结果的准确性和可靠性。通过这种方法，项目开发者能够展示项目活动如何超越基线，实现碳排放的减少和碳汇的增加，从而为全球气候变化缓解作出贡献。

（3）空间评估

空间评估是 GS 红树林可持续管理方法学中用于精确界定项目区域和评估土地覆盖变化的重要环节。这一过程首先要求确定历史上的红树林覆盖区域，即至少在项目开始前 10 年自然存在红树林的地理范围。通过分析历史遥感数据和地形信息，项目开发者能够识别出项目区域内曾经被红树林覆盖的确切位置。这一步骤对于理解项目区域的生态历史背景和评估红树林恢复潜力至关重要。

接下来，空间评估通过比较项目开始时和参考日期（项目开始前 10 年）的土地覆盖图来识别和量化项目区域内的红树林变化。这涉及使用遥感技术生成土地覆盖分类图，区分红树林和非红树林区域。通过这种对比分析，可以确定哪些区域在基线期间经历了从红树林区到非红树林区的转变，以及哪些区域在项目开始时已经是非红树林区但历史上曾有红树林覆盖。这些信息对于评估项目对红树林恢复和保护的贡献至关重要，因为它们直接关系到项目碳汇计算和环境影响评估的准确性。通过这种科学的空间评估方法，项目开发者能够向公众和决策者展示项目的具体位置、规模和潜在的环境效益，从而增强项目的透明度和可信度。

（4）碳排放量与清除量的估算

在黄金标准（GS）红树林可持续管理方法学中，碳排放量与清除量的估算是项目成功的关键指标，它直接关系到项目对气候变化缓解的贡献度。这个过程开始于基线排放的确定，即在没有实施红树林恢复项目的情况下，预计会发生的碳排放量。这包括对红树林生态系统中地上和地下生物量以及土壤有机碳的细致核算。为了确保估算的精确性，项目开发者可以采用多种量化方法，包括利用遥感技术进行大面积的碳储量评估、进行现场测量以获取直接的生物量数据、应用本地或区域的碳储量模型，或者参考 IPCC 提供的默认值。这些方法的结合使用，旨在提供全面且可靠的碳排放量和清除量的估算结果。

接下来，项目清除量的估算聚焦于红树林恢复活动导致实际减少的二氧化碳量。这涉及监测红树林生长过程中的碳积累，以及评估项目可能引起的泄漏排放——项目实施可能导致的周边区域碳排放量的增加。通过这种方法，我们可以量化红树林项目对碳汇的正面影响，即它们从大气中清除二氧化碳的能力。这种估算不仅为项目的环境效益提供了科学依据，也使项目成果对政策制定者、投资者和公众更加透明和易于理解。通过这种方式，红树林项目能够展示其在减少温室气体排放和增强生态系统韧性方面的具体贡献，从而在全球气候变化应对策略中发挥重要作用。

（5）不确定性量化

不确定性量化是黄金标准（GS）红树林可持续管理方法学中一个至关重要的环节，它确保了项目碳排放和移除量估算的透明度和可靠性。在碳项目中，不确定性可能来源于多种因素，包括测量误差、模型预测的不精确性以及参数估计的变异性。为了评估和管理这些不确定性，该方法学要求项目开发者采用一系列统计和模型技术来量化不确定性，并将其纳入碳排放和移除量的估算中。这通常涉及确定一个置信区间或误差范围，以表达碳储量估算的可信度。通过这种方式，项目开发者能够识别和传达项目结果的潜在变化，为决策者提供更准确的信息，并增强项目成果的可信度。

在实际操作中，不确定性量化要求项目开发者采用特定的精度标准，例如，以 90% 的置信水平达到 20% 的均值精度。这意味着项目开发者需要选择和应用适当的模型、参数、采样和测量技术，以满足黄金标准对不确定性评估的最新要求。通过这种方法，项目开发者能够系统地识别和减少不确定性的来源，从而提高项目碳排放和移除量估算的准确性。这种对不确定性的严格管理不仅有助于提高项目的科学性和严谨性，也使项目成果更易于被监管机构、投资者和公众接受与信任。通过透明地报告不确定性，项目开发者展示了对项目环境效益的全面理解，增强了项目在气候变化缓解方面的公信力。

（6）监测方法

监测方法是黄金标准（GS）红树林可持续管理方法学中确保项目成果准确性和可靠性的关键环节。这一环节要求项目开发者对项目实施过程中的关键环境指标进行定期和系统的监测，以确保项目能够达到预期的碳汇和生态效益。具体来说，监测工作包括对红树林生长状况、碳储存能力以及项目活动可能产生的非 CO_2 温室气体排放进行量化评估。这些数据的收集和分析遵循严格的质量保证和质量控制（QA/QC）标准，以确保数据的准确性和一致性。项目开发者需要至少每五年进行一次关键参数的监测，包括土壤有机碳储量、地上和地下生物量等，以验证项目的环境效益。

为了提高项目的透明度和公众信任度，监测方法还要求项目开发者采用最新的监测报告模板，确保所有监测数据和结果能够清晰、准确地报告。这些报告将展示项目如何实现其环境目标，以及项目对当地社区和生态系统的积极影响。通过这种方式，项目开发者能够向监管机构、投资者和公众提供翔实的项目成果证据，增强项目的可信度和影响力。这种基于证据的监测方法不仅有助于提高项目的科学性和严谨性，也为项目提供了持续改进和适应环境条件变化的能力，确保项目能够持续有效地贡献于全球气候变化缓解和可持续发展目标。

9.2.3 全球碳理事会（GCC）蓝碳碳汇方法学要点

全球碳理事会（Global Carbon Council，GCC）针对退化红树林栖息地项目活动的自然基解决方案（NBS）方法学（GCCMA002 V1.0）[196]，旨在为退化红树林的造林项目提供一个标准化的框架，以评估和认证温室气体（GHG）排放的减少和碳储量的变化。GCC 是中东和北非地区首个自愿性碳抵消项目，致力于推动可持续和低碳经济的愿景，并在实地催化气候行动。GCC 的 NBS 方法学允许保守估计项目活动导致的温室气体排放减少和碳储量变化情况。

（1）范围、适用性和生效日期

GCC 的 NBS 方法学 GCCMA002 V1.0 专为退化红树林栖息地的项目活动设计，其核心目标是为这些特定类型的湿地恢复项目提供一个标准化的评估框架。该方法学的范围限定在那些旨在恢复自然状态下能够生长红树林植被的湿地区域，这些区域的土壤或沉积物通常处于咸水或微咸水的饱和状态，并且由于人为活动的影响，红树林植被覆盖度已经降低至自然状态下可能生成的程度以下。通过这种方法学，项目能够量化其对碳储量变化和温室气体排放减少的贡献，从而在全球碳市场中实现其环境效益的货币化。

GCCMA002 V1.0 的适用性建立在一系列明确的条件之上，这些条件确保了项目活动的科学性和环境效益。适用条件包括项目活动的土地必须是退化的红树林栖息地、项目活动不得降低基准线下的垃圾积累速率、项目活动不属于农业土地管理类别、超过 80% 的项目区域应种植红树林物种等。这些条件旨在确保项目活动能够真正带来额外的环境效益，并且不会对环境造成不利影响。该方法学自 2024 年 10 月 1 日起生效，为 GCC 注册的项目提供了一个明确的实施和评估时间表，确保了方法学的及时更新和与国际标准的接轨。

（2）规范性引用

在 GCCMA002 V1.0 方法学中，规范性引用是确保项目活动符合国际标准和最佳实践的关键组成部分。这些引用包括一系列文档和工具，它们为项目的设计、实施和监测提供了必要的指导和框架。规范性引用的文档主要包括 GCC 项目标准、GCC NBS 方法学工具以及 CDM A/R 方法学工具。这些文档涵盖从土壤有机碳含量的估算到温室气体排放减少或清除估算的不确定性考量等多个方面，为项目提供了全面的技术支撑。通过遵循这些规范性引用，项目开发者能够确保其项目活动在环境和社会层面上的可持续性，同时也能够满足 GCC 对于项目活动的严格标准。

（3）基准线与监测方法学

在 GCCMA002 V1.0 方法学中，基准线与监测方法学是评估和管理退化红树林栖息地项目活动的核心组成部分。基准线（Baseline）是指在没有项目干预的情况下，项目区域的温室气体排放状态。而监测（Monitoring）则涉及对项目实施后的实际排放进行跟踪和测量，以验证项目对减少温室气体排放的实际贡献。

基准线的确定。基准线的确定是项目活动成功的关键步骤。它需要基于对项目区域当前和未来温室气体排放的准确预测。在 GCCMA002 V1.0 中，项目业主（Project Owners，POs）必须识别一个基准线场景，并证明项目活动是额外的，即项目活动导致的温室气体排放减少或碳储量增加超出了基准线。这通常通过应用 CDM A/R TOOL 02 或选择一个适合其项目的批准标准化基准线来完成。基准线的设定需要考虑多种因素，包括土地利用类型、植被覆盖、土壤碳储量以及其他相关的温室气体排放源。

碳库和温室气体的选择。GCCMA002 V1.0 方法学中，选定的碳库包括地上生物量、地下生物量、枯死木和土壤有机碳（可选）。这些碳库的选择是基于它们对项目活动响应的敏感性以及对碳储量变化的贡献。同时，该方法学排除了垃圾碳库，因为垃圾生物量受潮汐流影响大，项目活动不会减少垃圾积累的速度。

监测方法学。在 GCCMA002 V1.0 方法学中，监测方法学是确保项目活动环境效益可量化、可验证的关键环节。这一方法学要求项目开发者实施一系列标准化的监测活动，以收集关于项目区域碳储量变化、温室气体排放以及项目活动可能导致的泄漏的精确数据。监测活动包括对地上生物量、地下生物量、枯死木和土壤有机碳等碳库的定期测量，以及对项目活动直接排放和间接排放的评估。这些数据的收集需要遵循严格的质量控制和质量保证程序，以确保数据的准确性和可靠性。监测方法学的实施还包括对项目实施计划的跟踪，以及对项目区域内外可能影响温室气体排放的自然因素和人为因素的评估。通过这种方法，项目开发者能够提供有力的证据，证明其项目活动实现了预期的温室气体减排效果，并且这些效果可以在全球碳市场中得到认可和交易。

数据的分层和精度要求。为了提高监测数据的精度，项目区域进行分层（Stratification），以反映不同的植被类型、土地利用类型或土壤类型。GCCMA002 V1.0 要求监测数据的精度达到 90% 的置信水平，这意味着监测结果在 90% 的情况下能够准确反映项目活动的真实环境影响。

（4）计算合格信用的净 GHG 排放减少 / 清除

在 GCCMA002 V1.0 方法学中，计算合格信用的净 GHG 排放减少 / 清除是一个关键步骤，它决定了项目可以产生多少碳信用。这个计算过程包括几个步骤：预测平均净 GHG 效益、事后净 GHG 效益的计算、平均净 GHG 效益的校正因子、NR 信用的净 GHG 排放减少 / 清除计算以及 NR+ 信用的净 GHG 排放减少 / 清除计算。

预测平均净 GHG 效益。预测平均净 GHG 效益是基于项目活动的预期表现，通过计算从第一个信用期开始至当前信用期结束期间的 GHG 排放减少 / 清除来得出。这个预测值是项目在注册阶段提供的，它为项目在整个信用期间的 GHG 效益设定了一个基准。预测平均净 GHG 效益的计算需要考虑项目活动的规模、持续时间以及预期的碳储量变化和温室气体排放减少。

事后净 GHG 效益的计算。事后净 GHG 效益的计算是基于实际监测数据进行的，它反映了项目活动实际实现的 GHG 排放减少 / 清除。这个计算过程需要使用监测期间收集的数据，包括碳库的变化、温室气体排放的直接影响和间接影响以及泄漏。事后净 GHG 效益的计算结果用于验证项目活动是否达到了预期的 GHG 效益，并且是计算 NR+ 信用的基础。

平均净 GHG 效益的校正因子。平均净 GHG 效益的校正因子是根据项目实际表现与预测表现之间的差异来调整预测平均净 GHG 效益的。这个校正因子确保了项目信用的计算，更加准确地反映了项目的实际环境效益。如果项目实际表现与预测表现之间的差异在可接受范围内，校正因子将被设为 1，否则，将根据实际表现调整预测的平均净 GHG 效益。

NR 信用的净 GHG 排放减少 / 清除计算。NR 信用的净 GHG 排放减少 / 清除计算是基于预测平均净 GHG 效益和校正因子来确定的。这个计算过程考虑了项目活动在当前监测期间实现的 GHG 排放减少 / 移除，并且确保了项目信用的计算与项目的实际环境效益相匹配。如果项目活动在当前监测期间实现了正的 GHG 排放减少 / 清除，那么这些减少 / 清除将被计入 NR 信用。

NR+ 信用的净 GHG 排放减少 / 清除计算。NR+ 信用的净 GHG 排放减少 / 清除计算是基于事后净 GHG 效益来确定的。这个计算过程使用实际监测数据来计算项目活动在当前监测期间实现的 GHG 排放减少 / 清除，并且确保了项目信用的计算更加准确地反映了项目的实际环境效益。如果项目活动在当前监测期间实现了正的 GHG 排放减少 / 清除，那么这些减少 / 清除将被计入 NR+ 信用。

（5）监控期内发行 NR 或 NR+ 信用的数量计算

在 GCCMA002 V1.0 方法学中，监控期内发行 NR（非永久性）或 NR+（永久性）信用的数量计算是一个精细的过程，它涉及对项目活动产生的净 GHG 排放减少或清除的量化，并考虑了数据的不确定性和碳信用的非永久性风险。这一过程确保了发行的信用既能准确反映项目的气候效益，又能考虑到潜在的风险，从而维护碳市场的完整性和可靠性。

数据不确定性的扣除。数据不确定性的扣除是通过对项目活动产生的 GHG 排放减少或清除的估计值应用一个折扣因子来实现的，这个折扣因子基于 GCC 方法学工具“Accounting for uncertainty in estimation of GHG emission reduction or removal in GCC project activities”来确定。这一步骤是为了确保项目层面上计算的 GHG 排放减少和 / 或清除更可能是低估而非高估，从而保证了信用发行的保守性。

缓冲贡献以确保碳信用的永久性。为了确保发行的碳信用的永久性，GCC 采用了一个缓冲机制，通过 GCC NBS 集中缓冲账户来运作。这个机制能够补偿那些由于碳逆转事件而受到影响的基于碳储量增加发行的信用。缓冲贡献的比例是通过 GCC AFOLU Non-Permanence Risk Tool（NPRT）来确定的，它基于项目活动的性质和环境风险评估来计算。

信用发行的计算。信用发行的计算最终是基于净 GHG 排放减少或清除的数量，同时考虑了数据不确定性的折扣和缓冲贡献。对于 NR 信用，计算公式为净 GHG 排放减少或清除的数量乘以 100% 减去不确定性折扣因子再减去缓冲贡献。对于 NR+ 信用，计算公式类似，但缓冲贡献不适用。这一计算结果决定了在每个监控期结束时可以发行的信用数量，确保了信用发行与项目实际环境效益的一致性，同时考虑到了市场和环境风险。

9.2.4 社会碳标准（SC）蓝碳碳汇方法学要点

社会碳标准蓝碳碳汇方法学为“SCM0008 红树林恢复方法”[197]。

（1）该方法的适用条件

该方法适用于以下情况：

①项目活动所涉及的土地在历史上曾是红树林栖息地，或在红树林物种的原生地域范围内；

②在有机土壤层中，造林、再造林和重新植被（ARR）活动必须与复湿活动相结合；

③在项目区种植本地红树林物种；

④项目活动要么包括种植本地红树林物种，要么为促进项目区现有红树林的自然再生创造必要条件；

⑤在项目开始日期之前

- 项目区不存在任何可能被迁出项目区的土地用途；
- 所使用的土地可能被迁移到项目区以外，而且东道国不会为新的农业/水产养殖用地而对更多的红树林地进行退化，或强制执行的法律禁止这样做；

- 在项目计入期内将继续保持类似服务或生产水平的土地利用方式（例如，自给性木材采伐）。

该方法不适用于以下情况：

①基准活动包括商业林业；

②项目活动包括焚烧有机土壤；

③在项目计入期内，在项目区施用氮肥，如化肥或粪肥。

（2）项目边界

碳库：项目边界的空间范围涵盖了所有计划进行红树林造林和 / 或再造林的土地，包括地上木质生物量、地下生物量、土壤有机碳，但将地上非木质生物量、枯死木、凋落物等排除在外。

排放源：如果土壤有机碳是项目测量的碳库之一，则微生物产生的甲烷（CH_4）为主要排放源。

海平面上升：海平面上升是红树林生态系统的一个主要潜在气候变化威胁。项目发起人必须在定义地理项目边界和地层时考虑预期的相对海平面上升，并且做好将项目区域向陆地方向扩展的准备，以防止红树林被淹没和侵蚀。项目区域在项目计入期内不能改变。

（3）基线情景

详细描述了 SOCIALCARBON 方法学 SCM0008 V1.0 中用于评估红树林恢复项目影响的参考情况，即在没有项目干预的情况下的预期状态。

（4）额外性

项目活动应采用最新版本的《林业及其他土地利用项目活动额外性论证和评估工具》（SCT0001）中规定的额外性分析方法，以确定拟议项目活动是额外的。

（5）温室气体清除的量化

基线排放：保守地将基线情景下的排放设置为零。

基线清除量：如果项目区域内没有红树林，基线碳移除量应被视为零。

碳库：项目边界的空间范围涵盖了所有计划进行红树林造林和 / 或再造林的土地，包括地上木质生物量、地下生物量、土壤有机碳。

项目排放：红树林中的有机物质被埋藏，导致大气中的 CO_2 被移除和长期储存。然而，部分有机物质被代谢并作为 CH_4 返回大气。计算 CH_4 排放的方法有直接测量和默认折扣值两种。

海平面上升的核算：项目发起人必须提供基于 IPCC 区域预测或适用于该区域的同行评审文献中的相对海平面上升的预测或利用专家判断，项目发起人必须量化其项目在 100 年期间的长期碳效益，其中预计海平面上升将导致项目区域内种植的红树林地上生物量在这 100 年内丧失。这种长期碳净效益量化了项目区域内碳储量的增加以及海平面上升导致的损失。

（6）碳泄漏

该方法学的适用条件被设计为确保不会发生活动转移泄漏和市场泄漏。因此，如果满足该方法学的适用条件，可以假定活动转移泄漏和市场泄漏为零。假定生态泄漏不会发生，项目活动的性质和适用条件意味着可以假定生态泄漏为零。

（7）不确定性

通过评估基线和项目估算中的不确定性来估计排放和碳储量变化的不确定性（即计算精度水平以及在项目实施和监测后因缺乏精度而扣除的信用额度）。重点关注与碳库中储量估算和碳储量变化相关的不确定性和项目排放评估的不确定性。

（8）监测

在制定监测计划时，选择参数值应遵循保守性原则，确保估算结果的准确性。通过监测确保项目持续符合方法学的适用条件，包括确保项目区域内没有商业林业活动、不发生有机土壤焚烧以及项目区域内不使用氮肥。项目发起人必须描述每个监测任务及其技术要求、如何定义核算边界，介绍收集数据情况和所采用的数据收集技术以及直接抽样参数的样本设计，监测的预期频率，质量管理和控制（QA/QC）程序，数据存档程序，以及监测团队和管理的角色、责任和能力。

9.2.5 中国 CCER 蓝碳碳汇方法学要点

中国 CCER 蓝碳碳汇方法学为“温室气体自愿减排项目方法学红树林营造（CCER–14–002–V01）”[198]。

（1）本方法的适用条件

使用本方法的红树林营造项目必须满足以下条件：

①在生境适宜或生境修复后适宜红树林生长的无植被潮滩和退养的养殖塘，通过人工种植构建红树林植被的项目；

②项目边界内的海域和土地权属清晰，有县（含）级以上人民政府或自然资源（海洋）主管部门核发或出具的权属证明文件；

③人工种植红树林连续面积不小于 400 平方米；

④不得改变项目边界内地块的潮间带属性，即实施填土、堆高或平整后的潮滩滩面在平均大潮高潮时仍全部有海水覆盖；

⑤项目不进行施肥；

⑥项目应符合法律、法规要求，符合行业发展政策。

（2）项目边界

红树林营造项目区域可包括若干个不连续的种植地块，每个地块应有特定的地理边界。项目边界内不包括面积超过 400 平方米的坑塘，宽度大于 3 米的道路、沟渠、潮沟等区域，也不包括项目实施前已经存在且覆盖度大于 5% 的红树林地块。

（3）项目计入期

项目计入期为可申请项目减排量登记的时间期限，从项目业主申请登记的项目减排量的产生时间开始，最短时间不低于 20 年，最长不超过 40 年。项目计入期须在项目寿命期限范围之内。项目寿命期限的开始时间即为项目边界内首次实施生境修复、整地、播种或种植的项目开工日期。

（4）碳库和排放源

碳库：基线情景的碳库为零，项目情景的碳库包括地上生物质、地下生物质、土壤有机碳。

排放源：基线情景的排放源按照保守性原则忽略不计。项目情景的排放源考虑了土壤微生物代谢的 CH_4 和 N_2O。

（5）基线情景

在实施红树林营造项目前，项目边界内的海域或土地资源开发利用方式为无植被潮滩或退养的养殖塘。

（6）额外性

红树林营造是不以营利为目的的公益性行为。红树林易受极端气候事件和人为活动干扰，通常红树林植被种植和后期管护等活动成本高，不具备财务吸引力。符合该方法适用条件的项目，其额外性免予论证。

（7）项目泄漏

根据本方法适用条件，项目不考虑碳泄漏。

（8）监测

在项目设计阶段，项目业主须明确计划开展红树林种植的项目地块边界，并提供所有项目地块边界的矢量数据文件。在项目实施阶段，项目业主须测量项目实际种植的地块边界，主要监测和记录项目边界内所发生的红树林种植、管护以及与温室气体排放有关的项目活动的实施情况，并判断是否与项目设计文件及监测方案一致。项目业主应在项目设计阶段确定固定样地监测频率，一般每 5 年至少监测一次。首次监测时间不早于项目申请登记时间。项目监测的所有数据均应进行电子存档，在该温室气体自愿减排项目的最后一期减排量登记后至少保存 10 年，确保相关数据可追溯。

9.2.6 广东省 PHCER 蓝碳碳汇方法学要点

广东省蓝碳碳汇方法学为“广东省红树林碳普惠方法学（2023 年版）”[199]。

（1）本方法的适用条件

碳普惠行为：红树林增汇行为可以是植树造林、营林、低效林提质增效（即针对低质红树林实施补植、封育、更替、综合改造等具体改造方式及技术措施）、减少污染与毁坏、可持续经营管理（减少病虫害和自然灾害）等提升红树林碳汇水平的措施。

申报主体：项目申报主体为投入非财政资金进行红树林生态修复的企业、非公益一类事业单位、社会组织和自然人。申报主体为红树林生态修复项目投入的非财政资金占申报项目总投资的比例应为 50% 及以上。

项目权属：红树林地应权属清晰、无争议，其开展的经营管理活动应符合国家和地方政府颁布的有关法律、法规和政策措施，以及相关的技术标准或规程。

（2）减排量收益分配

若申报主体与项目边界内的林地权属方一致，则减排量收益归属于申报主体。

若申报主体与项目边界内的林地权属方不一致，则减排量收益归属于申报主体和利益相关方（除政府部门外的企业、非公益一类事业单位、社会组织和自然人）共有，且申报主体还需与利益相关方提前确定收益分配比例并签订协议。

若有技术机构协助申报主体进行项目申报，申报主体须与技术机构签订服务协议，且技术机构收益分配比例不得高于 10%。

（3）红树林地及基础数据要求

项目边界内的红树林地连片面积应不小于 0.066 7 公顷，其中，造林项目红树林地应为红树林宜林地，营林项目红树林地的郁闭度不得小于 0.2。

（4）减排量计入期

项目减排量计入期为 10 年，开始日期不应早于 2019 年 1 月 1 日。其中，造林项目计入期的起始日期应在造林项目完成满 3 年且通过造林成效验收起算。

（5）额外性

基于符合方法学适用条件的项目所发挥的社会效益与生态效益，适用本方法学的红树林碳汇碳普惠行为具备额外性。

（6）避免减排量重复申报的措施

同一地块不得重复申报红树林碳普惠核证减排量（PHCER）及国内外其他自愿减排机制下的减排量，项目申报主体需同时提交加盖公章的《申报承诺函》。

（7）核算边界

对于核算边界内碳库，选择林木生物量（包括林木地上生物量、地下生物量）、土壤有机质碳库，温室气体种类选择二氧化碳。

（8）基线碳汇量

红树林造林项目基准值设为零，项目边界内红树林产生的碳汇量即碳普惠核证减排量。红树林营林项目采用项目边界相应红树林群落类型的平均固碳水平作为基准线情景，只有通过管护和经营等生态修复措施提升红树林生态质量，使红树林各群落固碳水平优于平均水平、碳汇效益更显著的项目红树林地，才能产生碳普惠核证减排量。

（9）核查

根据《广东省碳普惠交易管理办法》的要求，为保证红树林碳普惠项目真实性，保障项目申报主体的基本收益，省级主管部门视情况可委托第三方核证机构对红树林碳普惠项目进行现场核查。

9.2.7 福建省 FFCER 蓝碳碳汇方法学要点

福建省蓝碳碳汇方法学为“福建省修复红树林碳汇项目方法学（V01）”[200]。

（1）本方法的适用条件

①从 2016 年 11 月 4 日至项目活动开始，红树林生态修复活动的土地为光滩、养殖塘或入侵种互花米草侵占的潮间带。红树林生态修复区土地权属清晰，有县级以上人民政府核发的土地权属证书，或有自然资源主管部门颁布的“海洋生态红线”，包括但不限于自然资源主管部门认定的自然保护地、海洋公园和国家公园的规划图、建设方案中明确的范围等。

②项目活动不违反任何国家有关法律、法规和政策措施，并且符合我国红树林造林技术规程。

③项目活动种植乡土红树植物，不得种植外来红树植物。

④项目活动不人为移除地表枯落物、不移除树根、枯死木。

⑤红树林修复后项目区域内土壤扰动的程度应控制在 10% 以下。

⑥项目区与邻近地区的水文连通性的变化不会大幅增加项目区以外的温室气体排放量。

⑦在项目计入期内，禁止在项目区施用氮肥，如化肥或粪肥。

（2）项目边界

项目边界是指由拥有土地所有权或使用权的项目参与方实施的红树林修复项目活动的地理范围。项目边界包括事前项目边界和事后项目边界。事前项目边界是在项目设计和开发阶段确定的项目边界，是计划实施修复项目活动的地理边界。事后项目边界是在项目监测时确定的、项目核查时核实的、实际实施的项目活动边界。

（3）土地合格性

提供信息证明自 2016 年 11 月 4 日起，项目活动所涉及的每个地块上的植被状况达不到我国红树林造林合格标准 3，即植被状况不能同时满足下列所有条件：

①密度不小于 1 050 株 / 公顷；

②郁闭度小于 0.20；

③如果地块上有天然或人工幼树，其继续生长不会达到上述我国红树林造林合格标准。

（4）碳库

地上生物量、地下生物量和土壤有机碳碳库是必须选择的碳库。项目参与方可以根据实际数据的可获得性、成本有效性和保守性原则，选择是否忽略枯死木。

基线碳汇量仅考虑乔木和灌木生物质碳储量的变化量。

（5）排放源

对于基线情景的排放源：需要考虑互花米草生长区 CH_4 的排放；根据实际数据的可获得性、成本有效性和保守性原则，选择是否忽略养殖塘的 CH_4 和 N_2O 的排放。若为光滩造林的情景，温室气体排放计为零。

对于项目情景的排放源：海水水体盐度低于 18 时，应考虑 CH_4 的排放；在有含氮污水和养殖污水输入的富营养化区域，应考虑 N_2O 的排放；根据实际数据的可获得性、成本有效性和保守性原则，选择是否忽略因化石燃料使用导致的 CO_2 的排放。

（6）计入期

计入期最短为20年，最长不超过60年。

（7）额外性

项目业主或其他项目参与方应提供所有与额外性论证（法律法规分析或普遍性做法或障碍分析）相关的数据、原理、假设、理由和文本，由主管部门认可的独立第三方机构进行可信度评估。

（8）监测

所有数据均应按照相关标准进行监测和测定。监测过程的所有数据均应同时以纸质版和电子版方式归档保存，并且至少保存至计入期结束后两年。

9.3 海岸带蓝碳碳汇交易项目开发的机制

海岸带蓝碳碳汇涉及的生态系统主要包括盐沼、红树林、海草床、海藻林和珊瑚礁，这些生态系统在固碳与储碳方面具有天然优势[201]。碳交易市场为海岸带生态系统管理、保护和修复提供了契机，目前，我国海岸带蓝碳资源可开发蓝碳碳汇项目的减排机制包括核证碳标准（VCS）、黄金标准（GS）、全球碳理事会（GCC）、社会碳标准（SC）、国家核证自愿减排量（CCER）机制、广东省碳普惠核证减排机制（PHCER）和福建省林业碳汇机制（FFCER）七个独立或国内减排机制。这些减排机制初步形成了全球蓝碳碳汇开发的网络体系。

9.3.1 蓝碳碳汇开发的国际减排机制

（1）VCS

VCS是由美国非营利组织Verra开发并管理的碳减排标准，是世界上使用最广泛的温室气体（GHG）信用计划，它推动将资金用于减少和消除排放、改善生计和保护自然的活动。目前，VCS项目已减少或消除大气中超过10亿吨的碳和其他温室气体排放[202]。

VCS规定项目必须遵循相应的规则和要求才能获得认证，包括VCS项目指南

（V4.4）、VCS 标准（V4.7）、VCS 方法学要求（V4.4）、VCS 项目术语（V4.5）、Verra 项目收费表（V1.0）、注册和发行程序（V4.6）等规则和流程。VCS 的重点领域包括海洋碳汇、碳捕获与封存和利用、农林及其他土地利用、REDD、能源转型等。在蓝碳领域，VCS 通过使组织、企业和其他实体能够利用碳融资来资助保护和恢复活动，从而激励保护沿海和内陆湿地生态系统，其签发的减排量为核证碳减排单元（VCUs）。

在沿海和潮汐蓝碳方面，VCS 于 2020 年年初成立了蓝碳工作组，探索和应对沿海湿地恢复和保护的挑战和机遇，该工作组就 VCS 和蓝碳方法如何激励蓝碳活动提供建议。VCS 还制定了湿地恢复和保护规则（WRC）。WRC 规则在 VCS 计划下对湿地生态系统的恢复和保护活动进行减排量项目开发。WRC 规则适用于所有湿地生态系统，不仅包括蓝碳生态系统，还包括考虑生态泄漏（定义为与项目区域水文相关的生态系统的温室气体排放变化）和其他创新。在海洋蓝碳方面，VCS 正在积极建立海洋碳工作组（WG），以确定和开发 VCS 方法的更新，从而促进和扩大对海洋蓝碳项目活动的支持。

目前，VCS 有 3 个方法学用于保护和恢复沿海和潮汐蓝碳生态系统，即 VM0033 潮汐湿地和海草恢复方法学、VM0024 滨海湿地创建方法学、AR-AM0014 退化红树林栖息地的植树造林和再造林（已于 2022 年 8 月 31 日停用），已注册项目有 6 个、发行蓝碳减排量约 649 万吨，正在开发的项目有 32 个，预计年均蓝碳减排量 1 023 万吨。

（2）GS

黄金标准（GS）碳减排机制是一个全球性的项目认证标准，旨在推动可持续发展和减少温室气体排放。GS 成立于 2003 年，最初是作为联合国清洁发展机制（Clean Development Mechanism，CDM）的补充而成立，由世界自然基金会和其他非营利性组织共同设立，非营利性组织黄金标准基金会（Gold Standard Foundation，GSF）负责管理和运营。GSF 总部位于瑞士日内瓦，拥有一支专业团队，负责制定和管理标准、审核项目、发放认证等工作[203]。

GS 签发的碳抵消信用为核证减排量（Verified Emissions Reductions，VERs）。GS 备案的 39 个方法学涵盖土地利用、林业和农业（含海洋碳汇领域）、能源效率、燃料转换、可再生能源、航运能源效率、废弃物处理和处置、用水效益和二氧化碳移除八个领域[204]。

2024 年 8 月，Gold Standard 公布了与 FORLIANCE 合作开发的首个红树林项目方法，该方法支持用于测量和影响量化的创新遥感应用。这种新方法下的典型项目将涉及红树林恢复，其中包括在历史上支持红树林生态系统的地区种植本地红树林。该方法适用于全球，并允许多种量化方法，包括应用强大的遥感监测和地面数据，提高灵活性，同时降低项目开发商和审计师的成本和时间。该方法鼓励实施适应措施，例如，保护农民和当地社区免受洪水侵袭的措施，减少海岸侵蚀和潮汐洪水，以及实现收入来源多样化以改善生计。

Gold Standard 还制定了新的《蓝碳和淡水湿地活动要求》及《蓝碳和淡水湿地活动风险和能力指南》，因为水生生态系统在气候调节中发挥着关键作用，并且具有缓解潜力。目前，GS 有一个方法学用于支持红树林恢复项目，即红树林的可持续管理（22–08–2024 1.0 版），目前尚无项目开发。

（3）GCC

GCC 是海湾研究与发展组织（Gulf Organisation for Research & Development，GORD）于 2016 年建立的中东和北非地区第一个也是唯一的自愿减排机制。GCC 的建立旨在充分解决现有温室气体计划项目在空间分布不均的问题，希望重点发展目前缺乏代表性减排项目的中东和北非地区。此外，GCC 接受全球减排项目的注册申请，旨在建立以地理区域为单位的减排机制，更好地满足《巴黎协定》第 6 条相关减排量国际转移的需求。GCC 机制遵循气候变化标准 ISO 14064–2（项目层面对温室气体减排或清除量的量化、监测和报告的规范及指南）和 ISO14064–3（温室气体声明审定与核查的规范及指南）为减排项目提供全球平台，旨在探索减排量的等价性，通过强大的系统框架对减排项目以及相应减排量进行有效筛选和核查。

GCC 签发的减排量为 ACCs（Approved Carbon Credits）。目前，GCC 项目方法学可沿用 CDM 批准的方法学，也允许项目业主根据需求依据 GCC 方法学开发标准开发新的适用于特定地区和国家的方法学。GCC 已批准了 8 个方法学，包括 5 个常规的方法（海水淡化、动物粪便管理、可再生能源发电等）、2 个基于自然的方法（修复退化红树林栖息地、除湿地以外的土地造林）以及碳捕集和封存的方法。

2024 年 10 月 1 日，GCC 发布了基于 NBS 的退化红树林栖息地项目活动方法（GCC MA002 V1.0），将有助于促进这些濒危栖息地的有效恢复和可持续管理。该方法基于 CDM AR-AM0014 退化红树林栖息地的植树造林和再造林，提供了一种结构化的方法，用于估计促进恢复退化红树林生态系统的气候活动引起的碳储量和温室气体排放的变化，并支持生物多样性，提高沿海复原力，为当地社区提供社会经济效益。目前尚无项目开发。

（4）SC

SC 目前由英格兰和威尔士注册的慈善机构 Social Carbon Foundation（1210037）管理。SC 标准是全球南部地区制定的第一个自愿碳标准。SC 诞生于 1997 年巴西第一个、世界第二个碳项目——巴纳纳尔岛碳封存项目，其开发理念是：要使基于自然的解决方案产生持久影响，就必须提供可持续生计，并让当地社区参与其中。SC 标准最初于 2005 年作为共同效益标准推出，用于监测采用碳标准的项目所产生的更广泛的可持续发展影响。

SC 是众多减排机制中唯一专注于以自然为基础的解决方案的标准，其制定的“超越碳”方法意味着所有项目都包含并监测共同效益（涉及更多社会、人类、生物多样性、经济效益和自然指标），确保在当地实现更高质量、更有弹性 / 真正可持续的项目成果，并与当地利益相关者分享。与所有标准一样，该标准包括独立监测和验证要求，并确保项目符合当地法律法规。

SC 目前已发布的方法学全部是基于自然的方法学，包括水稻甲烷减排方法、再生土地管理方法、泥炭地恢复方法、造林和再造林方法、红树林恢复方法等 10 个方法学。在蓝碳方法领域，SC 于 2023 年 7 月发布 SCM0008 红树林恢复方法，在该方法学下尚未开发蓝碳项目。

9.3.2　蓝碳碳汇开发的国内减排机制

（1）CCER

2023 年 10 月，生态环境部联合国家市场监督管理总局共同发布《温室气体自愿减排交易管理办法（试行）》，正式重启我国的自愿减排市场。CCER 是指对我国境内可再生能源、林业碳汇、甲烷利用等项目的温室气体减排效果进行量化核证，并在国家温室气体自愿减排交易注册登记系统中登记的温室气体减排量。

CCER 机制是利用市场机制降碳增汇、调动全社会力量共同参与温室气体减排行动的重大制度创新，是稳步推进碳达峰碳中和的重要举措。各类社会主体可以按照《温室气体自愿减排交易管理办法（试行）》相关规定，自主自愿开发温室气体减排项目，项目减排效果经过科学方法量化核证并申请完成登记后，可在市场出售，以获取相应的减排贡献收益。

CCER 机制签发的减排量可用于控排企业清缴履约时的抵消或其他用途，在碳市场的重点排放单位履约时，可使用 1 单位的 CCER 抵消 1 吨二氧化碳的排放量。该标准目前涵盖的范围包括造林碳汇、并网光热发电、并网海上风力发电、红树林营造 4 个领域。其中，在红树林营造领域，已公示项目有两个，预期年均减排量 2 805 吨，两个项目当前均未申请登记。

（2）PHCER

2015 年，广东省印发《广东省碳普惠制试点工作实施方案》和《广东省碳普惠制试点建设指南》，开始探索开展创新性自愿减排机制——碳普惠制试点建设工作，激励全社会参与碳减排，并将广州、东莞、中山、惠州、韶关、河源 6 个城市列入首批试点城市。2017 年印发《关于碳普惠制核证减排量管理的暂行办法》，将碳普惠核证减排量作为广东省碳交易市场的有效补偿机制，促成了碳普惠制与碳交易的有效链接。广东碳市场为碳普惠项目的发展提供了更广阔的空间和有力支持，推动了碳减排行为的广泛开展，促进了碳市场的繁荣和健康发展。

2022 年 4 月，广东省修订了《广东省碳普惠交易管理办法》，将原办法中的试点地区运行经验推广至全省，扩展碳普惠覆盖城市及涉及领域，完善碳普惠制自愿减排交易体系。广东省生态环境厅负责广东省碳普惠管理相关工作，包括碳普惠方法学、碳普惠项目及碳普惠核证减排量，指导广东省碳普惠专家委员会开展专业技术支撑等工作。广东省生态环境厅依托广东省碳普惠核证减排量登记系统对碳普惠核证减排量的创建、分配、变更、注销等进行登记和管理。广东省碳普惠专家委员会由广东省主管部门组织成立，由国内外低碳节能领域具有较高社会知名度和影响力的专家、学者和工作人员组成，负责碳普惠方法学的技术评估工作。

目前，PHCER 已发布林业、光伏发电、使用高效节能空调、使用家用型空气源热泵热水器、废弃衣服再利用、红树林 6 个碳普惠方法学。其中，红树林碳普惠方法学为《广东省红树林碳普惠方法学》（编号 2023001—V01），该方法学暂无项目申报、开发。

（3）FFCER

2016年9月，福建省人民政府发布《福建省碳排放权交易市场建设实施方案》，提出加快林业碳汇和碳金融产品创新，建设具有福建特色的碳排放权交易市场。福建省人民政府以政府令形式发布《福建省碳排放权交易管理暂行办法》，对林业碳汇纳入区域碳市场作出了制度安排。同年 11 月，福建省发展改革委、林业厅、经济和信息化委员会印发《福建省碳排放权抵消管理办法（试行）》，明确提出在本省行政区内重点排放单位使用经备案（包括 CCER 和 FFCER）的减排量抵消其经确认排放量的活动。

2017 年 5 月 17 日，福建省人民政府办公厅印发《福建省林业碳汇交易试点方案》，提出统筹推进国家碳市场下的 CCER（国家核证自愿减排量）林业碳汇交易、福建碳市场下的 FFCER（福建林业核证减排量）林业碳汇交易。2023 年 5 月，福建省碳排放权交易工作协调小组办公室备案发布《福建省修复红树林碳汇项目方法学（V01）》，为福建省红树林修复项目的开发和实施提供技术保障。

该方法学是基于清洁发展机制（CDM）编制，适用于我国地方实际的自愿减排方法学，为福建省红树林碳汇交易和生态系统价值实现提供了技术依据。方法学以福建省红树林长期定位观测数据为基础，融合了国际先进的评估和监测方案，结合福建省红树林生态修复的工作实际，给出了科学有效的红树林碳汇核算方法，达到了可实现监测、报告、核查（MRV）的要求，完成了红树林增汇价值的量化，凸显了红树林生态增汇、综合生态服务功能和应对气候变化的能力[249]。该方法学暂无红树林碳汇项目申报与开发。

9.4　海岸带蓝碳碳汇项目开发典型案例

目前，国内外关于蓝碳碳汇开发成功的案例均发生在 VCS 机制认可的两个方法学下，即 VM0033 潮汐湿地和海草恢复方法、AR–AM0014 退化红树林栖息地的植树造林和再造林（已于 2022 年 8 月 31 日停用）。其中，VM0033 方法学下目前仅有 1 个项目注册成功，AR–AM0014 退化红树林栖息地的植树造林和再造林方法学停用前有7个项目注册成功（见表9–6），共发行蓝碳减排量约649万吨。

VM0033方法学下目前仅有的1个项目是位于巴基斯坦信德省的一个红树林恢复项目［Delta Blue Carbon–1（DBC–1）］[205]，主要情况如下。

（1）项目描述

DBC–1项目是位于巴基斯坦信德省的印度河三角洲地区的一个红树林恢复项目，旨在促进气候变化缓解和适应、维护生物多样性，并为项目区依赖森林的社区创造改善生计、福祉和就业机会。项目区覆盖了信德省印度河三角洲地区的350 000公顷，包括塔塔和苏贾瓦尔地区。该地区是一个由多个潮汐河流通道和17个主要小溪、低洼岛屿、红树林和潮间带土地组成的广阔复合体。印度河三角洲的红树林在全球范围内具有独特的地位，是全球最大的干旱气候红树林区域。

DBC–1项目是WWF全球200个生态区域之一，具有重要的生态意义，支持独特的动植物种类。印度河是成千上万候鸟迁徙路线上的必经地，它们飞越喜马拉雅山脉来到此地。项目区对高保护价值（HCV）具有重要意义，因为它符合基于脆弱性和不可逆性标准的生物多样性关键区域（KBA）的定义。该区域以受到威胁的生物多样性、地理上受限的生物多样性、生态完整性、生物过程和在干旱区红树林生态系统中不可替代的特点而闻名。

项目计划在60年的项目生命周期内，通过恢复和持续保护224 997公顷的红树林，实现估计1.420 5亿吨CO_2的排放移除。这些活动将帮助当地社区适应气候变化的可能影响，通过改善项目区内外社区的财务安全和福祉，减少人们面对气候变化相关冲击的脆弱性。同时，通过改善红树林生态系统的货物和服务供应，也将提高当地人对气候变化的适应能力。通过振兴退化的沿海栖息地并确保其长期可持续性，项目活动还将为该地区的生物多样性带来显著的气候变化适应效益。

（2）实施主体

直接参与项目实施的主体有巴基斯坦卡拉奇信德省政府林业局、梧桐三角洲资本有限公司（Indus Delta Capital Limited）。

（3）经营形式

DBC–1项目由信德省政府和Indus Delta Capital Limited共同开发和管理，通过公私合作伙伴关系安排，致力于信德省梧桐三角洲地区的红树林湿地的保护、恢复和生态系统恢复工作。

（4）管理机制

信德省林业部门和梧桐三角洲资本有限公司根据各自的能力和属性，承担补充角色，协调项目实施和运营，并与所有项目利益相关者合作。

（5）项目边界

整个项目区域被宣布为“保护林区”，属于国家财产。因此，信德省政府是土地权力持有者和使用者权利持有者。

（6）碳库和排放源

项目边界的碳库包括地上树木生物量和地下生物量、土壤有机碳，而排除了地上非树木生物量、枯枝落叶、死木和木材产品。排放源仅考虑项目期间的反硝化 / 硝化作用产生的 N_2O。

（7）基线情景

基线情景的确定使用了 CDM AR 方法学工具［Combined tool to identify the baseline scenario and demonstrate additionality for A/R CDM project activities（Version 01）］，这是一个用于识别基线情景并展示额外性的工具，适用于 A/R CDM（Afforestation/Reforestation 和“REDD+”）项目活动。经过障碍分析后，最可能继续的是情景 1（即项目实施前的土地使用状况，项目活动所在的土地是退化的红树林栖息地。由于人口压力和短期经济激励，这些地区的红树林在过去几十年中遭受了严重的退化），排除了由于生态考虑而无法自然再生红树林的情景 2，以及由于投资、机构、技术和社会障碍而无法实施的红树林再造林情景 3。

（8）额外性

法律分析：项目不是由任何法律、法规或其他法规框架强制执行的，也不是任何系统执行的法律、法规或其他法规框架的一部分。尽管适用的法律（巴基斯坦森林法案，1927 年）要求保护现有森林，但并未强制要求重新种植或恢复红树林。

正面清单：项目符合所有适用条件，因此被视为符合正面清单。这意味着项目是额外的，因为它满足了所有适用条件，并且没有违反任何法律或法规。

（9）主要树种

在充分尊重当地意愿的基础上，并综合考虑碳吸收、生物多样性保护、水土流失控制和相关林产品价值等，项目最终确定的造林树种包括桐花树、角果木、海漆树和秋茄树。

（10）蓝碳减排量

第一个监测期（2015—2020 年）的蓝碳减排量为 165.52 万吨，第二个监测期（2021—2023 年）的蓝碳减排量为 314.74 万吨。

（11）项目效益

改善风暴潮和沿海危险的防护：预计项目结束时，社区和沿海基础设施将获得更好的保护，以抵御风暴潮和其他沿海自然危害。

增加鱼类、虾类和其他海洋生物的产卵地：这一影响预计将通过增加捕鱼收入来促进经济增长。

保护历史和文化遗产遗址及文物：项目区内有许多具有文化和历史价值的遗址，项目将有助于这些遗产的保护。

灵感、知识和信息服务：许多艺术家、音乐家、学者和研究人员从红树林及其生态系统中获得灵感、知识和信息。

审美价值和标志性海景：潮汐湿地区域是具有巨大审美价值的标志性景观和海景，为精神主义、娱乐和亲近自然提供了场所。

温室气体排放减少或移除：项目区相对于无项目情景的净估计排放移除量为 1.4 亿吨 CO_2（项目生命周期内）。

森林覆盖率：相对于无项目情景，项目区森林覆盖增加的公顷数估计为 224 997 公顷。

其他社会效益：通过项目活动提供的培训，社区成员技能和 / 或知识得到提升的总人数为 34 400 人；参与项目活动导致增加的就业人数大约为 1 000 人；因项目活动而改善生计或产生收入的总人数（整个项目区）约 43 000 人。

表 9-6　核证碳标准已注册和开发中的蓝碳项目

ID	项目名称	方法	项目状态	国家 / 地区	预计年减排 CO_2 量 / 吨	注册日期	计入期始	计入期末
3155	尼日尔三角洲红树林项目	AR-AM0014	已注册	尼日利亚	79 406	2024-06-10	2021-11-23	2061-11-22
2343	湛江红树林造林项目	AR-AM0014	已注册	中国	4 020	2021-03-19	2015-04-30	2055-04-29
2088	缅甸的红树林恢复与可持续发展	AR-AM0014	已注册	缅甸	403 831	2024-02-01	2020-09-01	2040-08-31
2250	三角洲蓝碳 -1（DB-1）	VM0033	已注册	巴基斯坦	2 407 629	2021-12-20	2015-02-19	2075-02-18
1764	缅甸退化红树林地的造林和恢复、可持续生计和社区发展	AR-AM0014	已注册	缅甸	184 006	2017-06-26	2015-06-15	2035-06-14
1493	印度尼西亚亚齐东海岸和北苏门答腊省的红树林恢复与沿海绿化带保护	AR-AM0014	已注册	印度尼西亚	124 706	2020-04-06	2011-06-14	2031-06-13
1318	塞内加尔生计红树林恢复集体项目	AR-AM0014	已注册	塞内加尔	30 000	2020-04-06	2009-07-31	2039-07-30
1463	印度孙德尔本斯红树林恢复项目	AR-AM0014	已注册	印度	51 249	2020-04-06	2010-09-28	2030-09-27
2792	缅甸退化红树林的恢复与可持续发展	AR-AM0014	请求核查批准	缅甸	70 285	2024-02-07	2020-09-01	2040-08-31
3868	防城港红树林造林项目	VM0033	申请注册和核查批准	中国	2 790	注册中	2020-03-18	2060-03-17
3660	肯尼亚 Papariko- 退化红树林区恢复项目	AR-AM0014	申请注册	肯尼亚	30 389	注册中	2022-05-26	2052-05-25
3360	通过红树林造林提高桑德班斯沿海社区的气候适应能力	AR-AM0014	申请注册	印度	29 782	注册中	2021-08-28	2041-08-27
3361	印度西海岸参与式红树林造林与恢复	AR-AM0014	申请注册	印度	9 003	注册中	2022-05-14	2122-05-13

续表

ID	项目名称	方法	项目状态	国家 / 地区	预计年减排 CO_2 量 / 吨	注册日期	计入期始	计入期末
3357	气候适应性和社区驱动的红树林造林计划	AR-AM0014	申请注册	斯里兰卡	45 484	注册中	2021-09-21	2041-09-20
5309	通过在古吉拉特邦种植红树林开发自愿碳市场项目	VM0033	开发中	印度	69 627	开发中	2022-01-10	2062-01-09
5234	阿曼蓝碳	VM0033	开发中	阿曼	73 490	开发中	2024-07-10	2051-07-09
5224	三角洲红树林的碳镶嵌保护与恢复	VM0033	开发中	尼日利亚	1 935 095	开发中		
5192	吉布提红树林恢复计划	VM0033	开发中	吉布提	45 694	开发中		
5175	维拉克鲁斯红树林生命项目	VM0033	开发中	墨西哥	60 629	开发中	2023-04-28	2043-04-27
5032	库普项目：在南苏拉威西岛通过红树林恢复和造林渔业改善生计	VM0033	开发中	印度尼西亚	1 045 496	开发中	2024-02-17	2064-02-16
4856	马达加斯加蓝碳项目	VM0033	开发中	马达加斯加	18 204	开发中	2021-01-04	2061-01-03
4847	东帝汶红树林恢复项目	VM0033	开发中	东帝汶	10 267	开发中		
4845	CAMERR 碳红树林生态系统恢复与复原项目	VM0033	开发中	喀麦隆	17 918	开发中	2022-07-01	2052-06-30
4539	塞拉利昂基于社区的红树林保护和恢复项目	VM0033	开发中	塞拉利昂	258 000	开发中	2023-07-01	2073-06-30

续表

ID	项目名称	方法	项目状态	国家 / 地区	预计年减排 CO_2 量 / 吨	注册日期	计入期始	计入期末
3885	社区红树林恢复倡议——Lep Lep	VM0033	开发中	塞内加尔	21 739	开发中	2023-01-01	2042-12-31
3365	为印度孙达尔班老虎保护区开发自愿碳市场项目	VM0033	开发中	印度	57 587	开发中	2018-10-01	2048-09-30
3142	Mozblue：建设非洲最大的红树林恢复项目	VM0033	开发中	莫桑比克	338 957	开发中	2024-11-15	2084-11-14
2842	在墨西哥蓝碳生态系统中恢复红树林	VM0033	开发中	墨西哥	868 302	开发中	2016-06-13	2046-06-12
2531	在退化和无林土地上重新造林的集团项目	AR-AM0014	开发中	印度	36 000	开发中	2018-09-29	2038-09-28
2500	蓝色美洲虎债券项目	VM0033	开发中	墨西哥	48 518	开发中	2016-07-16	2046-07-15
2360	弗吉尼亚海岸保护区海草恢复项目	VM0033	开发中	印度	1 349	开发中	2015-07-10	2045-07-09
5207	印度 LTIM 的红树林恢复倡议	VM0033	验证中	印度	3 577	验证中	2022-08-01	2042-07-31
5071	柬埔寨红树林造林和再造林项目	VM0033	验证中	柬埔寨	28 650	验证中		
5063	三角洲蓝碳 - 2（DB-2）	VM0033	验证中	巴基斯坦	2 013 864	验证中	2023-08-14	2083-08-13
5050	缅甸参与式红树林恢复气候行动	VM0033	验证中	缅甸	196 274	验证中	2023-05-04	2048-05-03
4890	安洛湿地再生发展项目	VM0033	验证中	加纳	16 566	验证中	2024-06-01	2064-05-31
4607	科舍蓝碳 -1	VM0033	验证中	印度	75 516	验证中	2023-01-01	2082-12-31

续表

ID	项目名称	方法	项目状态	国家 / 地区	预计年减排 CO_2 量 / 吨	注册日期	计入期始	计入期末
4563	塞内加尔 ALLCOT 蓝碳红树林项目（塞内加尔 ABC 红树林项目）	VM0033	验证中	塞内加尔	74 732	验证中	2022-08-01	2052-07-31
4541	印度孙德尔本斯的孙达里红树林恢复项目	VM0033	验证中	印度	32 618	验证中	2024-01-01	2043-12-31
4194	海南省儋州市红树林再造林项目	VM0033	验证中	中国	4 839	验证中	2020-06-01	2050-05-31
3967	VALLE LAGUNARE-VAL DOGA', CAPOSILE-VENICE 受控潟湖环境中的减排量评估	VM0033	验证中	意大利	150 531	验证中	2022-01-01	2041-12-31
3818	通过社区红树林恢复减缓蓝碳排放	VM0033	验证中	缅甸	259 130	验证中	2021-05-29	2041-05-28
3730	缅甸通过社区红树林恢复开展气候行动	VM0033	验证中	缅甸	91 861	验证中	2022-05-10	2047-05-09
3333	将恢复退化红树林作为亚洲减缓和适应气候变化的战略 CPA 1	AR-AM0014	验证中	缅甸	322 622	验证中	2019-02-13	2039-02-12

数据来源：Verra VCS Registry，https：//registry.verra.org/app/search/VCS。

参考文献

[1] United Nations Environment Programme. Blue carbon：the role of healthy oceans in binding carbon [EB/OL]. [2024–05–18]. https：//wedocs.unep.org/20.500.11822/7772.

[2] MCLEOD E，CHMURA G L，BOUILLON S，et al. A blueprint for blue carbon：Toward an improved understanding of the role of vegetated coastal habitats in sequestering CO_2 [J]. Frontiers in Ecology and the Environment，2011，9（10）：552–560.

[3] Special Report on the Ocean and Cryosphere in a Changing Climate[EB/OL]. [2024-05-18]. https：//www.ipcc.ch/srocc/.

[4] HOWARD J，SUTTON - GRIER A，HERR D，et al. Clarifying the role of coastal and marine systems in climate mitigation[J]. Frontiers in Ecology and the Environment，2017，15（1）：42–50.

[5] 樊超 . 红树林海岸带空间韧性评估框架构建及应用——以北部湾和雷州半岛为例 [D]. 中国科学院大学（中国科学院烟台海岸带研究所），2023.

[6] 关道明 . 中国滨海湿地 [M]. 北京：海洋出版社，2012.

[7] 杨阳，王宝荣，窦艳星，等 . 植物源和微生物源土壤有机碳转化与稳定研究进展 [J]. 应用生态学报，2024，35（1）：111–123.

[8] 曹磊 . 山东半岛北部典型滨海湿地碳的沉积与埋藏 [D]. 中国科学院大学（中国科学院海洋研究所），2014.

[9] DENNISON W C. Seagrasses：biology，ecology and conservation[J]. Botanica Marina，2009，52（4）：365–366.

[10] GACIA E，DUARTE C. Sediment Retention by a Mediterranean Posidonia oceanica[J]. Meadow：The Balance betwueen Deposition and Resuspension. Estuarine，Coastal and Shelf Science，2001，52（4）：505–514.

[11] 郑凤英，邱广龙，范航清，等 . 中国海草的多样性、分布及保护 [J]. 生物多样性，2013，21（5）：517–526.

[12] SPIVAK A C，SANDERMAN J，BOWEN J L，et al. Global–change controls on soil–carbon

accumulation and loss in coastal vegetated ecosystems. Nature Geoscience，2019，12（9）：685–692.

[13] NELLEMANN C，CORCORAN E，DUARTE C M，et al. Blue Carbon：The role of healthy oceans in binding carbon：A rapid response assessment[M]. Nairobi：United Nations Environment Programme，Arendal，Norway：GRID–Arendal，2009.

[14] ATWOOD T B，CONNOLLY R M，ALMAHASHEER H，et al. Global patterns in mangrove soil carbon stocks and losses[J]. Nature Climate Change，2017，7：523–528.

[15] HIMES–CORNELL A，PENDLETON L，ATIYAH P. Valuing ecosystem services from blue forests：A systematic review of the valuation of salt marshes，sea grass beds and mangrove forests[J]. Ecosystices. Serv. 2018，30：36–48.

[16] DUARTE C M，MIDDELBURG J J，CARACO N：Major role of marine vegetation on the oceanic carbon cycle[J]，Biogeosciences，2005，2：1–8.

[17] KHATIWALA S，PRIMEAU F，HALL T. Reconstruction of the history of anthropogenic CO_2 concentrations in the ocean[J]. Nature，2009，462（7271）：346–349.

[18] 张广帅，蔡悦荫，闫吉顺，等 . 滨海湿地碳汇潜力研究及碳中和建议——以辽河口盐沼湿地为例 [J]. 环境影响评价，2021，43（5）：18–22.

[19] ADAM P. The Energetics of Mangrove Forests[J]. Austral Ecology，2011，36（5）：e18–e19.

[20] 李森，蔡厚才，陈万东，等 . 海岸带生态恢复区不同林龄红树林对 CH_4 和 CO_2 排放通量的影响 [J]. 生态环境学报，2020，29（12）：2414–2422.

[21] 唐剑武，叶属峰，陈雪初，等 . 海岸带蓝碳的科学概念、研究方法以及在生态恢复中的应用 [J]. 中国科学（地球科学），2018，48（6）：661–670.

[22] ALONGI D M. Carbon cycling and storage in mangrove forests. Annual Review of Marine Science，2014，6（1）：195–219.

[23] 关道明 . 中国滨海湿地 [M]. 北京：海洋出版社，2012.

[24] 范振林 . 开发蓝色碳汇助力实现碳中和 [J]. 中国国土资源经济，2021，34（4）：12–18.

[25] WANG F M，LU X L，SANDERS C J，et al. Tidal wetland resilience to sea level rise increases their carbon sequestration capacity in United States[J]. Nature Communications，2019，10（1）：5733.

[26] 岳冬冬，王鲁民 . 中国海水贝类养殖碳汇核算体系初探 [J]. 湖南农业科学，2012（15）：120–122，130.

[27] JIAO N，ZHENG Q. The microbial carbon pump：From genes to ecosystems[J]. Applied and Environmental Microbiology，2011，77（21）：7439–7444.

[28] 胡秋成，陆佳依，钱利炜，等 . 蓝碳产业的概念研究与发展建议 [J]. 海洋开发与管理，2024，41（2）：38–44.

[29] 冯翠翠，龚语嫣，叶观琼，等 . 全球海岸带国家蓝碳资源价值与类型研究 [J]. 应用海洋学学报，2024，43（1）：1–11.

[30] United Nations. System of Environmental–Economic Accounting：Ecosystem Accounting（SEEAEA）[EB/OL].[2024–05–18].https：//seea.un.org/ecosystem–accounting.

[31] 张乔民，于红兵，陈欣树，等 . 红树林生长带与潮汐水位关系的研究 [J]. 生态学报，1997，17（3）：258–265.

[32] 范航清，黎广钊，周浩郎，等 . 广西北部湾典型海洋生态系统——现状与挑战 [M]. 北京：科学出版社，2015.

[33] 林鹏 . 中国红树林生态系 [M]. 北京：科学出版社，1997.

[34] 王卿，汪承焕，黄沈发，等 . 盐沼植物群落研究进展：分布、演替及影响因子 [J]. 生态环境学报，2012，21（2）：375–388.

[35] 关道明 . 中国滨海湿地米草盐沼生态系统与管理 [M]. 北京：海洋出版社，2009.

[36] 关道明 . 中国滨海湿地 [M]. 北京：海洋出版社，2012.

[37] MAO D H，LIU M Y，WANG Z M，et al.Rapid invasion of Spartina alterniflora in the coastal zone of mainland China：Spatiotemporal patterns and human prevention [J].Sensors，2019，19（10）：2308.

[38] 韩秋影，施平 . 海草生态学研究进展 [J]. 生态学报，2008，28（11）：5561–5570.

[39] 潘金华，江鑫，赛珊，等 . 海草场生态系统及其修复研究进展 [J]. 生态学报，2012，32（19）：6223–6232.

[40] 陈石泉，王道儒，吴钟解，等 . 海南岛东海岸海草床近 10a 变化趋势探讨 [J]. 海洋环境科学，2015，34（1）：48–53.

[41] 向爱，揣小伟，李家胜 . 中国沿海省份蓝碳现状与能力评估 [J]. 资源科学，2022，44（6）：1138–1154.

[42] MCLEOD E，CHMURA G L，BOUILLON S，et al. A blueprint for blue carbon：Toward an improved understanding of the role of vegetated coastal habitats in sequestering CO_2 [J]. Frontiers in Ecology and the Environment，2011，9（10）：552–560.

[43] 周晨昊，毛覃愉，徐晓，等 . 中国海岸带蓝碳生态系统碳汇潜力的初步分析 [J]. 中国科学（生命科学），2016，46（4）：475–486.

[44] 段晓男，王效科，逯非，等 . 中国湿地生态系统固碳现状和潜力 [J]. 生态学报，2008，28（2）：463–469.

[45] 陈火春，楼毅，刘诚，等 . 对我国海岸带生态保护与修复的思考 [J]. 林业调查规划，2022，47（5）：96–99.

[46] 王俊刚，李佳，陈天平 . 陆海统筹划定生态保护红线的海南实践 [J]. 中国土地，2023（6）：15–17.

[47] 安鑫龙，齐遵利，李雪梅，等．中国海岸带研究Ⅱ——海岸带生态环境问题及其解决途径[J]. 安徽农业科学，2008，36（27）：11967–11969.

[48] 张健，路文海，宋文婷，等．我国海岸带生态保护和修复政策研究 [J]. 国土资源情报，2021（4）：18–25.

[49] 罗明，杨崇曜，孙雨芹．我国海岸带生态保护修复实践的 NbS 路径 [J]. 中国土地，2022（3）：4–7.

[50] 吴震．统筹山水林田湖草沙系统治理 [J]. 北京观察，2023（8）：28–29.

[51] 应超，高扬，汪海峰，等．陆海统筹背景下海岸带复合系统协调发展水平及影响机制研究——以温州市为例 [J]. 地理科学进展，2022，41（10）：1899–1912.

[52] 孙倩文，熊兰兰，李红亮．广东省海洋生态修复现状研究 [J]. 中国资源综合利用，2023，41（9）：117–119.

[53] 杨林，沈春蕾．海洋碳汇产品价值实现的困境与对策 [J]. 东南学术，2024（1）：92–102.

[54] 白洋，胡锋．我国海洋蓝碳交易机制及其制度创新研究 [J]. 科技管理研究，2021，41（3）：187–193.

[55] 中华人民共和国生态环境部.2022 中国海洋生态环境状况公报 [EB/OL].[2023–05–24].http：//www.nmemc.org.cn/hjzl/sthjgb/202305/P020231010587867170742.pdf.

[56] GAO Y，ZHOU J，WANG L M，et al.Distribution patterns and controlling factors for the soil organic carbon in four mangrove forests of China [J].Global Ecology and Conservation，2019，17：e00575.

[57] HERBECK L，KRUMME U，NORDHAUS I，et al. Pond aquaculture effluents feed an anthropogenic nitrogen loop in a SE Asian estuary[J].Science of the Total Environment，2021，756：144083.

[58] CHEN G C，CHEN J H，OU D Y，et al.Increased nitrous oxide emissions from intertidal soil receiving wastewater from dredging shrimp pond sediments[J].Environmental Research Letters，2020，15（9）：ab93fb.

[59] ZHANG Y，HUANG G，WANG W，et al.Interactions between mangroves and exotic Spartina in an anthropogenically disturbed estuary in southern China [J]. Ecology，2012，93（3）：588–597.

[60] CHEN Y N，LI Y，THOMPSON C，et al.Differential sediment trapping abilities of mangrove and saltmarsh vegetation in a subtropical estuary [J]. Geomorphology，2018，318（10）：270–282.

[61] SU Z N，QIU G L，FAN H Q，et al.Changes in carbon storage and macrobenthic communities in a mangrove–seagrass ecosystem after the invasion of smooth cordgrass in southern China[J]. Marine Pollution Bulletin，2020，152：110887.1–9.

[62] 邱冬冬，路峰，闫家国，等 . 滨海湿地生态系统工程师对潮间带土壤环境的影响机制 [J]. 北京师范大学学报（自然科学版），2018，54（1）：9–16.

[63] SCHWARZ C，YE Q H，WAL D，et al.Impacts of salt marsh plants on tidal channel initiation and inheritance[J].Journal of Geophysical Research：Earth Surface，2014，119（2）：385–400.

[64] CHEN L Z，CHEN Y N，ZHANG Y H，et al.Mangrove carbon sequestration and sediment deposition changes under cordgrass invasion[M]// SIDIK F，FRIESS D.Dynamic sedimentary environments of mangrove coasts[M].Elsevier，2020：473–509.

[65] GAO G F，LI P F，SHEN Z J，et al.Exotic Spartina alterniflora invasion increases CH_4 while reduces CO_2 emissions from mangrove wetland soils in southeastern China [J].Scientific Reports，2018，8：9243.

[66] 栾维新，崔红艳 . 基于 GIS 的辽河三角洲潜在海平面上升淹没损失评估 [J]. 地理研究，2004，23（6）：805–814.

[67] 李莎莎 . 海平面上升影响下广西海岸带红树林生态系统脆弱性评估 [D]. 上海：华东师范大学，2014.

[68] SASMITO S D，TAILLARDAT P，CLENDENNING J N，et al. Effect of land–use and land–cover change on mangrove blue carbon：A systematic review[J]. Global Change Biology，2019，25（12）：4291–4302.

[69] MA T T，LI X W，BAI J H，et al. Four decades dynamics of coastal blue carbon storage driven by land use/land cover transformation under natural and anthropogenic processes in the Yellow River Delta，China[J].Science of the Total Environment，2019，655：741–750.

[70] XU S C，XU S，ZHOU Y，et al. Long–term changes in the unique and largest seagrass meadows in the Bohai Sea（China）using Satellite（1974—2019）and sonar Data：Implication for conservation and restoration[J].Remote Sensing，2021，13：856.

[71] 龙凤，董战峰，毕粉粉，等 . 欧盟碳边境调节机制的影响与应对分析 [J]. 中国环境管理，2022，14（2）：43–48.

[72] 刘洋，李寅 . 国际碳市场发展建设的经验与启示——以欧盟碳边境调节机制为例 [J]. 北方金融，2023（1）：62–65.

[73] 中国政府网 . 全国碳排放权交易市场表现平稳向好（EB/OL）.[2024–02–26]（2024–09–14）. https：//www.gov.cn/zhengce/202402/content_6934339.htm.

[74] 潘晓滨 . 跨区域大气污染治理的法律路径——基于美国 RGGI 模式的思考 [J]. 法学论坛，2018，33（4）：134–140.

[75] 吴大磊，赵细康，王丽娟 . 美国首个强制性碳交易体系（RGGI）核心机制设计及启示 [J]. 对外经贸实务，2016，（7）：23–26.

[76] 陈骁，张明 . 碳排放权交易市场：国际经验、中国特色与政策建议 [J]. 上海金融 . 2022，（9）：22–33.

[77] 司法部网站 . 司法部、生态环境部负责人就《碳排放权交易管理暂行条例》答记者问 [EB/OL]. [2024–05–17]. https：//www.gov.cn/zhengce/202402/content_6930466.htm.

[78] 陈光程，王静，许方宏，等 . 滨海蓝碳碳汇项目开发现状及推动我国蓝碳碳汇项目开发的建议 [J]. 应用海洋学学报，2022，41（2）：177–184.

[79] United Nations Environment Programme and Center for International Forestry Research. et al. Guiding principles for delivering coastal wetland carbon projects[R]. Nirobi：UNEP，2014.

[80] WYLIE L，SUTTON–GRIER A E，MOORE A. Keys to successful blue carbon projects：Lessons learned from global case studies[J]. Marine Policy，2016，65：76–84.

[81] KOLLMUSS A，ZINK H，POLYCARP C. Making Sense of the Voluntary Carbon Market：A Comparison of Carbon Offset Standards[R]. Germany：World Wild life Fund，2008.

[82] LOVELL H C. Governing the carbon offset market [J]. WIRES Climate Change，2010，1（3），353–362.

[83] ABDALLA S，ADILI L N，KAIRO J G，et al. 2013–2014 Plan Vivo Annual Report：Mikoko Pamoja [R]. 2014.

[84] KAIRO J G，WANJIRU C，OCHIEWO J. Net Pay：Economic Analysis of a Replanted Mangrove Plantation in Kenya[J]. Journal of Sustainable Forestry，2009，28（3–5）：395–414.

[85] MCEWIN A，MCNALLY R. Organic Shrimp Certification and Carbon Financing：An Assessment for the Mangroves and Markets Project in Ca Mau Province，Vietnam[R]，SNV World，Vietnam，2014.

[86] DEY A，KAR A. Scaling of mangrove afforestation with carbon finance to create significant impact on the biodiversity – a new paradigm in biodiversity conservation models[J]. Field Actions Science Reports（FACTS），2012，1–15.

[87] TURNER S J，THRUSH S F，HEWITT J E，et al. Fishing impacts and the degradation or loss of habitat structure[J]. Fisheries Management and Ecology，1999，6（5），401–420.

[88] International Union on the Conservation of Nature（IUCN），Blue Carbon and other Coastal Ecosystem Services – Next steps in international and national policy making and implementation[R]. IUCN，Blue Forests，the Blue Carbon Initiative，Guayaquil，Ecuador，2015.

[89] PENDLETON L，DONATO D C，MURRAY B C，et al. Estimating Global "Blue Carbon" Emissions from Conversion and Degradation of Vegetated Coastal Ecosystems. PLOS ONE，2012，7（9）：e43542.

[90] DUARTE C M，MIDDELBURG J J，CARACO N.Major role of marine vegetation on the oceanic carbon cycle [J]. Biogeosciences，2005，2（6）：1-8.

[91] 邢庆会，于彩芬，廖国祥，等 . 浅析我国海岸带蓝碳应对气候变化的发展研究 [J]. 海洋环境科学，2022，41（1）：1-7.

[92] 杨越，陈玲，薛澜 . 中国蓝碳市场建设的顶层设计与策略选择 [J]. 中国人口 · 资源与环境，2021，31（9）：92-103.

[93] 李淑娟，丁佳琦，隋玉正 . 碳汇交易视角下中国滨海湿地蓝色碳汇价值实现机制及路径研究 [J]. 海洋环境科学，2023，42（1）：55-63.

[94] 赵鹏，汤玉婧，宋文婷，等 . 我国蓝碳标准体系的需求和设计 [J]. 中国标准化，2021，590（17）：68-73，78.

[95] 赵鹏，王文涛 . 多目标协同的我国蓝碳发展机遇、问题与对策 [J]. 环境保护，2023，51（3）：21-24.

[96] 邢子怡，温艳萍 . 蓝碳：海洋碳汇的巨大价值 [J]. 生态经济，2024，40（3）：5-8.

[97] 俞虹帆，施志源 . 红树林碳汇交易的市场化及其实现路径 [J]. 林草资源研究，2023（5）：20-28.

[98] Plan Vivo. Mikoko Pamoja-Kenya [EB/OL]. [2021-07-08]. https：//www.pianvivo.org/mikoko-pamoja.

[99] COSTANZA R，D’ARGE R，DE GROOT R，et al. The value of cosystem services：putting the issnes in perspective in perspective [J]. Ecological Economics，1998，25：67-72.

[100] 张希良 . 国家碳市场总体设计中几个关键指标之间的数量关系 [J]. 环境经济研究，2017，2（3）：1-5，48.

[101] [美]尼尔 · 弗雷格斯坦.甄志宏，译.市场的结构：21世纪资本主义社会的经济社会学[M]. 上海：上海人民出版社，2008.

[102] 李明昕，徐丛春，王涛，等 .“双碳”目标下我国海洋碳汇交易机制进展、面临的挑战及发展策略 [J]. 科技管理研究，2023，43（4）：193-200.

[103] 谢素美，罗伍丽，贺义雄，等 . 中国海洋碳汇交易市场构建 [J]. 科技导报，2021，39（24）：84-95.

[104] 陈晓红，胡维，王陟昀 . 自愿减排碳交易市场价格影响因素实证研究——以美国芝加哥气候交易所（CCX）为例 [J]. 中国管理科学，2013，21（4）：74-81.

[105] INTERGOVERNMENTAL OCEANOGRAPHIC COMMISSION OF UNESCO. A blueprint for ocean and coastal sustainability：an inter-agency report towards the preparation of the UN conference on sustainable development [R] .New York：United Nations Development Programme，2011.

[106] 李志文，寇勇栎 . 碳中和背景下蓝碳保护与发展趋势及中国因应 [J]. 科技管理研究，2024，

44（2）：156–162.
[107] 孙军，张歆莹．我国蓝碳开发的理论分析与路径选择 [J]. 科技管理研究，2023，43（8）：203–209.
[108] 王佐仁，肖建勇．关于碳汇统计测度的研究 [J]. 西安财经学院学报，2013，26（2）：48–51.
[109] WERNER F. The silk road：a political marketing concept for world dominance [J]. European View，2015，14：293–302.
[110] 何桂梅，徐斌，王鹏，等．全国统一碳市场运行背景下林业碳汇交易发展策略分析 [J]. 林业经济，2018，40（11）：72–78.
[111] 李佐军，俞敏．拓展碳汇市场交易，助力生态文明建设 [J]. 重庆理工大学学报（社会科学版），2019，33（4）：1–6.
[112] LOVELOCK C E，DUARTE C M. Dimensions of blue carbon and emerging perspectives [J]. Biology Letters，2018，15（3）：20180781.1–20180781.5.
[113] ZHAO C P，XU X J，GONG Y，et al. Blue carbon cooperation in the Maritime Silk Road with network game model and simulation [J]. Sustainability，2019，11（10）：2748.1–2748.27.
[114] 王文卿，王瑁．中国红树林 [M]. 北京：科学出版社，2007.
[115] 应验．国家生态文明试验区背景下海南蓝碳开发的理论分析与路径建议 [J]. 科技管理研究，2021，41（24）：177–183.
[116] 段茂盛．我国碳市场的发展现状与未来挑战 [N]. 中国财经报，2018–03–24（2）.
[117] YANG Y，CHENG L W. Operational efficiency evaluation and system design improvements for carbon emissions trading pilots in China [J]. Carbon management，2017，8（5/6）：399–415.
[118] SUTTON–GRIER A E，MOORE A. Leveraging carbon services of coastal ecosystems for habitat protection and restoration [J]. Coastal management，2016，44（1/3）：259–277.
[119] 林婧．蓝碳保护的理论基础与法治进路 [J]. 中国软科学，2019（10）：14–23.
[120] 李姿莹，董雨瑞，白洋．海洋碳汇生态产品市场化实现路径及制度构建 [J]. 江南论坛，2023（6）：49–53.
[121] 赵磊．国内首个蓝碳项目交易正式完成 [N/OL]. 北京：中国日报，2021–06–09 [2021–08–11]. https：//cn.chinadaily. com.cn/a/202106/09/WS60c0595ca3101e7ce97541a2.html.
[122] 何健，张怡，卢德伟，等．生态系统碳汇交易体系实践与路径研究——以广州市为例 [J/OL]. 中国国土资源经济，1–13[2024–03–15]. https：//doi.org/10.19676/j.cnki.1672–6995.001014.
[123] SAPKOTA Y，WHITE J R. Carbon offset market methodologies applicable for coastal wetland restoration and conservation in the United States：A review [J]. Science of the total

environment，2020，701：134497.

[124] 中国绿色创新夏季学院 . 海星海洋小程序：休闲型海洋牧场的创新与推广 [R]. 北京：清华大学中国绿色创新夏季学院，2020.

[125] LOCATELLI T，BINET T，KAIRO J G. Turning the tide：how blue carbon and payments for ecosystem services（PES）might help save mangrove forests [J]. Ambio，2014，43（8）：981–995.

[126] ULLMAN R，BILBAO–BASTIDA V，GRIMSDITCH G. Including blue carbon in climate market mechanisms [J]. Ocean & Coastal Management，2013，83：15–18.

[127] 丁辉 . 中国气候投融资政策体系建设的要素研究 [D]. 合肥：中国科学技术大学，2020.

[128] 师龙，陶茜，李菁 . 蓝色债券市场发展研究——基于蓝色债券创新驱动蓝色经济高质量发展视角 [J]. 中国市场，2020（34）：1–3.

[129] 中国银行 . 中国银行境外成功发行中资首支蓝色债券 [EB/OL]. [2020–09–15] (2021–08–30). https：//www.boc.cn/aboutboc/bi1/202009/t20200915_18410367.html.

[130] 王遥，徐洪峰 . 中国绿色金融研究报告（2020）[M]. 北京：中国金融出版社，2020.

[131] 朱信凯，周月秋，王文 . 中国绿色金融发展研究报告 2020 [M]. 北京：中国金融出版社，2020.

[132] 中国人民银行研究局 . 绿色金融改革创新案例汇编 [M]. 北京：中国金融出版社，2020.

[133] 向思源 . 第 52 个世界地球日 / 从理论到实践：海洋碳汇面临挑战 [EB/OL].（2021–04–22）. https：//mp.weixin.qq.com/s/N8rIDfv–sOAeExEiSoydlg.

[134] 闫碧洁 . 全国碳市场扩容 国际化进程加速 [N]. 期货日报，2022–03–24（007）.

[135] 沈金生，吕金诺，刘荣建 . 我国海洋牧场蓝色碳汇补偿方案设计探讨 [J]. 中国海洋大学学报（社会科学版），2020（3）：68–75.

[136] 毛竹，陈虹，孙瑞钧，等 . 我国海洋碳汇建设现状、问题及建议 [J]. 环境保护，2022，50（7）：50–53.

[137] 张浩，郑莉琼，杨晓峰，等 . 构建我国森林碳汇市场初探 [J]. 四川林业科技，2011，32（5）：91–94.

[138] 李海棠 . 海岸带蓝色碳汇权利客体及其法律属性探析 [J]. 中国地质大学学报（社会科学版），2020，20（1）：25–38.

[139] SIDIK F，LAWRENCE A，WAGEY T，et al. Blue carbon：A new paradigm of mangrove conservation and management in Indonesia[J]. Marine Policy，2023，147：105388.

[140] DE PAULA COSTA M D，LOVELOCK C E，WALTHAM N J，et al. Modelling blue carbon farming opportunities at different spatial scales[J]. Journal of Environmental Management，2022，301：113813.

[141] SERRANO O，LOVELOCK C E，ATWOOD T B，et al. Australian vegetated coastal

ecosystems as global hotspots for climate change mitigation[J]. Nature communicationsl，2019，10（1）：4313.

[142] CLEAN ENERGY REGULATOR OF AUSTRALIAN GOVERNMENT. Tidal Restoration of Blue Carbon Ecosystems method [EB/OL].（2023-08）[2024-03-15]. https：//www.cleanenergyregulator.gov.au/ERF/Choosing-a-project-type/Opportunities-for-the-land-sector/Vegetation-methods/tidal-restoration-of-blue-carbon-ecosystems-method.

[143] DUARTE DE PAULA COSTA M，LOVELOCK C E，WALTHAM N J，et al. Current and future carbon stocks in coastal wetlands within the Great Barrier Reef catchments[J]. Global Change Biology，2021，27（14）：3257-3271.

[144] The Great Barrier Reef Foundation. Kickstarting Blue Carbon projects in the Asia Pacific [EB/OL].（2023-09）[2024-03-15]. https：//www.barrierreef.org/news/project-news/kickstarting-blue-carbon-projects-in-the-asia-pacific.

[145] RAVAOARINOROTSIHOARANA L A，et al. Lessons for ensuring continued community participation in a mangrove blue carbon conservation and restoration project in Madagascar[J]. Western Indian Ocean Journal of Marine Science，2023，22（2）：43-60.

[146] MALAVIKA V. Even as the government bets big on carbon，'REDD+' flounders in Madagascar[EB/OL].（2021-08-18）[2024-03-15]. https：//news.mongabay.com/2021/08/even-as-the-government-bets-big-on-carbon-redd-flounders-in-madagascar.

[147] NGUYEN H，HARPER R J，DELL B，et al. Examining local community understanding of mangrove carbon mitigation：A case study from Ca Mau province，Mekong River Delta，Vietnam[J]. Marine Policy，2023，148：105398.

[148] 张瑞彬 . 我国海洋蓝碳交易法律制度构建研究 [D]. 淄博：山东理工大学 .

[149] 海南日报 . 海南首个蓝碳生态产品交易完成签约，交易碳汇量 3000 余吨 [EB/OL].（2022-06-01）[2023-03-15]. https：//www.hainan.gov.cn/hainan/5309/202206/80f9a78aaebb4fabbcb9075c56293489.shtml.

[150] 海南省人民政府 . 海南省人民政府关于印发海南省碳达峰实施方案的通知 [EB/OL].（2022-09-28）[2024-03-15]. https：//www.ndrc.gov.cn/fggz/hjyzy/tdftzh/202209/t20220928_1337488.html.

[151] 中国环境报 . 海南部署推动蓝碳发展 构建协调机制，明确七方面 25 项工作任务 [EB/OL].（2023-03-30）[2024-03-15]. https：//www.mee.gov.cn/ywdt/dfnews/202303/t20230330_1024612.shtml.

[152] 海南省绿色金融研究院 . 海南省蓝色碳汇发展现状及未来展望 [EB/OL].（2023-03-15）[2024-03-15]. https：//www.thepaper.cn/newsDetail_forward_22317429.

[153] 连炜 . 福建首宗海洋碳汇项目交易完成 [EB/OL].（2021-09-24）[2024-03-15]. www.mnr.

gov.cn/dt/hy/202109/t20210924_2681946.html.

[154] 福建日报．释放蓝碳潜能 促进福建海洋经济高质量发展 [EB/OL].（2023–10–17）[2024–03–15]. https：//fjrb.fjdaily.com/pc/con/202310/17/content_312501.html.

[155] 大众网．2023 年世界海洋日暨全国海洋宣传日山东主场宣传活动在日照举行 [EB/OL].（2023–06）[2024–03–15]. https：//baijiahao.baidu.com/s?id=1768118670200590033&wfr=spider&for=pc.

[156] 中央财经大学绿色金融国际研究院．IIGF 观点｜聚焦海岸带蓝碳生态系统保护，助力我国蓝碳发展 [EB/OL].（2021–11–05）[2024–03–15]. https：//iigf.cufe.edu.cn/info/1012/4247.htm.

[157] 谢高地，林智钦．生态系统资产与服务评估核算研究 [J]. 中国软科学，2024（S1）：388–393.

[158] 李长青，陈石泉，李元超，等．儋州大铲礁珊瑚礁生态系统健康状况及影响因素分析 [J]. 海洋湖沼通报，2021，43（4）：155–160.

[159] TNC，Salesforce，Conservation International，et al. High–Quality Blue Carbon Principles and Guidance[EB/OL].（2022–09）[2024–03–15]. https：//tnc.org.cn/Upload/File/202302/20230213152441_0458.pdf.

[160] GRUBER N，CLEMENT D，CARTER B R，et al. The oceanic sink for anthropogenic CO_2 from 1994 to 2007[J]. Science，2019，363（6432）：1193–1199.

[161] 王胜．加强蓝碳国际合作的重大意义及其实践路径 [J]. 当代世界，2023（11）：61–65.

[162] 云祉婷，李文博，张丞泰旨，等．全球蓝碳金融的创新与实践初探 [J]. 现代商业银行，2022（18）：18–23.

[163] 施懿宸，徐含笑，金蕾．碳中和背景下我国蓝色碳汇的发展与展望 [EB/OL].（2021–06–30）[2024–03–15]. https：//finance.sina.com.cn/zl/china/2021–06–30/zl–ikqciyzk2698616.shtml.

[164] 自然资源部．海洋碳汇核算方法．HY/T 0349—2022 [S]. 北京：中国标准出版社，2022.

[165] 生态环境部．关于印发《温室气体自愿减排项目方法学 造林碳汇（CCER–14–001–V01）》等 4 项方法学的通知 [EB/OL].（2023–10–24）[2024–03–15]. https：//www.mee.gov.cn/xxgk2018/xxgk/xxgk06/202310/t20231024_1043877.html.

[166] 廖宜心．“碳中和”愿景目标下蓝碳交易的理论证成与制度建构——以方法论为视角 [J]，湖北经济学院学报（人文社会科学版），2023，20（12），63–69.

[167] 赵媛．中国海洋碳汇交易模式与发展机制研究 [J]. 节能与环保，2023（8）：20–23.

[168] World Bank. Unlocking Blue Carbon Development：Investment Readiness Framework for Governments. Washington，D.C.：World Bank，2023.

[169] 赵鹏，胡学东．国际蓝碳合作发展与中国的选择 [J]. 海洋通报，2019，38（6）：613–619.

[170] 张颖，陈旻．渔业碳汇交易的探索 [N]. 福建日报，2023–08–17（008）.

[171] 肖荣辉，冯星宇．碳市场交易体系优化：基于社会信用体系建设的思考 [J]. 北方金融，2022（5）：50–57.

[172] 龚春蕾，刘晓静．我国海洋碳汇交易市场信息平台建设研究 [J]. 科学发展，2022（11）：84–91.

[173] 尹剑斌．加快构建自主可控多层次碳交易平台体系 [J]. 浙江经济，2021（10）：46–47.

[174] 张帆，李佐军．中国碳交易管理体制的总体框架设计 [J]. 中国人口·资源与环境，2012，22（9）：20–25.

[175] 李彦．对加快我国碳交易服务业发展的几点思考 [J]. 中国经贸导刊，2014（22）：55–56，64.

[176] 孙明茜．中国碳排放权交易价格机制研究 [D]. 成都：四川大学，2023.

[177] 纪丽娟．我国加快海洋蓝碳市场建设的路径选择 [J]. 价格理论与实践，2021（11）：55–59. DOI：10.19851/j.cnki.cn11–1010/f.2021.11.424.

[178] 程炜博．碳金融市场参与主体和交易客体及其影响因素分析 [D]. 长春：吉林大学，2015.

[179] 李克明，李陆明．中国碳市场行业自律监管模式探讨 [J]. 海南金融，2023（9）：32–40.

[180] 郁苗，魏青．我国碳市场 MRV 体系发展现状及完善路径研究 [J]. 开发性金融研究，2023（1）：11–18.

[181] 碳排放交易网．欧洲第一个保护海草的法国项目方法学获批 [EB/OL]. [2023–04–10]. http：//www.tanpaifang.com/fangfaxue/202304/1096205.html.

[182] 狮城新闻．“行业洞察”：新加坡 备受瞩目的亚洲碳交易中心 [EB/OL]. [2024–06–17]. https：//www.shicheng.news/v/O0az0.

[183] 新浪财经．新加坡减排之路重要一步：联合两大能源巨头 开设大规模碳捕捉项目 [EB/OL]. [2024–03–01]. https：//finance.sina.com.cn/jjxw/2024–03–01/doc–inakvksc0236921.shtml.

[184] 关注森林网．蓝碳生态系统的国际政策框架——关于协调国际政策进程中海岸带蓝碳生态系统保护和恢复 [EB/OL]. [2024–02–08]. http：//www.isenlin.cn/sf_EB6812851EC24948A63EC0E935ECD403_306_5046A385346.html.

[185] 中华人民共和国驻新加坡共和国大使馆经济商务处．报告：作为碳服务枢纽 新加坡到 2050 年可获高达 76 亿新元增值 [EB/OL]. [2021–11–07]. http：//sg.mofcom.gov.cn/article/dtxx/202111/20211103215246.shtml.

[186] 南方电网技术情报中心微信公众号．新加坡能源公用事业集团（SP）推出全套碳解决方案 [EB/OL]. [2023–12–04]. https：//mp.weixin.qq.com/s?_biz=MzAxNzQ5MjM4OQ==&idx=1&mid=2652217947&sn=11034cc9109b5162333aa363f46cd0cc.

[187] NCCS. CARBON SERVICES AND TRADING[EB/OL]. https：//www.nccs.gov.sg/singapores–climate–action/carbon–services–and–trading/.

[188] 新浪财经．ESG 观察 | 新加坡淡马锡建立脱碳投资平台 助力企业可持续发展 [EB/

OL]. [2022-06-16]. https：//finance.sina.com.cn/esg/investment/2022-06-16/doc-imizmscu7129149.shtml.

[189] Verra. Develop A Methodology[EB/OL].[2024-03-20]. https：//verra.org/methodologi es-main/develop-a-methodology.

[190] Verra.Develop A Verified Carbon Standard（VCS）Project[EB/OL].[2024-03-20].https：//verra.org/programs/verified-carbon-standard/develop-a-vcs-project.

[191] Gold Standard. Principles & Requirements[EB/OL].[2025-01-31].https：//globalgoals.goldstandard.org/101-par-principles-requirements/.

[192] Social Carbon. Registration and Issuance Process，V1.2 [EB/OL].[2024-05-30].https：//static1.squarespace.com/static/6161c89d030b89374bec0b70/t/6658ca851129cf06e4b92057/1717095047895/SOCIALCARBON-Registration_and_Issuance_Process_v1.2.pdf.

[193] 全国温室气体自愿减排注册登记系统及信息平台．温室气体自愿减排项目设计与实施指南[EB/OL]. [2023-11-17].https：//ccer.cets.org.cn/notice/noticeDetail?bulletinInfoId=11768-38198991654912.

[194] Verra. VM0033 Methodology for Tidal Wetland and Seagrass Restoration，v2.1 [EB/OL].[2023-09-04].verra.org/wp-content/uploads/2023/09/VM0033-Methodology-for-Tidal-Wetland-and-Seagrass-Restoration-v2.1.pdf.

[195] GoldStandrad. Sustainable Management of Mangroves[EB/OL].[2024-08-22].https：//globalgoals.goldstandard.org/443-bcfw-methodology-sustainable-management-of-mangroves.

[196] GCC.GCC NBS Methodology for Project Activities on Degraded Mangrove Habitats[EB/OL].[2024-09-30]. https：//www.globalcarboncouncil.com/wp-content/uploads/2024/09/GCCMA002-GCC-NBS-Methodology-for-Project-Activities-on-Degraded-Mangrove-Habitats.pdf.

[197] Social carbon.SCM0008：Methodology for the Restoration of Mangroves [EB/OL].[2023-07-20].https：//www.socialcarbon.org/scm0008.

[198] 生态环境部办公厅．关于印发《温室气体自愿减排项目方法学 造林碳汇（CCER-14-001-V01）》等 4 项方法学的通知 [EB/OL]. [2023-10-24]. https：// www.mee.gov.cn/xxgk2018/xxgk/xxgk06/202310/t20231024_1043877.html.

[199] 广东省生态环境厅．广东省生态环境厅关于印发《广东省红树林碳普惠方法学（2023 年版）》的通知 [EB/OL].[2023-04-04]. https：//gdee.gd.gov.cn/shbtwj/ content/post_4148716.html.

[200] 福建省生态环境厅．福建省碳排放权交易工作协调小组办公室关于福建省修复红树林碳汇项目方法学备案的函 [EB/OL].[2023-05-12]. https：//sthjt.fujian.gov.cn/zwgk/sthjyw/stdt/202305/t20230529_6178205.htm.

[201] [英] 丹 · 拉弗莱，[肯尼亚] 加布里埃尔 · 格瑞斯蒂茨 . 海岸带典型生态系统碳汇管理 [M]. 北京：海洋出版社，2016.

[202] Verra.verified carbon standard[EB/OL].[2024–12–01]. https：//verra.org/programs/verified–carbon–standard.

[203] 高瑞，陈浩 . 国际碳减排黄金标准的模式、经验及启示 [J]. 海南金融，2024（3）：41–54，87.

[204] 厦门大学 . 如何借红树林做大碳汇文章，撬动生态资源价值化——福建省红树林方法学发布 [EB/OL].[2023–05–22].https：//wel.xmu.edu.cn/info/1045/4241.htm.

[205] Verra.Project Detail Of The Indus Delta Mangrove Restoration Project Phase 1[EB/OL].[2021–03–30].https：//registry.verra.org/app/projectDetail/VCS/2250.

后 记

全球气候变化已成为人类社会面临的共同挑战，在这一背景下，积极探索并有效利用各种减缓和适应气候变化的策略显得尤为重要。我国拥有漫长的海岸线和丰富的蓝碳资源，将蓝碳纳入碳市场，不仅是实现我国“双碳”目标的重要途径，也是推动我国海洋生态文明建设和高质量发展的必然选择。本书从政策、市场、技术等多个角度，对海岸带蓝碳纳入我国碳市场的模式和路径进行了系统研究。我们分析了国内外蓝碳交易机制的现状和发展趋势，梳理了我国蓝碳发展的政策体系和面临的挑战，并结合典型案例，探讨了蓝碳计量监测、项目开发、交易机制等关键技术问题。我们希望通过本书的研究，为推动我国海岸带蓝碳发展提供理论支撑和实践参考，助力我国在全球气候变化应对中发挥更大的作用。

基于海岸带蓝碳对实现碳中和的贡献预期以及促进海岸带蓝碳市场化的长远规划，我们对海岸带蓝碳纳入我国碳市场的模式与路径进行了发展展望。

（1）海岸带蓝碳对实现碳中和的贡献预期

在全球气候变化及实现“双碳”目标的背景下，蓝碳市场发展潜力巨大，并逐步成为国际政策和碳交易的重点关注方向。目前，国际研究机构和国际组织正在不断推进蓝碳计量标准和方法学的研究、出台和实施。《退化红树林栖息地的造林和再造林方法学》（AR-AM0014）的发布使红树林碳汇实现了可计量、可报告、可核实，这一计量方法已被清洁发展机制（CDM）认可。核证碳标准（Verified Carbon Standard）发布了《潮汐湿地和海草恢复方法学》（VM0033），为海岸带生境修复领域的温室气体计量提供了依据。计量标准和方法学的逐步出台为蓝碳纳入国际气候变化治理体系奠定了基础。

我国海岸线漫长，拥有丰富的红树林、滨海盐沼和海草床生态系统，海岸带蓝碳发展空间有很大的潜力。有效地挖掘海岸带蓝碳资源效用，提升海洋碳汇能力，是助力我国实现碳中和目标的重要途径。蓝碳市场是一个全新的领域，国际社会尚未形成完善的标准化的交易机制。尽管中国在海岸带蓝碳领域起步稍晚，但目前在基础理论、技术产业化等方面与国际基本保持同步。目前，我国蓝碳市场建设也处于试点阶段，开始探索建立统一的海岸带蓝碳资源产权分配制度、蓝碳产品价值核算体系、蓝碳交易标准机制，现应积极借鉴国际案例经验，建立既适合中国国情又被国际组织认可的海岸带蓝碳生态系统碳汇功能计量和评估体系，深入开展蓝碳基础理论与技术创新研究，进行建设海岸带蓝碳市场的创新尝试，构建完善的海岸带蓝碳交易机制。

当前，我国政府高度重视顶层设计与相应的政策支持，对蓝碳资源的保护和利用已经作出一系列重要决策部署，包括保护和修复红树林、滨海湿地、盐沼等重要的海洋生态系统；推动蓝碳增汇工程，以提升海洋生态系统的碳汇能力，并实施生态保护修复碳汇成效监测评估；以及努力推动蓝碳市场发展。广东省在推动蓝碳资源确权和蓝碳市场培育方面取得了一些进展，深圳市在自然资源领域生态产品价值实现机制试点方面取得了显著成果，完成了全国首单红树林保护碳汇交易[1]。尽管目前蓝碳交易市场规模较小，但可以看到在这一领域的积极探索和实践。

同时，我国政府正在寻求加强国际合作，以促进蓝碳发展，这包括与其他国家共享蓝碳资源禀赋和治理能力，以及在全球范围内搭建合作框架，并且计划在省际或区县试点蓝碳生态系统保护的区域性合作[2]，在“一带一路”共建国家间开展更广泛的合作，以提升整体的蓝碳发展水平。海南国际碳排放权交易中心的成立旨在打造中国参与国际碳交易的平台，并已完成首单跨境碳交易，这表明中国正在积极参与蓝碳相关的国际规则体系构建。

综上所述，中国海岸带蓝碳的未来发展工作预期集中在加强国际合作、提升生态系统保护、推动蓝碳产品价值转化、参与国际规则制定、顶层设计与政策支持、海岸带蓝碳增汇工程，以及交易市场的扩大化。这些措施将共同推动中国在全球海岸带蓝碳领域的发展，并助力实现碳中和目标。同时，海岸带蓝碳丰富的生态系统服务，以及广阔的市场化发展前景，都为应对气候变化、实现可持续发展提供了重要支撑[3, 4]。在党和政府的政策引导、社会各界共同参与下，海岸带蓝碳必将在未来发挥越来越重要的作用，为人类社会带来长久而深远的经济、社会和环境效益[5]。

（2）促进海岸带蓝碳市场化的长远规划

海岸带蓝碳市场的建设是一项复杂的系统工程，而我国海岸带蓝碳市场处于起步阶段，相关蓝碳产品交易品种较少，但市场发展潜力巨大。因此，各类市场主体应积极主动地拓展相关业务研究，探索创新金融产品和服务，金融机构可掌握市场主动性。一方面，应加大对蓝碳交易项目的资金投入，对海岸带蓝碳交易创新的项目类型，通过放宽贷款条件等支持项目开发，利用好资本的时间配置效应，助力绿水青山变成金山银山；另一方面，应警惕投资与环境社会责任冲突风险，加强风险管控，完善投资标的筛选机制，对放贷资金的流向落实监控，以防企业违反环境、社会责任，因相关经营行为造成重大环境破坏事故而产生连带责任。

促进海岸带蓝碳市场化，需要通过市场机制推动海岸带蓝碳实现从生态资源到产品、再到资本的路径建设，需要实现资产化、产品化、市场化和投资运营等相关市场体系的有效运行。需要探索海岸带蓝碳资源及其生态系统产生的其他生态服务价值[6]的所有权、使用权、收益权和转让权的归属、分割和流转的法律界定，鼓励地方因地制宜地开展促进蓝碳资源保护和修复的产权激励机制，吸引社会资本参与蓝碳资源的保护和修复[7]。需要建立系统完备的海岸带蓝碳调查监测、评估预警和价值核算体系，形成资源资产台账和资源资产负债表。

要在政府的政策基础上，引导社会各界广泛参与推动海岸带蓝碳发展，持续为蓝碳事业提供强大的动力。通过借鉴现有绿色金融和气候投融资方面信贷、债券、保险、基金的经验，尽快将海岸带蓝碳纳入我国自愿碳市场和强制碳交易市场，发挥蓝碳市场的价值潜力，规范蓝碳市场发展，同时有效地促进海岸带蓝碳资源的保护和可持续利用。

（3）展望

蓝碳交易作为新兴事物，未来发展仍充满机遇和挑战，在良性政策刺激下，海岸带蓝碳纳入我国碳市场的发展展望如下：

①政策体系和顶层设计不断完善。未来，国家将在顶层设计层面持续发力，不断完善蓝碳发展的法律法规和政策体系[8]。例如，制定专门针对海岸带蓝碳资源的开发指导方案，明确蓝碳发展的战略目标、实施步骤和具体路径；建立蓝碳计量监测和核查认证的技术标准体系，为蓝碳市场的交易活动提供科学的技术支撑；探索构建多层次、多元化的蓝碳交易市场机制，以激发市场的活力和创新潜力。

②市场机制和交易规模不断优化。随着政策支持体系的日益完善和市场机制的逐步成熟，我国蓝碳交易市场正朝着更加规范化和规模化的方向发展。未来，蓝碳交易的品种将更加多样化，参与交易的主体将更加广泛，交易价格也将更好地反映市场的供需关系。蓝碳交易将成为推动海洋生态保护和经济发展的重要引擎。

③海岸带蓝碳科技创新能力不断加强。随着海岸带蓝碳相关的科技创新能力的持续加强，海岸带蓝碳保护和利用的水平将不断提升。同时，将探索开展海岸带蓝碳生态系统的调查监测评估技术体系研究，建立精确精准且可操作的海岸带蓝碳储量测算体系[4, 9]；完善海岸带蓝碳的监测评估标准，在现有自然资源部沿海岸基台站基础上，构建海岸带蓝碳系统的综合观测网络与管理平台；建立独立的第三方认证机制，确保海岸带蓝碳数据的可靠性。探索海岸带蓝碳生态系统的修复和碳吸收提升技术，为海岸带蓝碳生态系统的保护和利用提供科技支撑。推动蓝碳相关政策、标准等成果的转化应用，实现科技创新成果与实践需求的有效对接。建立统一、完善的蓝色碳汇核算指南，为金融机构和企业提供项目开发参考标准。此外，不断加强海岸带蓝碳领域的专业人才培养，为海岸带蓝碳事业的长远发展奠定人才基础。

④海岸带蓝碳保护和管理政策不断健全[10]。基于我国具有鲜明的“自上而下”推动及引导特点，有必要制定国家层面的海岸带蓝碳保护和管理政策，明确目标和措施。具体包括：加快推进完善蓝碳法律法规的顶层设计，地方政府因地制宜地完善机制建设，为建立蓝碳项目的碳交易机制和蓝碳资产创造市场价值奠定基础。出台财税、金融等支持政策，为蓝碳保护和恢复提供激励措施和资金支持。推动地方层面出台海岸带蓝碳保护和管理规划，因地制宜地保护和恢复海草床、红树林、滨海盐沼等海岸带蓝碳生态系统，进一步从顶层设计到地区政策及机制逐步建设及完善，以政策为引导，以地方经济为考量，因地制宜地推动蓝碳生态保护和经济价值转化。

⑤多方参与的蓝碳生态圈逐步建立。随着碳交易市场规模的不断扩大，政府、企业、投资者、公众等各方广泛参与的积极性和主动性将不断增强，有利于共同建设海岸带蓝碳保护和利用的良性生态圈。政府要发挥引导作用，制定支持政策，建立标准规范，营造有利环境。企业要

积极投入蓝碳项目，通过碳补偿、公益赞助等方式参与保护行动。投资者要加大对蓝碳资产的关注和投入，推动蓝碳金融产品的创新发展。公众要提高对蓝碳重要性的认知，广泛参与蓝碳保护和恢复活动。

⑥国际合作交流不断加强。为推动我国海洋碳汇交易逐渐走向国际，并在创新发展方面不断走深、走实，预计海洋碳汇交易有关主体将积极主动地参与国际蓝碳行动倡议，与沿海国家开展广泛的交流合作，扩大我国在海岸带蓝碳领域的话语权[10]。同时，学习借鉴国际先进经验，共同制定蓝碳保护和利用的标准规范。协调推动跨国界蓝碳项目，共同应对气候变化挑战。我国沿海企业利用自身的地理优势，积极拓宽业务领域，积极参与国际蓝碳碳交易机制，带动我国蓝碳市场的快速发展。

总之，推动我国海岸带蓝碳的保护和利用，需要从政策、科技、多方参与、国际合作等多个层面统筹发力。只有这样，我们才能充分地发挥蓝碳在应对气候变化、促进可持续发展中的关键作用，为实现美丽中国的宏伟目标贡献应有的力量。

参考文献

[1] WANG Y，GUO T，CHENG T C E，et al. Evolution of blue carbon trading of China’s marine ranching under the blue carbon special subsidy mechanism [J]. Ocean & Coastal Management，2022，222：106123.1-106123.9.

[2] 贾明明，王宗明，毛德华，等 . 面向可持续发展目标的中国红树林近 50 年变化分析 [J]. 科学通报，2021，66（30）：3886-3901.

[3] WANG F，SANDERS C J，SANTOS I R，et al. Global blue carbon accumulation in tidal wetlands increases with climate change [J]. National Science Review，2021，8（9）：nwaa296.

[4] 王法明，唐剑武，叶思源，等 . 中国滨海湿地的蓝色碳汇功能及碳中和对策 [J]. 中国科学院院刊，2021，36（3）：241-51.

[5] 廖宝文，张乔民 . 中国红树林的分布、面积和树种组成 [J]. 湿地科学，2014，12（4）：435–40.

[6] CHEN G，JIN R，YE Z，et al. Spatiotemporal Mapping of Salt Marshes in the Intertidal Zone of China during 1985–2019 [J]. Journal of Remote Sensing，2022.

[7] 曹磊，宋金明，李学刚，等 . 滨海盐沼湿地有机碳的沉积与埋藏研究进展 [J]. 应用生态学报，2013，24（7）：2040–2048.

[8] 周毅，江志坚，邱广龙，等 . 中国海草资源分布现状、退化原因与保护对策 [J]. 海洋与湖沼，2023，54（5）：1248–1257.

[9] 邱广龙，林幸助，李宗善，等 . 海草生态系统的固碳机理及贡献 [J]. 应用生态学报，2014，25（6）：1825–1832.

[10] 吴晓莉 . 关于加快发展蓝碳交易促进我省生态产品价值实现的建议 [EB/OL].（2024–05）[2024–05–06]. https：//www.gdpc.gov.cn/gdrdw/zyfb/yajy/jianyi/content/post_197854.html.